驯化空间：
建成环境的类型与审美

Domesticating Spaces: The Types and Aesthetics of the Built Environment

章屹　著

ZHEJIANG UNIVERSITY PRESS
浙江大学出版社
·杭州·

目　录

引言

有一个问题已困扰我们许久：一个多世纪以来，为何我们没有在建成环境的营造上取得显著的进步？相较过去，今天的人们似乎有了更先进的技术、更雄厚的资金和更丰富的知识储备，但在建设实践上所取得的成就却并不比古人高明多少。试比较上海的浦东与浦西，巴黎的拉德芳斯和老城区，伦敦的中央商务区和历史街区，不难发现，那些刻意规划和设计的地方不仅不如自然生成的传统城市那般宜居、实用和迷人[1]，还常常被作家和学者描绘成"恍惚"、"恐怖"、"残酷"、"面目可憎"的样子。[2]群众的态度也充分地代表了建成环境的价值。当欧洲曾经最高的住宅楼群——格拉斯哥的"Red Road Flats"被一一爆破之时，围观的民众仅是报以哂笑；而当巴黎圣母院惨遭大火之际，我们甚至能听到来自世界各地的悲恸声（图 0-1；0-2）。放眼望去，如今那些最为瞩目的成就几乎都是由工程学带来的材料、卫生、运输等方面的进步，而在规划、设计和艺术领域则乏善可陈。[3]人们花了半个多世纪的时间不懈地批评着现代主义的规划和建筑，然而时至今日，我们是否以更好的方式将"阳光、空气和绿地"[4]交给了大众呢？

图 0-1　格拉斯哥 Red Road Flats 的爆破现场，2015 年，最近处的那栋楼房挂着格拉斯哥住房协会
（GHA）的标语"更好的家园，更好的生活"（Better homes, better lives）。
来源：©2022 GoWell, https://www.gowellonline.com/news/397_flats_and_stats_the_red_road_demolition

图 0-2　巴黎圣母院火灾现场，2019 年。
来源：©Society for Science & the Public 2000 - 2022, https://www.sciencenews.org/snhs/guide/
saving-notre-dames-sound

一、建筑类学科的知识危机

在今天的城市化进程中，可持续的宜居城市、社区和建筑已是
全球共同的话题，同时更是一个迫切而棘手的难题。然而遗憾的是，

在最近的一个多世纪，我们针对建成环境的规划和设计似乎走在一条错误的路上。深思熟虑的精心安排之下，却不断涌现出日益严重的住房和交通问题，难以遏制的城市蔓延和中心衰退，以及土地和空间的商品化以及次生的同质化、士绅化和主题公园化等问题，更是还有来自生态、文化和经济方面的挑战。我们日常生活的物质空间正面临着一场危机——它不再聚拢人群，而是在割裂他们；它里面的阳光、空气和绿地已渐渐不再免费，而后又被绚烂的灯光、恒温的气流和光洁的瓷砖所取代；就连它所剩无几的吸引力也已被大大小小的屏幕夺走。正因为建筑和城市的物质形态构成了日常生产生活和重要社会进程的框架，它们也将是应对这些危机的重要手段。然而现今的事实却是，它们正面临着和自身知识相关的挑战——实践都是创造性的，因为它从根本上涉及了由原则指导的直觉行动，我们也可以称这些原则为理论，但关键问题是这一理论究竟建立在什么样的知识基础上？ [5]

所以目前越来越清楚的是，这些挑战不光是实践上的，更是理论知识上的。20 世纪以来，现象学的展开标志着人们对事物的认识和理解发生了很大的转变。正如海德格尔（Martin Heidegger）所主张的那样，一张桌子不仅仅是一张桌子，它可以是一张家用的桌子，是家人们经常围绕着谈论话题的地方，因此对它的理解最好不要把它从实际使用或待使用的情景中抽离出来。[6] 按福柯（Michel Foucault）的观点，建筑是由建筑师、施工工人以及其他建筑所构成的网络之中的一个节点。[7] 站在今天的生态学立场，人和物皆是时空中无边界的各个相关系统中的一个个接合点。[8] 当代的量子物理学则是在更早些时候就模糊了个体和宇宙之间的边界，认为两者总是处于相互渗透的状态。因此，不论是宏观还是微观地看，将事物从它背景中单独抽离出来的传统分析思想已是明日黄花。不过，正是这样的建立在整体上的关系主义让问题变得比以前复杂起来。

这一认知上的转变也同样发生在建成环境的相关学科领域。人们开始愈加注重对作品所处社会和时代背景的考察。以现代主义为代表的"机械自然观"主张一切建成环境都应基于时代的技术和理性来创造，设计以功能上的实用、经济和形式上的秩序、统一为最基本的追求；而另一派则持以演化（evolution）[9]观点，认为建成环境和社会的整体关系中充满了变化着的不确定性，前者就像生物一样在后者的选择压力下不断地竞争、淘汰、留存和复制。不过，这两派观点都不能令人满意，后一个观点虽更符合当前主流的科学观，而前一个观点却在实践中更具建设性意义。因而最好的讨论方式似乎是将两者结合起来，但这又将话题引至了矛盾的更深处，令我们无法知晓日常物质生活环境能在什么范围和程度上得到改善。如果这一问题始终悬而未决，那么我们的理论和规范恐怕就不能名正言顺地用来指导实践，就像我们不能总是在手册里暗示"这里应当根据实地情况而采取什么做法……"，这等同于把决策和责任都交给了个人经验，用经验壁垒挤压了理论知识的存在价值，抹消了让知识成为社会成员平等享有的可能。

作为一门实践类学科，建筑类学科的知识至少横跨了工程技术和人文艺术两大门类。广义上的建筑所要面对的问题更是涉及了城市、地理、气候、生态、人口、政治、经济、心理、历史、考古、材料等专业知识，再加上前面提到的工程和艺术，这里的每一个学科无不是有着高深的专业壁垒。因此，建筑师不得不像外科医生[10]

一样，不仅需要掌握充分而广泛的理论知识，还需要熟练且有想象力的实践技能。建筑实践也和外科手术一样，需要团队的合作，因此它还须仰仗着每个成员不同的专业能力。那么，构成建筑类学科所面临的知识挑战并不在于个人是否对各个相关领域都有着深入或广泛的了解，而关键在于缺少了属于建筑类学科自己的核心知识体系来连接和融会来自各方面的知识。[11]

今天的建筑类学科可细分为建筑、土木、规划、景观、园林、环境艺术等专业，它们本该盯着同一个话题，即如何改善日常生产生活中的建成环境。因为日常环境是一个事实上的整体，并不会显露出专业上的边界或偏见。但如今大多数的现实却是，建成环境都被分门别类地交给不同的部门来完成。专业间没有了共同的语境，再加上实践中分工无止境的细化，令工作陷入了混乱，将空间撕成了碎片。

二、作为知识核心的空间与类型

空间本是能令这些学科黏合起来的设计对象。建筑女神所指的那个所谓建筑本质的方向，也许并不仅是一种结构，而是它所凸显的空间（图 0-3）。旷野中的空间是残酷的，史前的人类用石头和树枝把它的一部分抽离了出来，在里面生起了火，种起了粮食，最终把这部分空间变成了赖以生存的家园。可以想象，这个过程并不顺利，在此间我们犯过无数的错误，直至今日依然在犯。图 0-3 的那个原始棚屋也许只是一次罕见的成功，但它犹如我们祖先们培育出的第一株小麦，很快便得到了大量的复制和传播，成为人类栖居的最基本单元之

图 0-3 《论建筑》（Essai Sur L'Architecture）的卷首插画，洛吉耶（Marc-Antoine Laugier），1753 年，图中的建筑女神为还是婴孩的建筑师指明了建筑最本质的内容。
来源：©The Morgan Library & Museum，https://www.themorgan.org/printed-books/278126

一。后来，我们尽可以用竹子和石头去加固这些木料，用钢材和纤维去替换支撑它的结构，但却难以变更这样的空间类型：它的开口正好方便一个人进出；它的大小让人觉得宽敞却不空洞；它的檐口不至于太低而阻挡了阳光，也不至于太高而让雨水肆意进入；它往往倚靠着峭壁或大树而不是伶仃地伫立于荒原；它通常居高临下而不是深藏于幽暗狭缝；它可以留下火的温暖而驱除它的烟雾；它可以接纳友好的访客而将豺狼拒之门外……自此，更多的空间类型在大量的教训中开始显现，人们把它们组成聚落，进而连成村庄，最终拼贴成了城市，并以此为标志构建起了一个个文明。

　　驯服一头狮子可能只需要几年的时间，而驯化一个物种则是一个相对漫长且极其偶然的过程。在 1 万多年前，我们成功地驯化了小麦，几乎与此同时，小麦也将我们从猎人驯化成了农民。来自今天的考古和分子生物学证据表明，驯化不是人类刻意为之的结果，驯化的物种来源往往不是单一的，其过程也不通常是连续的，比我们曾经想象的要复杂得多。这恰如我们和空间的关系。当然，关于空间的驯化只是一个类比，但类比有助于我们更好地理解。于是，开头的问题也许就开始有了眉目，一个新的知识视角正于此浮现。

正如我们现在知道，家犬并不是由我们祖先有意地从野狼中历经数代挑选出来的物种，而是产生于人和狼两个物种之间分分合合的共生关系中。[12] 三万年前的双方彼此扶持使各自都成了比之前更出色的生存专家。这一双向选择而来的最佳搭档关系一直维系至今。在这本书里，驯化空间意味着我们参与了人类社会对建成环境的选择，同时这些选择的结果也塑造了我们自身。也正是这种有限的参与和反馈，令建成环境在认知和实践上显得无比复杂和不确定。而回顾这一百多年来的工作，它们要么是建立在了将简单替代复杂的傲慢之上，要么是迷失并苟且于不确定性的阴影之中。

各式各样的建成环境伴随着社会发展而产生、繁衍、衰退和消亡，我们的社会也因这些环境而得以塑造。毋庸置疑的是，相比自然地理条件，人类社会有着和建成环境更为复杂的关系——动态的并相互影响着的关系，也因此具有不可预测性。人们不知何时起开始怀疑自己是不是走在正确的路上，因为有时候问题如同肿瘤般在潜伏很长一段时间后才开始显现。譬如在北美大行其道的住区郊区化现象，它一开始由住房市场和汽车、石油工业诱发，并在很长的一段时间后才逐渐衍生出一系列新的社会问题，其中就包括了人们在郊区的"自然绿色"中告别了"直立行走"这一荒谬的后果。[13]这种变化着的复杂关系给研究带来了极大的困难。因此我们能直言的进步大多是工程学上的，因为它在面对自然规律给出的难题时提交了近乎完美的答卷。[14] 相反，关于城市、建筑和景观规划和设计方面的知识积累并不直接作用于实践，而是要经过社会选择后才能令最终结果显现。更何况，在大多数人反应过来之时，社会条件往往又发生了改变，这使得我们永远在面对新的问题。那么，当我们在面对建成环境千变万化而又毫无规律可循的内容和形式时，有什么值得去把握的呢？

如果我们沿着"驯化"这一类比中的"物种"概念继续探索，就可以在新马克思主义地理学的启示下找到一个合适的讨论对象。通过回顾哈维（David Harvey）的著作《正义、自然和差异地理学》，我们可以提取到以切中本书主题的关键三点：

1. 比起事物本身，事物之间的关系更值得关注；

2. 比起事物本身，事物的变化过程更值得关注；

3. 因为变化是常在的，那么那些相对经久稳定的关系就更值得关注了。[15]

这里的第一点表明了理解事物要从它们的关系入手。以建筑空间为例，它至少包括了局部空间之间的关系，局部空间和整体空间的关系，以及上述空间和其他相关维度事物之间的关系，譬如地理、文化、经济、技术等。这一点我们可以用简单的关系图示来完成梳理，进而还可借助一系列统计学、复杂系统科学、分形几何学等方法来将它们的关系加以量化。第二点表明了要从变化的历史视角解读上述的关系切片。这即是当代城市形态学的核心要点之一。然而，基于第一点产生的空间拓扑关系会不可避免地忽略与空间几何属性相关的特征，而这对建成环境来说又极其重要。而关注历史变化的形态学则并不能很好地识别或理解其中空间特征的偶然性，例如来自经济波动的短期影响，因而容易对一些事实造成过度解读或误判。[16]

因此确定讨论对象更为关键的还在于第三点。建成环境中的物质空间会在一段较长的时间中呈现出某种特定且稳定的状态，即罗西（Aldo Rossi）常说的"经久的类型要素"[17]，这意味着一种类型包含了各种关系之间长期平衡的相互作用。因此在本书中，我们主要的讨论对象为建成环境的类型，它是建成环境在特定的社会背景下与日常生活反复磨合过程中产生的经久要素。犹如各个生态系统中的代表性物种，它们能在特定环境中以一种相对稳定的状态被识别和观测。在它们身上，来自外部环境和内部条件的各种作用都有迹可循。在此基础上，我们还可以对类型作进一步精简，把重点聚焦于建成环境中的空间系统上，以反映一种与社会活动更为直接而紧密的联系，并同时将建筑、城市和景观的实践客体统一在同一种语境中。

三、被遗漏的审美

可以说，建成环境类型分析能方便人们既可以从不同的切入点去揭示作用于建成环境与社会活动之间的复杂关系，也可以选取其中最为核心的要素来将它们归纳为一系列规律和原则。[18]然而这个分析法还存在一个明显的漏洞。我们知道，在建设项目的竞标或竞赛方案中，即便场地条件是给定的，且假设前期调查都是充分的，不同的设计团队还是会给出不同类型的方案。最终必定只有一种方案能得以实施。那么当后来的人在分析它的时候，就不能解释"为什么这些条件产生的不是另外一种类型"。这说明我们还漏掉了一个重要因素。换句话说，这个漏洞在于分析未能把实践主体的主观能动性纳入考虑。这就好比，如果有一群外来的研究者不知道金鱼是人类驯化而来的这一前提，那他们就无法解释金鱼的那些诸如"蝶尾"、"龙睛"这般完全不利于野外生存的性状是怎么在自然环境的压力下演化出来的。更确切地说，这些主观偏好也从来不是凭空产生的，它们是人类通过对客观事物的感知、认识、理解、欣赏和内化而做出的一系列反应。[19] 也正因为这类反应是积极和愉悦的，它能通过实践活动主动地作用于客观事物。当这一过程不断反复推进，就会形成一时间相对固定的社会偏好，例如体现为一类社会群体对某种风格或模式的偏爱。因此，我们必须对这种偏好的主观能动性作出解释。

建成环境类型是自然地理和众多社会因素综合作用的结果。例如某些地区的地理因素会促使一些民宅面向城镇中的运河河道来布局，这个因素同样也影响了居民和水运的经济关系，而这层关系进一步强化了当地人临河而居的文化认同，使他们对由住宅朝向导致的采光不足等麻烦变得更为宽容。在这个过程中，我们难以确知其中每个因素最终在类型的形成中起到多大的作用，也无法通过对每个因素的逐一分析来解释这一类型的形成。[20] 因此，需要一个更具整体性的概念来"代言"这些社会因素，以从宏观上揭示某种类型形成中实践主体的主观作用。据此，实践主体和建造客体两者的辩证统一所差的最后一步就呼之欲出了。这一整体性的概念在罗西的《城市建筑学》一书的开篇中就有提到：

> 最初的人们带着对美的追求建造了住房，为自己的生活提供一种更为有利的人工环境……体现美学意图和创造更好的生活环境是建筑的两个永恒特征。所有视城市为人类创造的重要研究都提到了这两个特征。[21]

其中,"更好的生活环境"和"美学意图"都和实践主体个性化的主观意识有关。在上述语境下,我们可以将其理解为对某种特定环境类型的审美偏好——它不仅指向某种物质形态的审美,还包括了建造逻辑和过程方面的美学考虑。它也是实践主体对某种类型的主观回应,并在和类型往复不断的互动中产生的反馈效应。

审美,亦称为审美活动,是关于美学(aesthetics/esthetics)的实践活动。英文中没有单独形容"审美"的词,而是将其表述为与美学相关的活动。[22] 鉴于审美和美学之间如此紧密的语义联系,它们在本书中基本同义。审美活动是人类十分擅长且能迅速完成的一种基于直觉的判断,是对大量信息的综合性处理和整体性反馈,所以它不是分析性的。狭义上的审美,通常表现为对人类艺术作品和自然物的欣赏。从广义上说,审美对象可以是人能接触到的任何事物,审美活动也可以包括创造。相比其他艺术对象,有关建成环境的审美的特殊性在于,它是结合了科学的艺术,且又有别于其他的艺术和科学的组合,因为它能赋予社会具体形式。[23] 不仅如此,审美的主观能动性还体现在它是以一种被认为是"正确"或"期望"的方式来改造建成环境的。因而审美活动是对建成环境的一种主动回应,很多时候这种回应可以用物质手段来实现。如此不断往复的结果就是"类型 - 审美"这一稳固联盟的形成。反之,如果忽略了审美,很多建成环境的类型现象是难以阐明的。

鉴于此,在本书中,审美不单单指对艺术作品的欣赏活动,它在更多情况下指的是,不管基于什么目的、理由或原则,赋予建成环境以形状的活动。这个过程必然会涉及相关对象的取舍、方

法的选择、优先权的判断，以及决定哪些是主要的，哪些是可以
被忽视的。[24]

四、驯化的概念与类比

那么，建成环境的类型同空间的驯化有什么关系呢？驯化是有
人参与的自然选择，那么在建成环境中，某种类型的形成就是有审
美参与的社会选择过程。恰当的类比不仅方便我们思考和理解复杂
的事物，且其中隐含的结构也能用于揭示现实中较为深层的关系和
过程。首先，它能很好地揭示前面两种隐喻的缺陷。将建成环境视
为演化产物的观点或多或少地低估了人类主观能动性的作用，或者
说，它把人类的参与看作是演化的一部分，因为不论是驯化还是演
化，对建造客体来说，结果似乎是没有区别的。[25] 在演化这一隐喻
中，建成环境常常以城市为单位，其复杂程度好比一个生态系统，
个别突发奇想的建造实践就如同是基因突变引发的"新性状"，通过
"自然"选择，不能适应当前环境的性状会被淘汰，反之则被留存下
来得到复制和繁衍。事实上，如今很多奇思妙想已不只是被动地适
应，它们也时常会以革命性的方式颠覆社会生态。因而在今天看来，
这个过程并不是"达尔文式"的缓慢积累[26]，而是呈现为阶段性的
嬗变。

另一种隐喻是把建成环境比作人类理性和技术的产物，简言之，
即机器。这当然是高估了理性和技术在复杂社会环境中的效用。即
便是今天，建造本身也不依赖复杂的理性或技术。它和传统的驯化

方式一样，依赖于已有类型（纯化）和新的组合（杂交）。尖端技术的复杂性来源于它所包含的大量递归结构，大的技术模块中包含着小的技术模块，以此类推，直至最基础的技术单元。[27] 而建造只是对相关技术模块的应用。正如我们的祖先并不知道染色体或基因的存在，也能将动植物驯化而为人所用。现实中，建造的复杂性并不体现在技术上，而在于疏通建造主体、客体和社会的关系上。我们也许会赞叹"光辉城市"[28] 的种种完美设想，但这种赞叹更像是在观看马戏团狮子表演时情不自禁的惊呼，一时间错把"驯服"当成了"驯化"。它错在不理会社会的反馈和变化，却试图将一些看似自圆其说的空间特征以一种理所当然的态度永久地固定在大地上。这类行为会导致可怕的后果。因为这只狮子并不会把训练的成果遗传下去，它的后代还是会吃人的。

其次，建成环境类型有着多样化的来源，且类型之间没有明显的界线。按演化的观点，一个基础物种能演化为若干个不同的物种，而这些新的物种之间不会再有什么联系。这显然不同于现实中的类型，很多情况下，类型的形成包含了互相模仿和学习的过程。例如马歇尔（Stephen Marshall）就整理了目前学者提及的几乎所有的路网形态类型，并指出其中相当大的一部分类型（例如轴线网络、不规则形、肾形等）都是来自其他几种类型的"杂交体"（hybrid）。[29] 同样，驯化而来的某个物种不一定只有一个起源。例如大麦就由多个野生品种培育而来，它们都在现代大麦的基因上留下了印记。因此，人类之间跨时空[30] 的交流丰富了类型演进的途径和方向。正如有的类型比别的更为持久，有的类型会在历史中断断续续地出现，有的类型中的某个子模块可以经久不变，而另一个子模块却已更新迭代多时。举例来说，中国传统民居中的三合院是一大类型，其中厅堂、厢房、廊庑等要素可以经常改变形式和位置，但这些要素的边界都会与天井的边界形成最大限度的重合，或者说天井至少有三个边是要与上述要素接壤的。天井和屋舍的这种衔接关系就构成了一个经久的子模块，三合院也因该模块而被长期秉持为一种经久的民宅类型。这就像驯化而来的不同品种，总有一个核心条件使它们仍能被视为同一个物种。

第三，建成环境类型的形成是建立在大量经验和教训之上的。这好比驯化小麦的过程，人们在不明所以之时难以有计划地选择其中优秀的种类，故是通过"剔除劣种"这一"审美"回应来反向选择的。[31] 正如一开始我们不太知晓什么样的建筑类型才是最适合当前乃至未来发展的，但经过盲目的实践后一定能明确哪些是不适合的，并逐渐不再复制它们。这个淘汰过程不仅受制于人的偏好，也会有洪水、台风、雨雪、地震等自然因素的参与。其中最为显著的是那些结合了人类社会与自然灾害的反向筛选机制，例如火灾和公共卫生危机。没有哪个城市能复制伦敦 1666 年的那场令它彻底改头换面的大火事件。大量木屋被焚毁，于是次年城市便有法案规定必须采用砖石作为主要建筑材料，同时房屋间距也被强制加大，大量输水管道被铺设于地下。在腐木、废水和藏污纳垢之所一扫而空后，卫生状况也得到了极大改善，前一年爆发起来的鼠疫也彻底消失。可见，一种适当的类型很大程度上是排除了大量"错误"[32] 之后才浮现的答案。

最后，类型的形成不似物种的演化，因为参与类型选择的人类有强大的学习能力和明确的动机。我们的分子生物学技术已经能让人准确地修改一些物种某段特定的基因，这大大超过了演化所能达到的速度和强度。今天我们对空间的驯化也在加速，这不仅可归功于人类知识量的巨幅增长，也源于社会财富极端式的积累。这意味着专家和资本拥有着比以往任何时期都更强硬的话语权。鉴于此，对于最初的提问或许还有一个解答。在今日的环境营造中，之所以看不到除工程学以外的明显进步，不仅是因为我们所面对问题的复杂性是史无前例的，也有可能是由于随着认知的增长，我们对进步的认定变得迷惘了。一个建成环境之所以优秀是源于它的品质还是受欢迎的程度？空间的价值评估是基于它作为可交易的商品还是共享给大众的福利？经济可持续和社会文化可持续相冲突时该如何取舍？我们的建筑类学科至今还未完善相关的知识体系，因此也无法回答这些问题。

五、本书的目的与结构

所以，目前关于建成环境的核心知识体系正亟待我们构建起来。关于它的类型和审美的探究则是其中的关键之一。笔者将基于现有文献和案例的讨论，逐步阐明这一要点的价值与意义，论证它作为一种普遍研究方法的充要性，厘清与之相关的概念，解释实际中的现象，讨论它与其他思想、理论和方法的关联与利弊，并为今后的实践提供一个基于框架理性（framed rationality）[33] 的视角，为相关学科和专业提供一个共通的讨论平台。因此，这本简单的小册子并不是一次按照固定程序的调查、分析和发现，而是针对一个新观点及其引出的一系列新问题的揭示、探讨和阐释，也是一个针对学科基础理论所缺失部分的补充和完善。据此，除去本章，本书还包含了以下的八个部分。

第一章"认识空间"从文化和认知心理层面重新审视了人们观察和认识建成环境空间的方式和规律，并揭示了不同的理解最终会如何影响建造技术的选择和实践的结果。进一步说，更自由的技术选择并不能以更大的概率为我们提供更好的环境，因为建造的艺术还在于技术和所在社会文化背景的匹配，而不是技术本身的先进性。第二章"从桃花源到病梅馆"阐述了人类审美的主客观成分的由来和构成。从人类演化的角度描述了对生存环境的一组明确而普适的审美偏好。随即我们会发现伴随着人类社会文化因素的加入，审美在复杂的社会背景中也变得复杂了起来。鉴于此，人们通常很难去论定审美的客观标准，但同时也不得不承认审美共识的客观存在。第三章"类型的形成"探讨了建成环境类型和审美的相互作用关系。这组关系将是我们分析和理解建成环境不可忽略的重要考量之一。这组关系还向我们揭示了类型构成中所涉及的层级结构。这种结构要求我们应将类型看作事物的形式特征在不同环境层级中的一种凸显，而不是可以被单独讨论的个体。第四章"旧例与新解"回顾了现代主义运动中萌生的思想、理论和实践，从类型和审美角度重新审视了现代主义的机器美学以及与之相关的现实案例，阐释了"类型－审美"之间正负反馈作用的形成、强化和更替。第五章"从乌托邦到异托邦"讨论的重点开始转到了城市。基于建成环境的类型对自身尺度变化的敏感性，这一章着重探讨了城市因为其规模带来的复杂性而完全不同于其他建成环境的特征。以此提出我们应当如

何应对它们的疑问。据此,第六章"核心与层级"介绍和讨论了如
何针对复杂的城市形态进行类型分析——以城市的空间系统为核心
研究对象,并关注它所包含的层级之间的联系。由此得到的局部规
则和全局形式的关系是我们理解城市复杂物质环境和美学的重要手
段。第七章"驯化的方向"则是对过去演化思想的一次回顾和总结,
从中揭示了看似中立的思想在指导当今建成环境实践工作中的隐患,
并以此主张使用带有道德伦理色彩的驯化视角来看待目前乃至未来
的设计实践。最后,本书在第八章"结语"中结束,这章再次重申
了本书的主要观点,提出了针对实践的一系列原则和方法,并以一
种辩证的态度看待数字技术对物质环境的影响以及我们应该采取的
对策。

注释

1 Marshall, 2008: 1.

2 王安忆, 2001: 169; Martin, 1999: 167; Alexander, 1979: 237; Hebbert,
  1993: 434.

3 早在 1889 年,西特(Camillo Sitte)就在他的著作《城市建设艺术》的前
  言中表达了类似的疑虑:"尽管我们在技术领域取得了许多成就,而我
  们在艺术领域的成就几乎为零",见 Sitte, [1889]1990: 131.

4 关于这三者的充分而精湛的掌控被认为是实现"光辉城市"(La Ville
  Radieuse)的基础,见 Le Corbusier, [1935]2011.

5 Marcus, 2021.

6 Heidegger, [1927]2012.

7 Foucault, [1969]1985.

8 Naess, 1989.

9　或称"进化"，本书采取了"演化"这一就目前看来不太容易造成误解的说法。

10　这里借用了列斐伏尔（Henri Lefebvre）关于建筑学和医学的类比，见 Lefebvre，[2000]2015。

11　Marcus，2021.

12　Roberts，2017.

13　Solnit，2001.

14　这里指的是应对各自当前状况的"完美"，因为从长期来看所谓的完美 并不存在。

15　Harvey，[1996]2015.

16　Kostof，1991.

17　Rossi，[1966]2010.

18　这与意大利学派的建筑类型学略有分歧，可参见本书的第三章和第六章。

19　上一个注释提到的类型学把这种主观能动性视为一种"先验"的存在， 也就是产生于实体建设之前的自发意识（spontaneous consciousness），笔 者并不赞同用这样的解释来理解建成环境或指导相关实践，也就有了上 面提到的分歧。

20　即我们无法从结果反推出人类意识在其中起到的具体作用。上述的建筑 类型学将之称作"后验性分析"，但有了该定义也并不能帮助我们更好 地探究自发意识的作用。

21　Rossi，[1966]2010：23.

22　例如兰菲尔德（Herbert Sidney Langfeld）的《审美态度》（*The Aesthetic Attitude*），普劳尔（David Wight Prall）的《审美判断》（*Aesthetic Judgement*），莫尔斯（Abraham Moles）的《信息论与审美知觉》（*Information Theory and Esthetic Perception*）等。

23　Rossi，[1966]2010.

24　Foucault，[1984]1986.

25　Marshall，2008.

26　Kropf，2001.

27　Arthur，2009.

28　指代以勒·柯布西耶（Le Corbusier）的光辉城市为代表的现代主义城市规 划思想和实践。

29　Marshall，2005：90.

30 指人们可以根据前人留下的物料和信息而进行的单向交流，例如文艺复兴时期的人们和古希腊文明之间的交流。

31 Roberts，2017.

32 大多的"错误"都和"不合时宜"有关。

33 在既有的认知框架中作出尽可能理性的选择，不同于完全理性或有限理性，见 Lai，2017.

第一章　认识空间

　　人与空间的关系如此紧密，以至于我们常常忽略它的存在。空间一词和时间一样，属于最原始[1]的词汇之一。但和时间不同，空间的含义非常广泛而模糊，它可以用于表述多种不同维度和层面的事物——当有人说出"给我一点空间"的时候，在没有上下文的帮助下，你无法知晓这人究竟是不想被人打扰，还是要求别人为他／她腾挪出一些地方，抑或是需要一些额外的个人自由，也可能是表示要为自己的表述留一点余地。即便如此，人们却又迟迟没有为此发明出不同的词汇。人类发明的长度、面积、体积等度量的初衷是测量物体，而不是空间。换言之，我们更感兴趣的是占据和划分空间的实体本身，而空间仿佛是无形、绵软、任人摆布的。另一方面，我们又无时无刻地不在度量空间——手指在屏幕上的滑动范围，空荡荡的胃发出饥饿的讯号，大脑思索着如何赶赴晚餐的地点，脑海中闪过道路拥挤的画面，及其随之而来的压力等，都体现着人对空间不同程度的认知和把握。我们对空间的领悟一如生物本能般的天然。日常用语中很多最基本的隐喻都来自于对空间的认知。[2]例如，在到达之"前","长"久以来，实践"中"，本质"上"，心胸"宽广"，思想的"高度"和"深度"，等等。类似的表述在各种语言中都十分常见。这些表示空间方位和尺度的词汇会被用在对时间、意识等非实体事物的描述上，而这些隐喻是如此自然以至于我们在日常使用中几乎察觉不到。

一、从自然到社会的空间

我们对待空间的态度是矛盾的。人类发明了大量征服空间的技术，高铁、飞机和无线通信似乎降低了空间的体积感。据此海德格尔在一次演讲中不禁仅感慨："人类把最大的距离抛在了后面，从而以最小的距离把一切带到自己面前。"[3] 但就在人们想尽办法用技术克服空间的同时，很多年轻人都还在为争取大都市中的容身之所而拼命奋斗。地球给我们所留的空间很大，如果给今天世界上每个人 1 平方米的立足之地，一个比广州稍大点的地方就能把所有人容下，这仅占地球陆地表面积的 0.005%。即便如此，方便人类活动的地表空间终究还是有限的。16 世纪以后的欧洲殖民者因为地理大发现而逐渐意识到了这点，于是便开始了对空间资源的抢夺。

今天人们甚至已经把空间资源的概念拓展到了太空，例如美国太空探索技术公司（Space X）2015 年提出的"星链"项目，即向近地轨道投放 12000 颗小型人造卫星的计划（2020 年更是计划将其增至 42000 颗）。这项计划名义上是为了解决偏远地方的互联网问题，即为全世界人类"消灭"通信上的空间阻隔，实则是对稀缺的近地轨道资源的战略性抢占（有趣的是该公司成立之时的命名就似乎暴露了它此刻的念想）。这些人造卫星成本低廉，每过 5 年就要被重新替换，但它们对轨道的占据是永久的。而且因为轨道是有限的，那么其他国家或公司再想要使用它们就必须支付大量租金。这相当于将地租的概念扩展到了太空中。这个例子很好地表达了人们对待空间的矛盾心态，人们一边用技术手段"消灭"空间，一边又用技术的先发优势有计划地占有它们。人们试图缩减的那些空间却又是他人所必需的。这一方面确实意味着我们一直在寻求各种方式让空间更好地服务于生活，同时又以一种理所当然的态度抢占着不可再生的空间资源。

在繁华的城市中，空间是最奢侈的资源，而在野外它又是最不稀缺的。空旷甚至是人类最可怕的敌人之一。苏佩维埃尔（Jules Supervielle）有诗道："太多的空间令我们感到的窒息远甚于没有足够的空间。"[4] 如果说电影《地心引力》（*Gravity*）中太空的浩渺深邃所带给人的恐惧距离我们仍过于遥远，那么高尔基（Maxim Gorky）对空寂的描述则应该能让大部分人感同身受：

> 在一望无际的大平原上，木墙草顶的乡村小屋蜷缩在一起，这就使人有了讨厌的理由……农民可以走出他所在的村庄去看一看所有包围他的寂寞，不久之后他就会感到那种落寞感仿佛已经直捣他的灵魂……触目可及的是无边无际的大平原，在大平原上站着一个无足轻重的可怜的小人，他就这样被抛弃在这片沉闷的土地上，不得不像一名囚犯一样地劳作。然后，一种漠然的感觉压在了心头，让他无法思考，让他忘记了过去的经历，让他没了灵魂。[5]

面对自然空间之浩瀚所带给人的震撼，李白的《梦游天姥吟留

图 1-1　阿尔卑斯山脉，瑞士

别》感叹道："海客谈瀛洲，烟涛微茫信难求；越人语天姥，云霞明灭或可睹。天姥连天向天横，势拔五岳掩赤城。天台四万八千丈，对此欲倒东南倾。"这种扑面而来的压力让人着实觉得自身之渺小，只有通过做梦才能与之抗衡。阿尔卑斯山脉之辽阔曾是欧洲人心目中恐怖的象征。时至今日，技术的进步能使你花费很小的代价便能登上某几个山头以一览层叠不尽的群峰（图 1-1）。当此刻的你面对这份空旷时，不会再感到恐惧，只觉得壮观。工业革命以来，人们对自然旷野的敬畏感正逐渐地消失。然而，2021 年甘肃白银市的山地马拉松事故恰如一次将人们从睡梦中唤醒的震颤。在 5 月的冰冷风雨来临之前，参赛者并不知道这长达 8 公里的山路中唯一活下去的希望仅是当地牧羊人的一个窑洞。人们又重新认识了那被淡忘已久的恐怖。

今天的人们或许觉得建造和聚居是司空见惯的行为，殊不知它们对于我们祖先的重要性。部分原始人类也有过穴居的历史，但大部分人们还是青睐于自己建造住所。天然岩洞虽能提供免费且较稳定的居住环境，却有着各种限制条件，例如有的离水源太远，有的路途过于崎岖、采光和通风不理想等。穴居被淘汰的关键还在于岩洞分布和大小的随机性，人们难以据此建构起大型的社会群体，并在与那些善于建造的族群的竞争中迅速失去了最初的"经济优势"而消失于历史中。通过建造，大家可以相对自由地选择居住的位置。各家的房屋虽然独立却并不距离太远，以方便人们彼此扶持渡过难关。换言之，那些原始茅屋的建造是驯化空间的开始。比起寻找天然庇护所来说，建造和聚居具有极大的后发优势。

自从人类形成了社会，大家就能协力对抗空间那不可捉摸的野性，提升地理探索的能力，为自己开疆拓土。在人类活动范围还十分有限时，各处的人们都曾经有对身处环境的描绘或口述。他们最大的共同点，就是将自身的社会聚落所在定为世界的中心。欧洲基督教文化中常见的"T-O"地图便是这一典型（图 1-2）。与其说它是地图，不如认为它是一个当时人们关于地理空间认知的心理图式，处在中心位置的并不是代表天堂的伊甸园，而

图 1-2 "T-O" 地图，以 O 形和中间的 T 形而得名。
来源：吴泗璋，1956: 14.

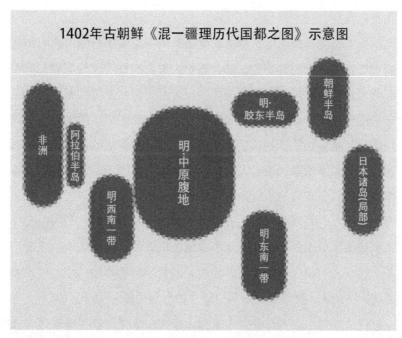

图 1-3　1402 年古朝鲜《混一疆理历代国都之图》示意图，此图由朝鲜一李姓者根据《声教广被图》和《混一疆理图》这两幅元代的地图而绘制，现存图为 1560 年的抄本。
来源：美国议会图书馆收藏

是人间的圣地耶路撒冷。大陆被海洋分隔成了亚、欧、非三大洲，世界尽端封闭起来的一隅（地图最上方的东方）才是伊甸园——最终归宿的所在。事实上，此类图示表达更多的是对社会关系的认知，是将"我们"、"你们"与"他们"进行的区分，是社会距离按亲疏远近的排列。[6] 这种认知是将"我们"团结起来的重要动力之一。[7]

　　当然，那个时代的社会距离和地理距离有密切的关系，但图示并不表现它们真实或具体的关系。随着世界各地的往来与日俱增，横跨欧亚大陆的元帝国出现，以及地图绘制技术的发展，各地对这个世界的地理空间也有了更为客观的认识。然而，当时的地图并不像今天的那样几乎完全消除了来自社会的偏见。例如，15 世纪的古朝鲜是其历史上最繁荣的时期，1402 年朝鲜人绘制的《混一疆理历代国都之图》就显著地夸大了朝鲜半岛的面积，几乎与地图西侧的非洲面积相当。相对于朝鲜，日本诸岛的体量也和实际相比大大缩小了。涉及明朝中国的疆域时，与朝鲜距离较近的部分绘制得较为准确详细，甚至有所夸大（例如关系最密切的胶东半岛部分），而知晓甚少的中国西南部则有很大程度的扭曲（图 1-3）。值得一提的是，这大概率不是绘制者主观的随性而为，因为故意歪曲地图并不利于社会经济生产，普通人也接触不到如此昂贵的地图，也更不用考虑以这种方式来团结民众了。较之更可靠的解释是，这就是当时社会眼中的"客观事实"。就算放到今天，人们也很难将一个球面上的信息原封不动地搬到一个平面上。目前所能看到的平面地图都存在一定程度的失真，而这些多少有些歪曲的信息也是我们眼中的"客观事实"。显然，社会和技术一样，是实实在在影响着我们理解世界的客观因素。

如果说在自然环境下，空间的空旷虚无感是人类所畏惧的对象，那么在社会环境下，这个对象往往体现为另一个极端，即逼仄和拥挤。在古代各地，流放是很常见的刑罚，几乎相当于另一种极刑。它迫使人脱离社会，独自直面旷野，其结局的悲惨程度不言而喻。反之，将人囚禁在一个幽闭空间中同样也会造成极端的痛苦。即便是软禁这种方式，也会对人的精神状态产生不小的影响。逼仄的空间意味着获得生存资源的机会很小，环境压力引发紧张情绪并催促人尽快离开这个空间。在社会环境中，局促的空间令人不安，并使人更具有攻击性，因为比起选择过多，我们更害怕没有选择。动物也一样，逃离和对抗是对自身空间被侵犯的两种反应。一般来说，允许选择逃离的空间要大于对抗。在遇到威胁时，多数动物都会以逃离为首选，如果空间不允许，就必须背水一战了。因此空间的限制很容易频繁地引发动物的应激反应，最终都会让动物出现反常行为，例如缩在角落、原地转圈、不断重复动作等。此类情况在以圈养为主的传统动物园或马戏团里相当常见。[8]

对那些相比反击而不太擅长逃跑的物种来说，对抗将是更好的求生选择。人们一般会称之为"好斗"的。这个区别也会在人类不同的社会和文化上体现出来。一般来说，在古代，比起平原地区，来自山区的士兵较为剽悍，作战勇猛，但纪律性也较差。这一方面是山区相对匮乏的生产资料所导致的，另一方面则是因为山区能方便人活动和生产的空间较小。狭路相逢勇者胜。在有限的空间中一味忍让所带来的后果就是你不得不选择比别人更局促的生存路线。就算整个地区都秉持谦让利他的文化，也很快会被来自其他山区的人们夺走生存的机会。而在空间开阔的平原上，人们通常可以形成更大规模的聚落以抵御外来的侵害并维持自身社会形态的稳定。

拥挤是不同于逼仄的情况。不管是山区还是平原，人们之间的距离过近就会感到拥挤。你可能会觉得密林是字面上的拥挤，但拥挤感更多来自对同类潜在意图的防范，例如对你空间资源的侵占和活动范围的限制。因而拥挤更是心理上的逼仄，是关乎空间权益可能被剥夺的焦虑感。即便没有任何设施上的差别，酒店房间的价格也会因其视野的好坏而不同。在价格差得不多的情况下，即便知道这窗外的风景和你无关，人们当然还是倾向于选择有窗户的房间。同理，随着高度的增加，人的视野也会变得开阔，行为优势也会增加，这足以消除部分来自拥挤的焦虑。因而在人口密度较大的地区，人们也更愿意选择高处居住。关于"高尚"、"低级"、"上流社会"、"上层建筑"、"底层人民"等词汇正是在一定程度上反映了人们将身居高位视为一种特权阶级的象征。这空间上的不对等在事实上是将高处和宽敞联系在了一起。空间在物理概念上处处相同，但在社会概念中并不同。

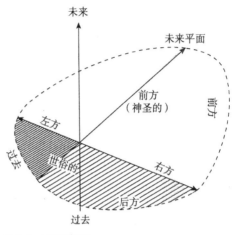

图 1-4　人体与时空观
来源：段义孚，[1977]2017：29.

对社会中的个人来说，空间也不是匀质的。例如图 1-4 显示了人对右前方的偏好甚于左后方。对适应了直立行走的身体来说，正面和背面的概念几乎等同于前方和后方。人类视觉主要位于正前方，再加上右手作为惯用手，因而对右前方的掌控范围相对更广，掌控能力相对更大。有趣的是，这种偏好还会对应到与视线垂直的面上。例如人们在欣赏建筑立面、绘画作品、景物时会因视点的位置不同而有侧重。这种被称为空间各向异性/非均质性（anisotropy of space）的现象会让人们对视野中右上方内容的重视程度要高于左下方，这与水平面上对应的方向偏好有着一定的相似性。[9] 这也许和人们习惯用左手把持住物品，用右手从右上方开始对物品执行观察和精细操作有关。

总之，如果人不能明确自身在整个空间系统中的位置，那么我们关于地理和空间所有的知识都是无效的。对在自然中求生的人来说，他们只需以自身为中心了解周围有限范围内的地理环境即可。而当人们构建起了社会，我们日常所接触到的空间系统是多元且多重的，除了最基本的自然地理空间，还有与人文地理相关的建筑、城市、生产、交通、公共、私密和赛博空间等概念。我们能够理解20世纪美国的郊区化问题，它可看作人们对更宽敞的居住空间的追求。那么19世纪的欧洲人从农村涌入城市呢？显然他们不是厌倦了故乡的开阔，是由于故乡无法为年轻人提供足够的工作机会，因而它们在经济意义上是拥挤的；故乡一成不变的生活生产模式也约束了年轻人的自由，所以在自我实现的心理意义上也是拥挤的。[10] 我们还可以继续从隐私、权力、商品等多方面揭示关于同样的空间在主观上的不同体验。然而这样的例子举不胜举，因此我们讨论建成环境的空间时，它必须被纳入特定的社会场景中。在城市中人们感到"宽敞"的居住空间是无法和农村的"宽敞"概念相提并论的。

二、空间与感知

前面我们讨论了关于空间的一些简单的相对或矛盾的概念，在很多情况下，我们还需要对空间的特征做一定的描述。海德格尔曾困惑于艺术语境中空间的特性。他在一篇短文中是这么讨论空间的：空间属于最原始的现象，在认识到这些现象时，人们会像歌德所说的那样，被一种敬畏直至焦虑所征服。空间的前后都是空间，它的特殊性必须被它本身显现出来。[11] 困扰这位哲学家的是空间和

图 1-5　摩尔的雕塑作品 Helmet head no.2 & no.6，摩尔，1950-1955 年。
来源：©Art Gallery of NSW, https://www.artgallery.nsw.gov.au/collection/works/9195；©Tate, London 2018, https://besharamagazine.org/newsandviews/henry-moore-helmet-heads

艺术（雕塑）的关系之谜。他问道，空间，在雕塑结构中可以被看作是一个"现成在手"（sous-la-main/present-at-hand）[12] 之物；空间，是包围着雕像的形体；空间，为形体之间的空隙而存在；这三重空间在相互作用的统一性中，只不过是充当为一个物理技术空间的衍生物吗？如果艺术是将真理带入作品中，而真理是对存在的揭示。那么，真正的空间，那个从不掩藏自己真实性的东西，难道不应该在作品中占据主导地位吗？他从词源角度讨论道，雕塑等造型艺术并不是对空间的统治或探究，而是对"诸位置"（orten/places）的体现。而位置则是对一个区域的持留和开放，周围聚集了自由之境，为物和人提供了栖居之所。马克思认为，意识本就是社会的产物，而艺术作品是"反映我们本质的镜子"[13]，是作者和"另一个人"在人和社会关系本质上相互同一的证明。这么看来，海德格尔提到的"诸位置"和"自由之境"不恰恰也是为"另一个人"而准备的吗？

摩尔（Henry Spencer Moore）的雕塑作品与空间有很强的互动

关系。例如他的 Helmet Heads 系列，一个形式套着另一个完全不同的形式（图 1-5）。从意象上，该系列雕塑出自一名参加过第一次世界大战的和平主义者对战争的反思，外面的部分形式圆润、质地坚硬，是头盔也是头骨，而里面的则似乎是纤弱的生命。不过这些雕塑更强的表现力存在于这内外之间的空隙中，正是内外之间的这点空洞感将两者的力量对比体现了出来。试想，如果头盔里面的小东西把周围空间撑得满满当当的，便不会再有"叮当作响"一般的无助和脆弱了。也就是说，作为物体间隙的空间在这组雕塑作品中已然成为"另一个人"的审美对象了。如果"另一个人"恰好也经历过一战，那么他/她对此处空间的认知与体验也许会和艺术家更为接近，也更能激起相关的情感，我们可将之称为"共情"，或者用康德的话说，是来自先验性的"共通感"（common sense）[14]，是美感的基础。话虽如此，人们仍不禁要问，为什么在谈论雕塑时需要谈论空间？究竟是什么能力，能让海德格尔认为空间对于雕塑实体来说拥有同等甚至更高的决定性地位？因为日常生活中的人们乐于描述的对象通常是实体，而不是空间。譬如一张椅子可类比为动物，它由椅腿、椅背和椅面构成，但没有什么词汇来指明供人坐于其中的那团空间，就算我们很明白这团空间才是人们发明椅子的动机所在。

视觉上的空间感并不是与生俱来的。历史上的一些研究显示，婴儿的视觉空间不具有恒常性，他们可能会无法辨认变换过角度的奶瓶，不懂得近大远小的规律。[15] 但奇怪的是，随着年龄的增长他们便会习得这些能力，这个过程中并没有人刻意教会他们这些道理。甚至对于一些平常接触不到的视角，例如航拍图，即便是没有过接触现代信息媒介的五六岁儿童也能明白其中的内容。[16] 事物的剖面更是一类难以见到的状态，但相信大多数人都不难解读它们。这说明人类能够自我习得事物在更换观察角度后"应该会是什么样子"的想象能力或者相关的经验。不过比起事物本身，儿童对空间的关注程度就不那么高了。正如儿童玩积木的时候，当然是把注意力放在积木搭建起来的造型，而不是这些积木所勾勒出来的空间——更像是一个雕塑而不是建造行为。儿童在绘画时表现出来的"分离性"也十分明显，例如他们会允许人物的头和帽子之间存在一定的间隙，而不会觉得飘浮在脑袋上的帽子有什么不妥。也就是说，他们对事物之间的空间关系是不太关心的。[17]

吉布森（James J. Gibson）指出，视觉的感知系统更倾向于对复杂环境进行积极而主动的探索，而不是被动地接收信息。[18] 不妨这么思考，只要人醒着，他／她的视网膜每分每秒都在接收大量的图像信息，那么大脑是否会因为处理不过来这些海量信息而崩溃？如果大脑只能关注到其中一部分信息，那么这些信息应该有什么特征？事实上生存压力给了我们一个明确的演化结果，人类可以直接提取来自环境中的那些相对不变和稳定的光学信息。因此，相对于实实在在的事物而言，被事物占据的空间、包围着事物的空间、和事物之间的空间就是那部分容易变动的信息。把握它们的形状对生存的价值不大，反而会徒增认知系统的负担。难怪儿童会不假思索地忽略它了。那么，这些相对不变和稳定的事物具有哪些特征呢？试想一匹奔跑的马，它全身都在剧烈地位移中，形体也在不断地发生着变化，那我们为何会关注它而甚于它周遭的空间呢，它的稳定性体现在哪里？

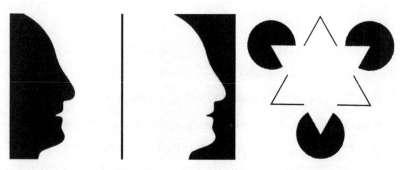

图 1-6　被截取一半的"鲁宾杯"图像（左）及颜色反转后的图像（右）　　　图 1-7　中央的三角形是心理上主观轮廓的呈现

　　其中的一个答案也许是图像的封闭性。我们来看那幅最为常见的用于解释"图 – 底"（figure-ground）关系的"鲁宾杯"图像。[19] 沿着图像的对称轴裁剪，我们得到其中左侧的一半（图 1-6 左）。在这一半图像中，绝大多数人都只能识别出其中的人类侧脸，而要识别出其中的半个鲁宾杯就变得着实困难了。如果我们把图像颜色反转，一眼看上去，作为人脸的图像就不好识别了，相反作为杯子的那半部分稍稍变得明晰了起来（图 1-6 右）。[20] 在这两幅图像中，若所要表现的事物和本书的纸张颜色相同，就很容易混入背景而失去其封闭性，进而失去了可识别性。事实上，如果没有事先被告知关于杯子的信息，这个杯子的轮廓仍然是很难识别的。因为它作为杯子的形状确实过于别扭，更重要的是它并不完整，不符合人们对杯子的心理预期。

　　关于这类期望，我们可以通过图 1-7 来说明。尽管图像中央是一片没有多少内容的空白，但人们还是有将它看作是一个倒三角形的心理冲动。这与前面论述的内容并不矛盾，说明人们有着主观地去营造一种封闭性的强烈愿望，以尽可能地从复杂环境中获取有用

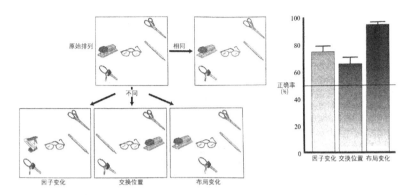

图 1-8 变化盲视
来源: Gerrig & Zimbardo，2002；Figure 5.16.

的信息。这种在主观心理上将信息补全的过程可以用格式塔
（Gestalt）心理学来解释。该方法形成于 20 世纪 20 年代的德国。
格式塔一词大致可以被解释为"形式"、"整体"或"完形"的意
思。它主张，基于大脑自身的组织和运作方式，知觉系统将世界感
知为有组织和结构的整体是最为简单而经济的。这个规则可以使人
在短时间内以一种"恰当的方式"把碎片化的事物整合到一起，以
形成对它们整体上的认识和理解。这项能力可以让人从有限的片段
或局部中获得关于周围环境完整的信息。

　　不过有得有失，在这个整合的过程中往往会忽略一部分细节信
息。例如图 1-8 所示，该实验要求被试者注视五件排列好的物品的
图片两秒钟，随后让他们观察另一张图片并判断它是否和刚才的图
片相同。后一张有可能和原始图片一致，也有可能是替换了物品、
交换了物品的位置，或移动了物品位置的布局的图片。这一系列实
验显示，相对于位置布局的变化，人们对两个物体交换位置不太敏
感。关于这个现象并没有很完整的解释。但笔者倾向于认为，诸如

瞬间替换因子和交换位置这种变化现象不可能在自然界出现，而事物位置的移动却很常见。因而从自然生存角度来说，如果一定要为这项整合能力付出一点细节上的代价，那么，相较于物体移动而言，对前两种细节变化的敏感性是更值得被牺牲掉的。

　　然而，这似乎和前面所说的相矛盾了，因为这好像是在说明人们对空间关系变化的关注甚于对事物本身的关注。事实上，这取决于你在什么场景范围内看待这个事实。如果你仅仅关注图片中的订书机本身，那么它一旦被替换为另一个物品就一定能引起你的注意。但实验要求你对整个图片负责，也就是说此时你要将图片本身作为一个整体去关注，而不是图片里描绘的物品细节。于是图片上的空白部分也就因图片成为关注对象而有了封闭性。那么这个图片的内部结构相较于图片外部环境而言，你必定会更关注前者。因此，这和前面的论述并不冲突。因为，该现象揭示了一个层级式的认知结构。虽然相对于空间而言，事物本身更容易引起人们关注，而当这些空间和事物被视作一个整体后，该整体作为新的事物相较于它的外部空间环境会更容易受到关注。而在更高的一层框架中，这个整体和它的外部空间又会构成一个新的整体……以此类推。

　　同理，关于视觉心理学的研究能在另一个角度上解答海德格尔的设问。在前文谈到"相对不变和稳定的事物"时，同样也出现了海德格尔所提到的空间的三种凸显方式。的确，相比雕塑自身的重要程度来说，这些空间都处在次要位置。但当人们把雕塑放到一个广场的中央或是一栋建筑的周围，把它当作环境的一部分时，和雕塑有关的空间或好或差的特征就能显现了。这好比西特

图1-9 不同环境中的《大卫》，佛罗伦萨美术学院圆形大厅中(左)和艺术家本人曾经亲自指定的位置(右)
来源: © 候鸟旅行; http://www.galenfrysinger.com/florence_italy.htm

（Camillo Sitte）所强调的，我们不能总是为每一尊雕像提供尽可能大的空间，这样反而削弱了它本该产生的效果。相反，我们应该像画家那样，依靠中性的背景来增强雕像的效果。[21] 按西特的观点，把米开朗琪罗的大卫雕像存放在佛罗伦萨美术学院的圆形大厅中是对艺术品的一种"囚禁"（当然他和我们都知道，这是出于保护目的不得已而为之）（图1-9左）。真正适合这个雕像的位置，应当是米开朗琪罗亲自指定的韦奇奥宫（Palazzo Vecchio）的主入口旁（图1-9右）。在这里，这座雕像和粗糙而平淡的建筑立面的肌理形成了对比，也便于人们靠近欣赏，在如此近距离的观察下这座高约4米的雕像比它实际尺度显得更大而更加宏伟了。

西特注意到这个看似不起眼的位置在后来人们的眼里是荒谬可笑的。拿今天世俗的眼光来看亦是如此，人们恨不得为这座雕像建设一个广场，把它摆在中心供世人瞻仰——不过早在19世纪的人就已这么做了。他们把雕像复制成青铜像后，放在了佛罗伦萨市郊高处一个广场的几何中心，并把广场命名为米开朗琪罗广场（Piazzale

图 1-10　佛罗伦萨市郊米开朗琪罗广场中心的《大卫》复制品
来源：https://www.visitflorence.com/florence-monuments/piazzale-michelangelo.html

Michelangelo）（图 1-10）。于是这座雕像即日起就被熙熙攘攘的观光客和导游手册簇拥着，今天则更是被包围在旅游大巴和停车场中间。西特以此为例批评道，雕像在这种环境下毫无艺术效果可言，它看上去小得和真人无异。

　　按以往形而上学的观点，雕像不应该随着所处位置变化而改变自身的本质。如果说本质是指它在物理和技术语境中的质量、体积、材质等特征的集合，那么它的确是恒常的。但我们在考察作为艺术品的雕像时，尤其不能忽略它的欣赏主体，而要将雕像和至少包括观赏者在内的多个因素视为一个系统来分析。那么这个系统的"本质"就不单纯是物理学的了。"空间与空间之间的区别是什么呢？"康（Louis Isadore Kahn）说道，"那就是空间的本质。每个空间都有自己独特的气场，和周围环境一同形成一种氛围，不管是否有人

图 1-11 下陷的"庭院",来自作品 Perimeters/Pavilions/Decoys,玛丽·密斯,1977-1978 年
来源:©Mary Miss Studio,Nassau County Museum of Fine Arts, Roslyn, NY.

注意,这种气场一直都在……会引起置身于该空间内的人的共鸣"。[22]
大卫雕像在米开朗琪罗广场中想要达到韦奇奥宫前那样宏伟的效果,
它必须至少增大一倍,并配上一个更加庞大的基座,但那又不再是
原本的艺术尺度和精度了。

据此,我们可以粗浅地理解前文中各位先哲所提到的"诸位置"
及其所构成的"自由之境"以及来自"另一个人"的"共通感"了。
在此期间,存在于雕塑、观赏者和周遭背景之间的空间能被识别为
有形有质的场域,即此刻,空间在一定程度上如同实体般被凸显出
来了,它的特征不再是可以被知觉所忽略的部分。譬如摩尔的头盔
系列雕塑,若它们出现在一个琳琅满目的货架上,和它们相关的空
间就不能体现其作为艺术作品想要表达的特质。唯有将它们放置在
一个干净敞亮的地方,其外壳和内在物之间的空间张力和势能才能
在观众那里显现出来。又如,艺术家玛丽·密斯(Mary Miss)的作
品 "Perimeters/Pavilions/Decoys"之一,一个下陷的方形庭院为我

们提供了多重的体验（图1-11）。该"庭院"受启发于当地的熊坑，由木材、金属、混凝土等建筑材料构建而成，它使参观者意识到脚下那原本不引人注意的土地竟然也是作品的一部分。到访者对此处空间界限的认知是模糊的——当把它视作一个雕塑作品时，关注的是它所占据的空间；视作一个庭院时，关注的是它将我们安放的空间；视作一个大地艺术时，关注的是笼罩着整个场地的空间。可见，它分别作为一个雕塑，一个庭院，或一项大地艺术时给人带来的空间感是有不同侧重的。而正是这种空间认知上的模糊性让这个艺术作品变得有趣起来。据此可以得知，艺术作品中的空间的重要性来源于它和人的互动。如果说人类的艺术是一种"揭示意义上的真理"（Unverborgenheit）[23]，那么在雕塑、建筑和景观等造型艺术作品中占据主导地位的空间更应当受到重视。

三、实体与洞穴

通过上面的论述，我们理解了在特定的条件下空间可以凸显为实体。在更大的范围（更高的层级）考察其包含的空间时，空间便具有了一定的封闭性，成了有形之物，而不再是任人摆布和侵占的"虚无"。根据所在位置，它也许是凝固的，也许是黏稠的，也可能是稀薄的。这种体验既有一定的普遍性，也允许因人而异。《道德经》论道："埏埴以为器，当其无，有器之用。凿户牖以为室，当其无，有室之用。故有之以为利。无之以为用。"如今，国内外学者对这段论述的引用之广泛已令它相当国际化了。它主要用于说明关于空间和实体的辩证思想已经在两千多年前就有了。但其中的"凿"字仍令人费解。在开设门窗之前，室内的空间不早已形成了吗？以开凿的方式制造空间，只是常见于我国黄土地上的一类窑洞建筑，例如土坑窑。事实上它是一种特殊的建造制式。换句话说，《道德经》的作者之所以采取该特别的建造方式来说明观点，是因为按一般的通过建材搭建起来的构筑方法，仍是难以引起人们对空间的关注的。

正如人们通常把河狸喻为"建筑师"，因为河狸是为数不多的能主动改造自己栖息环境的哺乳动物。它们的巢穴建在水中，至少有一半位于水面上以保持内部的温暖干燥。其出入口在底部，必须经由潜水才能进入。这很好地阻拦了它们最主要的天敌。但到了枯水期，底部的入口就会暴露。为了解决这一性命攸关的问题，河狸会在巢穴的下游筑起水坝以保持巢穴所在之处的水位于入口之上。这种工程思路精妙得令人惊讶，接近于智慧的产物。另一种值得一提的动物是生活在干旱地带的裸鼹鼠，它们是唯一的真社会性哺乳动物。一个族群能在地下建构起长达三四千米的庞大洞穴网络。但人们总是关注它们丑陋的外表和一些奇特的能力，却甚少将它们视为建筑师或工程师。尽管两者都是在为自己营造栖居的空间，但因为营造方式的不同，人们更倾向于把前者看作是建筑。这仅仅是因为裸鼹鼠的洞穴隐藏在地下吗？

拉斯姆森（Steen Eiler Rasmussen）认定，有两类建筑师，一类是"结构思维（structure-minded）"型的，另一类是"洞穴思维（cavity-minded）"型的。[24] 为了更好地说明问题，他更愿意使用洞穴一词以替代空间。那么，我们可以将河狸比作结构思维型的建筑师，而裸鼹鼠则是洞穴思维型的。同理，棚屋是结构型的，窑洞

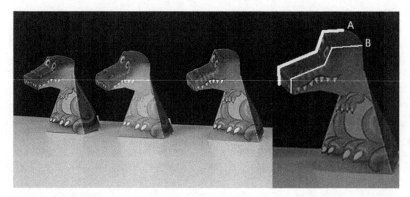

图 1-12　盯着你看的小恐龙

则是洞穴型的。而结构思维更能符合人们对"建筑师"这一概念的印象。洞穴作为一种"负形"远远比不上河狸搭建的巢穴和堤坝这种"正形"来得引人注目。图 1-12 的左侧摆放着三只盯着你看的小恐龙。你会自然地把它们的脸当成凸向你的形状。但通过右侧的示意图显示，边缘线 A 实际比 B 离你更近，所以这些纸片怪物们的脸是凹陷的。当你变换角度观察它们的时候，却始终能看到它们的眼睛，故会误认为它们坚持着将脑袋转向你。事实上，即便是一些平面的画像或照片也会让人产生"画上的人在盯着我看"这样悚然的错觉。人眼在进一步作出判断之前，更容易将物体（特别是生物体）事先假定为凸起的形状，因为这更符合自然和常识，这种"假定"也是让大脑"减负"的手段。因此，人们对建成环境的认知亦是如此。

　　基于直觉，人们不太容易将洞穴当作实体，而经过训练的建筑师则能有意识地调整这种直觉。上文提到的康可以被看作是偏好洞穴型思维的建筑师。他的代表作之一，孟加拉国政府中心 (National

图 1-13 孟加拉国政府中心，康，1962-1982 年
来源: https://www.louiskahn.org/kahn-islander/gallery/the-national-assembly-building

Assembly Building of Bangladesh in Dhaka) 这座国民议会建筑群从外表看，是一组巨大的几何实体。我们知道，康深受罗马建筑的影响，永恒和不朽都体现在建筑的厚重感上。厚重不仅仅体现在建筑实体上，也体现在内部空间上。其内部如同将多个巨大的简单几何体掏出后的"洞穴"一般，形成了复杂而多变的内部空间结构（图1-13）。这与米开朗琪罗"将雕塑从困住它们的大理石中解放出来"之言有异曲同工之妙。挖去一个圆形或三角形的墙令它的结构感被隐去了，它们好像不再肩负承重的任务，而是成了经过空间之间的挤压、穿插、裁剪、撑破后的一扇扇屏障。

事实上，判断一名建筑师到底属于哪种思维类型非常困难，拉斯姆森关于结构和洞穴的观点并不是让建筑师和他们的作品选边站。很多建筑师既是结构型的也是洞穴型的，他们将不同的思维侧重反

图 1-14 剑桥大学国王学院礼拜堂（King's College Chapel）的扇形拱顶，1515 年，显示出极富耐心的装饰感。
来源：Addis，2009：105.

图 1-15　法国阿尔勒市政厅（Hotel de Ville, Arles）的石制拱顶，1673 年
来源：Addis，2009：227.

映在不同的建筑作品中，或者一栋的建筑的不同部分中。在拉斯姆森
后面的一系列描述中，很多优秀建筑的美学特点在于其结构感和洞穴
感交织而成的各种对比效果。就本质而言，笔者认为，传统意义上任
何建筑的建造初衷都是服务于内部空间的，即为了生产"洞穴"而
建。然而，如果一定要判断一栋建筑偏向于结构型还是洞穴型，我们
可以主要考察建筑师将他/她的美学聚焦于空间还是实体。例如，欧
洲的哥特式教堂建筑喜欢将结构展示在外，以欣赏结构带来的美感。
作为其特色之一的飞扶壁自然不必多说。再者，出于各种原因，哥特
建筑还悄悄地沿着内部的拱脊加了一道额外的称作拱肋的结构，形成
了肋骨拱。不止如此，这些肋骨拱还演变出多种结构形式。虽然它们
和早期的十字拱在承重功能上并没有太大的差异，但拱肋除了支撑作
用，它们还经常被当作装饰以突出棱的立体感（图 1-14）。

图 1-16　挪威 Solobservatoriet 天文馆及访客中心，建筑外观（左上），航拍（左下）和内部（右），建筑的基本结构和装饰都服务于星球、星轨等天文主题。
来源：© Snøhetta/Plompmozes，http://plompmozes.com

　　相反，法国阿尔勒市的市政厅就不那么强调结构的美学。市政厅内部具有各种弧度的砌体拱顶要求每一块石料事先都须被切割成特定且具体的形状，然后再将它们放置到位。因此，这看似简洁优雅的造型是基于前期十分复杂的规划、设计、制图和生产工作的。但建筑师的这一努力并不显露在结构或装饰上，而是让这些就位的石块收敛得如鸟翼护雏般的姿态笼罩着下面的空间（图 1-15）。显然，这位建筑师更乐于向访客呈现自己对空间美学的领悟。有时候，建筑虽然从外观看来是洞穴入口似的隆起，但建筑结构所要体现的象征意涵要远远甚于其所形成的空间，因而不能把它当成洞穴思维的产物（图 1-16）。有的建筑尽管将结构暴露在外，但它却是为空间服务的，例如卒姆托（Peter Zumthor）设计的位于瑞士小镇苏姆维特格的圣本尼迪克教堂。朴素的水滴型平面营造了一个简单却又变动着的空间。该形状很好地利用了这一小空间中的透视——布道者站在“水滴”的圆端，在他 / 她面前展现的是一个相对深远的空间（图 1-17 左）；而入口所在的另一端展现给听众的则是一种宽

图 1-17 瑞士圣本尼迪克特教堂，建筑外观及平面（中），从建筑室内的讲台方向观看（左）及从入口方向观看（右），卒姆托，1988 年
来源：©Felipe Camus，https://www.archdaily.com/418996/ad-classics-saint-benedict-chapel-peter-zumthor

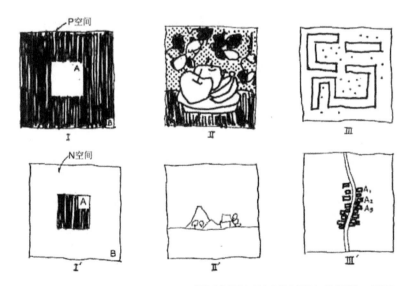

图 1-18 P 空间和 N 空间，上方图 I，II 和 III 不管是实体部分还是空白部分都具有"封闭性"，而下方图的空白部分没有这样的特性。
来源：芦原义信，1985：图 1-16.

敞而不失聚集感的蛋形空间（图 1-17 右）。而所有这些袒露在外的
结构则很可能是为了强化这种空间的透视感。

实体 / 结构与洞穴的侧重还体现在城镇空间中。芦原义信认
为，意大利城市的外部空间是属于洞穴型的——即没有顶的"室
内"空间。[25] 尽管他没有使用洞穴一词，但他的"逆空间"概念正
是意指拉斯姆森的洞穴感。通过一系列的图示可以清楚地表明作者
的核心思想（图 1-18）。我们可以用"封闭性"一词来理解关于
"逆空间"的概念。对芦原来说，如果空间具有一定的封闭性，
那它就是相对积极的（P 空间），反之就是消极的（N 空间）。前
文中提到的米开朗琪罗广场中的大卫像就是对应了图 1-18 中的 I'
（左下）的情况。居中的雕塑当然是引人注目的实体，但它周围的
空间却被"消极化"了。而韦奇奥宫前的大卫以及一系列雕像则布
列于建筑周围，没有对广场造成消极的影响，反而和广场、建筑相
得益彰。

当然，这不是评判空间好坏的唯一标准。如果一个广场就是为
了烘托其中心的纪念物而设计，那么它是不是能成为一个积极的公
共空间就不那么重要了，只不过此类情况在整个城市里面出现一两
次就已足够。如果一座城市充斥着纪念性，那它就不再是一座城市，
而是纪念陈列馆，且其中的纪念物也不再因其纪念价值而供人瞻仰，
而是作为展品陈列其中。因此这样的逻辑反而会使纪念失去公共的
意义。那么，我们就可以用这个理由去驳斥现代主义者将自己所有
的作品都当作纪念物的思维方式了。如果将建筑和广场的关系反转，
就成为围合式的街区单元（perimeter block）了，即如图 1-18 中的 I
（左上）所示。一个街区的边界和中央的半开放空间都由建筑来划

图 1-19　布拉格传统居住单元（左）和威尼斯圣马可广场（Piazza San Marco）（右）
来源：©Google Map 2022

定。如果把这个构成逻辑推广至整个城市，那么不管是社区空间还是街道空间，都会呈现为一定的封闭性，能积极地服务于公共生活，也就是芦原所说的"没有顶的内部空间"（图 1-19 左；图 1-18 III），其最好的成就之一便是被拿破仑所盛赞为"欧洲最美的客厅"的圣马可广场（图 1-19 右）。

　　如此看来，洞穴型思维下构建的城市空间在公共生活的服务上是具有优势的。那么为何这种优势在洞穴型的建筑中没有那么明显呢？或者说以结构型思维建造的建筑并不会在承载公共活动中出现什么问题。原因在前文中已经提到。相对于周围环境而言，建筑的实体和空间可以看作一个整体。而城市却很难，因为城市的周围环境往往不在我们的感知范围内。建筑中的空间无论多么地缺乏识别性，相对于外部空间而言仍可算是封闭的，故只要空间能满足功能上的需求，它就不会显得十分消极。当城市的外部空间缺乏封闭性时，除非将整个天空容纳进来，否则很难再有更外层的环境能让它凸显。人们在其中的活动也会因为缺乏帮助定位和易于辨认的环境而受到负面的影响（图 1-20）。所以不少城市在广角镜头下显得十分壮观，但在里面的实际审美体验却很糟糕。

图 1-20　巴黎拉德芳斯地区（La Défense），站在高处的新凯旋门眺望这个广场时，它或许还带有一定的封闭感，因为知觉系统将整个区域和天空都纳入了感知范围中（上），但当人置身其中时，周围空间的可识别性几乎不存在了（下）。
来源: © Antonita, http://antonita.pl/la-defense; ©Octopusmagazine, https://www.octopusmag.fr/paris.html

鉴于此，很多新传统主义的设计者们往往非常注重城市开放空间的封闭性（尽管这听上去有些矛盾）。例如他们会尽可能地避免沿着道路来安排规划或用地红线。因为只有这样，街道才能被很好地围合在两侧的建筑中，以形成完整的街景和活跃的沿街立面（图1-21）。同理，空间与实体的关系处理也反映在绘画艺术中。芦原没有指出的是，在图 1-18 所示意的画作 II 和 II'（中上和中下）中其实并不存在消极空间这一说。因为任何绘画作品都有画框将里面

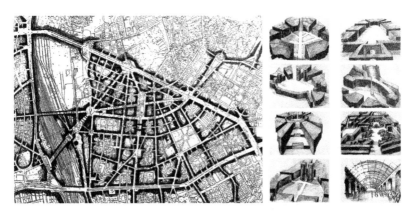

图1-21　意大利罗马荻伯提那大街(Via Tiburtina)城市开发项目，平面草图(左)和开放空间草图(右)，项目中地块的边界不在街道中心线上而在建筑的背面，以此将街道和两侧的建筑立面一同包含到规划和设计中，从而强调了街道空间和两侧界面的完整性。
来源：Krier, 2006: 176-177.

的内容合成为一个整体，所以在东亚的传统水墨画中所谓"消极"的留白并不会产生真正消极的影响，反而巧妙地在欣赏者的脑中填补并延伸了画面的空间感。因此，尤其对传统的中国画来说，画面形状和比例本身，以及托绢、绫布、镜框等限定画面的要素十分重要，它们必须根据画面需要来裁定，以凸显留白部分的美感。[26]

四、测量日常空间

在开尔文勋爵（Lord Kelvin）看来，仅当人们能用数字来测量和表达一件事物时，才能说对它有了些了解。自古以来，人们发明了不少用于定性描述空间的词汇，例如长、高、深、远等。但当人类迈入更复杂的社会时，需要对空间进行度量，才可用于比较和计算。这一切不一定和几何学的发展有关。在此之前，环境中路程的长短、区域的大小、行进的方向等因素就已和日常生产生活经验密切相关了。其中，长度是最基本的测量单位，也是最容易被感知的因素。早期的人们往往使用身体作为测量长度的参照，例如拇指和其他任一手指所能跨越的最大距离，平伸两臂后指端之间的距离，脚或手肘的长度等。当要测量的对象较大时，使用步数也是十分常见的测量方法。当整个社会都约定俗成之后，就可以使用绳子等工具来对物体进行精确的丈量了。人们对面积的精确计算是从长度发展来的。例如，我国周代规定以六尺为一步，以横一步，直一百步为一亩。[27] 以此计算，当时的一亩约为 6 乘以 600 等于 3600 平方尺，但古代罕有平方尺这样的表述。关于体积的计算，则要换成容积的概念来理解，如斗、斛、掬等，同样也没有立方尺这样的说法。简言之，早期人们关于空间的测量大多都基于日常的生产生活，而不会执着于各种计量单位之间的关系。就算计量单位不统一，只要不妨害公平，人们都能接受。

　　随着人类社会的发展，人对空间测量的精确度要求也在逐步提高。应需求发展而来的一些技术也提高了人们对空间的认识。平面几何中的各种规律也在各个文明中都逐渐地被人发现、记录和交流。如今，更多的几何学作为数学工具被发明了出来，譬如黎曼几何，可对三维空间中的曲率进行计算，在现代物理学中可用于解释和量化空间的非匀质性等。不过，日常生活中我们并不太用到此类方法，即使在处理一些建筑的曲面时，也大多使用简化过的计算方法——诸位不能指望实际的施工能实现对设计的完美复原，因而我们完全可以包容这些不太精确的结果。但问题是，至少要有多精确？ 1967 年法国数学家曼德布洛特（Benoit B. Mandelbrot）在《科学》发表了一篇名为《英国的海岸线有多长？》的文章，其中就说明了为何测量精度会显著地影响到某些测量结果，而这并不是由误差造成的。早在 1950 年英国博物学者理查森（Lewis Fry Richardson）就发现了随着测量精度的增加，被测的边界线和海岸线不断延长的奥秘。而其中最反常识的是，这些测量结果不会随着精度增加而收敛至某一个特定的数值——这恰好和人们对自然常数 e 的直觉预期相反。因为你的测量对象实实在在地包含于眼皮底下，却有着趋向于无限的周长或面积。对光滑的传统曲线（如圆）来说，它们的长度和测量精度无关。但对于自然界中的几乎一切物体，其边缘或表面必定是崎岖的，它们的周长或表面积的测量结果取决于测量的精度。

不过，幸好在物理意义上并不存在无限精度的概念，任何精度都会收缩至一个固定的数值，即普朗克常数。尽管这个常量极小，但足以让人摆脱"无穷大"这一概念的不安——还是让永恒和无限只存在于数学领域吧。那么在本书要讨论的领域中，建成环境要素应当以什么精度来丈量呢？笔者认为，这个问题相当于在问，我们主观上的选择会不会对客观结果产生显著的影响？这个问题很重要，因为所有关于建成环境的实践工作，都具有强烈的主观性。它不仅会产生于设计者的一时兴起，也会发生在一名施工人员对"直线"的较真程度上。如果以数学家的态度去指导实践，那么实践几乎没有被完成的可能。因此，我们需要强调，对事物的描述不能脱离它所在的语境（context）。

而这里主要针对的语境，便是日常生活。黄金分割比例是一个无理数。一个长宽比接近于 1.6 的矩形在日常生活中已经极富美感了，而我们并不在乎它能精确到小数点后面多少位。例如日常使用最广泛的 A 系列规格纸张的长宽比是 $\sqrt{2}$：1，和黄金比例有不小的差别。换言之，在日常生产生活的语境中，应当和过去一样，让我们的眼睛和身体来决定空间应有的精度。就算有一栋建筑严格地按照黄金比例建造，在花费了天文数字的建造费用后，我们就得到了一个完美的结果吗？这可能还远远不够，还要取决于我们的观察方式，透视角度，光影环境，眼睛晶状体乃至眼镜镜片的屈光率等，谁能保证在这些干扰下的它还能维持最完美的形态呢？在没有先进技术的辅助下，古人建造了不逊色于当前的大量雕塑、建筑、园林、街道乃至城市作品。因为这些作品最终都是服务于人类的，最终需要交给人类自己判断和评价。这样的过程便是我们常说的审美活动的一部分。

梅洛 - 庞蒂（Maurice Merleau-Ponty）为我们提供了一种基于身体来认识和理解空间的方式。在他关于具身认知（embodied cognition）的研究中，"身体"是一个保持着运动的概念。具身认知相当于是指通过人们一系列可能的行为和活动来认识呈现于我们面前的事物。这一系列活动不仅包括了感觉和肢体活动，也包括了社会和心智方面的活动。他指出，在任何时候我们都无法同时看到一个立方体的六个均等的面，就算它是透明的也不行。我们之所以能认出它是一个立方体，是因为我们转动了视角从多个方向观看它的结果。也仅当我们认可了自身的移动，才能作出"这是一个立方体"的判断。[28] 在他的另一部著作中，梅洛 - 庞蒂以足球场为例，解读了运动员和球场空间的关系。在运动员看来，球场并非空无一物，其中到处都是具有控制力的线。在比赛中，他们会下意识地根据这些人为规定的线采取不同的行为活动。[29] 对一只不小心闯入球场的动物来说，它的活动不会受这些线的左右。因此，理论上空间可以提供无数可能性，但它得受限于我们的身体和该空间之间能产生多少互动，而此前单纯的物理空间必须被人赋予某种意义才能具备测量的价值。[30] 在建成环境的设计领域，此类认知方式最直接的好处是，它赋予了大多数人评价空间的权力。

那么，如果我们沿着具身认知的道路前进，会不会又再次陷入了唯经验论呢？我们确实可以将自身的行为活动当作测量工具来认识周围的空间（按梅洛 - 庞蒂的观点，这也是人们认识物的方式）。在这个过程中，空间的性状会随身体的移动而显现为不同的形态。本在形象上处于模糊与矛盾状态的空间，在人的行为过程中突然就变得清晰并协调了起来。我们由此可以根据不同的行为活动方式来更充分地认识同一个空间。这要求人们不断地切换观察者的身份和角度，以"共情"和"移情"的方式来"测量"日常生产生活环境。在这一点上，它至少脱离了纯粹经验的视角，而更接近于有关审美的综合认识。这说明了我们在讨论上述问题时所能调用的理性既非纯粹，也非有限，而是建构在一定的认知框架上的。

五、小结

　　　　空间，是一种十分强大且又难以把握的东西。[31]

人们和空间的微妙关系就好比我们祖先和狼的互动。两者相伴相知已久，双方都对对方颇有见解，也颇有防范。我们长期以来对空间的认识仍是模糊和矛盾的。因为它们和人类一样，每个个体也都具有十分复杂而诡谲的性格与能力，且当作为一个个群体时，其行动和结果更让对方捉摸不定。空间时常会令人敬畏和焦虑的原因也在于此。哪怕我们发明了语言来规范它，或者用科学和几何术语来描述它，却仍疲于解释一个雕塑周围的空间和一个空旷的原野有什么具体的不同——尽管这层感受几乎要通过我们的直觉呼之欲出。虽然科学不断更新着我们对空间的认识，却无法为我们日常生活中谈论的空间特性做出一个明晰的说明。但随着相伴时间的增长，彼此日渐为对方所驯化。日常生活中的建成环境让我们逐渐掌握了更多关于它们的知识。一方面，人们通过自己的空间知觉系统，了解了自身天然的认知优势和缺陷，揭示了空间认知所依赖的外部环境。另一方面，我们可以有意识地训练这种认知，借由审美活动来进一步理解建成环境实体与空间的辩证关系。

注释

1　指词汇本身的概念，而不是词源上的原始，见 Allison, 2006: 57.
2　Lakoff & Johnson, 1980.
3　引自海德格尔 1950 年的一次演讲，见 Heidegger, 1996: 1165-1166.
4　引自 Bachelard, [1957]2013: 286.
5　引自段义孚, [1977]2017: 45, 原文可参见 Maxim Gorky, [1922]1976.
6　段义孚, [1977]2017.

7　Harari，2015.

8　Lawson，2001.

9　Arnheim，1974；Hasse & Weber，2012.

10　段义孚，[1977]2017.

11　Heidegger，[1969]1973.

12　"现成在手"是海德格尔批判传统哲学把每一个事物都当作独立个体看待的认知方式。

13　引自中共中央马克思恩格斯列宁斯大林著作编译局，1979：37.

14　Kant，[1781]2004，先验性指的是由经验唤醒的那原本就存在于此之前的"崇高知识"。在本书中不采用"共通感"一词是因为它在语义上不如"共情"主动，另一方面则是考虑到康德的审美理想在建成环境的语境中显得过于纯粹，而把审美活动狭义化了。

15　Piaget & Inhelder，1967；Bower，1966.

16　Blaut & Stea，1971.

17　Piaget & Inhelder，1967.

18　Gibson，1979.

19　最初由丹麦心理学家鲁宾（Edgar John Rubin）于 1915 年所作，因此而得名

20　实际上因为前一个图像的暗示和干扰，以及人脸对于我们知觉系统的特殊性，图中的这个侧脸仍是相较于杯子更易识别的事物。

21　Sitte，[1889]1990.

22　引自 Williamson，[2004]2019：75.

23　Heidegger，[1977]2018.

24　Rasmussen，1964：48.

25　芦原义信，1985.

26　对于手卷这一体式来说，它极端的长宽比也决定了其观看必须按照展开一部分的同时收拢前一部分的方式来进行，而不是将长达数米的内容全部摊开到欣赏者面前（在不能触碰藏品的前提下，美术馆或博物馆中确实只能通过这样的方式展陈作品）。

27　李学勤，2012.

28　Merleau-Ponty，[1945]2021.

29　Merleau-Ponty，[1942]1983.

30　Gibson，1979.

31　此句译自英文 It appears, however, to be something overwhelming and hard to grasp, the topos — that is, place-space，原文来自亚里士多德的《物理学》，第四章。

第二章　从桃花源到病梅馆

人类的审美活动可以从很多方面获得解释，例如人类自身的演化，心理和神经生物学，从历史、文化和教育中吸取的经验，个人认知、个性和情感，以及所处情境等。人们从美好环境中获得的审美体验是十分强烈且纯粹的。众多研究表明，人们对自然景观的喜爱甚于人造景观。[1] 单从人类自身演化的角度就可以解释为何我们会对某些特定的自然景观类型显示出更高的审美兴趣。[2] 这为审美这一看似十分主观感性的愉悦行为添加了不少客观、普适规律性的科学支持。但遗憾的是，我们还未曾在人类大脑中发现专门负责审美的神经网络，再加上社会带给我们的经验与文化，使得审美活动所呈现出来的复杂性与语言相比有过之而无不及，远远超过作为一种生物本能的存在。[3] 因此，审美作为一类综合性的感知和反馈活动，最好同时从多个角度来看待，从数个层次上来分析。[4]

在现实中，审美活动显著地影响着关于美的创造和欣赏，其中当然包括了与建成环境相关的美学体验。因此我们不能假装绕过审美去谈论或理解城市、建筑、景观及与之相关的一切空间和环境，

它们是环境审美研究的重要考察对象。在这一章里，我们将从普遍
存在的环境审美偏好出发，观察一些典型的艺术对象是如何围绕这
个客观偏好进行生产创作的，以及在这个过程中，社会文化因素又
是如何将审美活动变得复杂起来的。最后，我们还会看到，这些审
美对象既是人类主观活动的成果，也是不以意志为转移的客观存在；
审美既基于人类最原始且单纯的本能冲动，也深受其所处时代中错
综复杂的文化生态所影响。

一、武陵人与鲁滨孙

陶潜的《桃花源记》对汉字文化圈的影响不必多提。作者借虚
构的"武陵人"之口，以通篇不足四百的字数，勾勒出一个受中国文
人所信奉千年的乌托邦。这中间包含了一种空间类型，"初极狭……
豁然开朗。土地平旷，屋舍俨然……"；一种"往来种作……怡然自
乐"的社会秩序；以及一种静态的时空观作为最终的归宿，"来此绝
境，不复出焉……不知有汉，无论魏晋"。这是一种隔绝的地理环境
与封闭的社会结构相互适应的稳定状态，并在一个拥有"良田、美
池、桑竹"的自给自足的物质循环逻辑上得以延续，为这一虚构的理
想图式平添了些许真实感，乃至于有高尚士"闻之，欣然规往"。此
先河一开，后继更有文人墨客钟爱于描写各自理想的田园生活，例如
王维"雨中草色绿堪染，水上桃花红欲然"的"辋川别业"，孟浩然
"绿树村边合，青山郭外斜"的"故人庄"，陆游"箫鼓追随春社
近，衣冠简朴古风存"的"山西村"，等等。

如果说桃花源是一种十分理想的居住环境，那么在《鲁滨孙漂流记》中主人公的择居之地则反映了一种"凑合能用"的栖息场所。其条件并非不算苛刻——一小块坐落于山的西北侧可免受烈日炙烤的平地，它一边背靠陡崖，崖边有一洞口似的浅穴，另一边则是延入海滨的洼地。接着他又围绕浅穴扎起了两圈棚栏，为自己构建了一个防卫空间。看到这里的读者内心必定能泛起些许满足感。在任何环境下，人都会本能地寻找并营建适合自己生存的一小块领地。这个择居行为无疑是受人类本能所驱动的，因为这位主人公显然未曾有过荒岛求生的经历，且它所引起的满足感并不涉及多少后天知识或经验。它就好比孩童为自己搭建一处小帐篷时的一种快乐，跨越了年龄、性别、文化和阶级，从人类动物性的源头收获了读者的审美共鸣。

人们不仅需要庇护之所，还需要充沛的资源来维持这种庇护。一个无边无际的空间对人而言是一种威胁，而绝对封闭的狭小空间也同样令人生畏。后者预示了生存的不可持续性，即难以获得足够的物质和能量资源以保障正常的生理过程和基因的延续。因此桃花源必须被虚构为一个不小且富足的地理和社会环境，以实现居民的自给自足。但我们难以论证这个世外桃源的规模至少得有多大才能允许这么多人世世代代在里面生活繁衍。能长期维持人类世代生存的与世隔绝之地虽已十分罕见但并非不存在，例如位于孟加拉湾的北森提奈岛（North Sentinel Island）。究其岛屿面积也有足足 60 平方公里之大，与明清时代的北京城面积相仿。显然鲁滨孙的经历为我们提供了一个更现实的版本。仅凭棚栏内半径十码（约 9 米）的空地无法维持他的生存，他还需要不断地冒险去岛上其他地方探寻可用的资源。这个过程同样关乎性命，我们的祖先需要识别出具有丰富资源潜力的一系列环境特征。这种识别能力的重要程度不亚于庇护所的选址和营造。更重要的是，人们还必须天然地接受某些环境特质的诱惑，才能说服自己离开温暖的篝火，革衣素履以往之。

二、风景画套餐

这种假说构建了环境审美作为人类本能的一种起源。更确切地说，这部分审美能力可被视为源自生存本能的一类"副产品"。在进入这个话题之前，我们可以回顾一下西方 16 至 17 世纪以来的传统风景画。不难发现，这些画作具有十分相似的构图和要素——近处是缀有树木和花草的开阔空地，远处是朦胧的山脉或树林，以及依稀可见的地平线和飘有云朵的天空，有时候，道路、水面、屋舍和树木亦是喜闻乐见的主景。19 世纪的法国写实主义画家柯罗（Jean Baptiste Camille Corot）年轻时的画作《南尼大桥》（The Bridge at Narni）[5] 便是一个恰到好处的例子。该画作存有两幅，一幅是作为草稿的写生作品，另一幅则是画家根据这幅写生在画室中重新绘制的成果（图 2-1）。稍作对比就能发现艺术家在写生完回到画室后经过反复斟酌所作出的一系列决定。首先他将视角上仰，以便露出更多的天空和云彩；然后为画面增添了更丰富的内容，包括一条平坦的大道、三三两两的人物、羊群和草甸，还有最引人注目的那几棵高大乔木——用于打破单调的地平线，但又不至于遮住远方的群山；最后将这一切覆上一层昏黄温婉的阳光。有人[6]批评这深思熟虑后的艺术成果反而丢弃了原先的精髓——一座饱经沧桑的遗迹和与之

图 2-1 南尼大桥的写生作品（左）和画室重制作品（右），柯罗，1826-27 年
来源：https://www.jean-baptiste-camille-corot.org

相匹配的孤寂，并落入了一种俗套的风景画"典范"。

可以想象，画家不会不清楚前者的独特艺术价值（否则他可能不会保留这份草稿），但他考虑更多的或许是更为普遍的需求，因为后者反映了大多数客户和画廊出展的喜好——一片丰饶祥和的美景与尽可期待的远方。这个从粗犷不羁的真实到细腻温顺的再现过程意味着此类风景画常以一种"固定套餐"的方式去迎合大众的口味。显然人们从这类套餐中频繁出现的那些景物和趋于标准化的构图中能获得一种审美上的满足感。如果说艺术作品即是对真理的揭示[7]，那么南尼大桥的写生便"揭示"了那个时间和地点上的事物、光影、色彩等一系列映射到画家眼中的真实存在；而画室的重制作品则"揭示"了人类自古以来对一类美好风景的真切期望。

在 18 世纪以前的西方绘画中，比起额外承担着叙事、记录、训诫等功能的肖像和静物，风景画则体现了当时人们更为纯粹的审美追求。人们曾困惑为何像云彩、树木、鲜花、远山、晨曦、落日、雪景等要素能成为风景画中经久不衰的角色，直至现实主义和印象派的到来才逐渐突破这些传统的题材。虽然粮食才是维持生计的重

点，但我们更愿意去欣赏远方的云朵，而不是观摩桌上的面包。[8] 惯
以实用主义生活的我们常困惑于艺术和审美的必要性。在很多人看
来，美只是满足了各种生理需求之后才要考虑的事物，殊不知美或
许也是重要的生理需求之一。例如奥威尔（George Orwell）在《通
往威冈码头之路》（The Road to Wigan Pier）中描写到的，（英国
的）穷人们不一定只是专注于生活的必需品，也不一定排斥奢侈品。
在长达十年的极度沮丧中，所有的廉价奢侈品消费都在提高。[9] 当人
陷入了穷困，他们考虑的不是食品的价格或者营养价值，而是食品
的味道，他们尤其青睐是那些便宜又好吃的东西。况且，这并不是
出于他们的无知或者冲动，而是真正深思熟虑后所作的选择。对吃
不饱饭的人来说，首要选择是让生活少一点儿乏味，而不是如大多
数人想象的那样考虑怎么省吃俭用。他们把钱攒起来仅仅是为了买
一台电视机犒劳自己，而不是投入所谓能改变他们命运的地方。[10]
此类"嗜好"在这里与其说是贫穷的陷阱，不如说是基因诱导下的
求生策略——想在变幻莫测的大自然中生存，及时行乐、保持活下
去的动力才是最优的选项。能给予我们慰藉的并不只有眼前的口粮，
更有那流淌在远方的奶与蜜。

　　追求美对史前人类生存繁衍的重要性可能被低估了。美或许是
人能在残酷环境中活下去的精神支柱，也或许是维系着社会和民族
的心灵图腾，例如汉语中的"美"字就可能是来源于远古人们头戴
的装饰。我们对它的起源尚不明晓，但它是确确实实存在的具有一
定普遍共性的现象和冲动。其中，遍历几个世纪的"风景画套餐"
便是一个关于环境审美的例证。但在进一步探讨之前，我们不得不
事先承认一个假说，即人类的非洲草原起源假说[11]，它映射出人类

对某种特定环境模式的钟爱。曾有多个心理学实验表明，通过为不同年龄段的人展示不同环境类型的照片，来探索人类对自然环境最为原始的审美偏好。实验结果符合上述假说的预期，比起成年人和青少年，8 岁左右的儿童更明显地表现出对描绘有东非稀树草原景色相片的喜爱。而随着受试者年龄和阅历的增长，这种原始的偏爱有时会被更加神秘的树林所取代。[12]

我们远古的心灵所钟爱的稀树草原环境在构成上至少包含了三大要素：让人安心的开阔视野，能提供庇护的高大乔木，以及等待人们探索的神秘远方。这也构成了风景画最基本的模板，只不过有时候画家会用水面代替草原来拓展横向的视域，用些许建筑代替树木作为竖直方向上的补充，用山林氤氲的轮廓代替远处的地平线——这个套餐的内容物或许会被更换，但它为你提供的营养结构却不会有多大的变化。作为一种来自远古的安全感和探索欲的组合，两者的配比可以调整，但不能走向任何一个极端。这种对环境的敏感性对人类生存极其重要，同时也附带着铸就了如此的审美偏好。

此外，画家还需要一些环境指示物来为这种套餐增添更多的味道。云彩和花卉有强烈的指示作用，它们向人揭示了干旱的热带草原中水和食物的时空去向；斜阳则重塑了大地景物的光影，提供一个新的观察角度以帮助人们去发现一些潜在的威胁或机遇；而白雪则是对人类感知系统的一次不可多得的"减负"。[13] 对家庭私藏者来说，人物、建筑、道路和牲畜还是理想的调味香料，有助于回应一种关于富足生活的社会性诉求。而针对一些更严肃的场合，例如书房、会客厅、办公场所等，汹涌的波涛和险峻的山林则能为平淡古板的日常工作增添一点关于冒险进取的刺激和神秘。柯罗修改后的《南尼大桥》采用了前一种思路，并用平和考究的笔触抹平了郊野的粗粝，以再次小心地将平衡点向着安宁温柔之处移动，以满足当时大多数人更乐意接受的风景幻想。且不论两幅《南尼大桥》的艺术成就，它们从构图和题材角度充分地说明了人类环境审美具有一定的普适性规律。这种规律有部分是来自先天的。它源于人类在定居和探索欲求之间摇摆的动物性生存本能。我们遵循这种本能在世道不堪之际更倾向于追寻一个世外桃源，而在平淡安稳之时更迷恋那么一次鲁滨孙般的冒险。

三、阅读山水画

光以西方风景画作为论据或许仍不够充分。我们还可以从古老的东方艺术中获取更多的启示。中国文人惯用山水两字概括风景，山和水不仅表示了环境的阴阳对立，更是表达了一种对平衡的期望——有山无水或有水无山之处皆非供人赏玩栖居的佳境。下面的观点节选自《林泉高致》一文，它是由宋代郭思整理其父郭熙的山水画创作思想而著成的：

> 世之笃论，谓山水有可行者，有可望者，有可游者，有可居者。画凡至此，皆入妙品。但可行可望不如可居可游之为得，何者？观今山川，地占数百里，可游可居之处十无三四，而必取可居可游之品。君子之所以渴慕林泉者，正谓此佳处故也。故画者当以此意造，而鉴者又当以此意穷之，此之谓不失其本意。

这段文字中有十分强烈的主观论断，即山水画中的"可游可居"

者要优于"可行可望"者。紧接着就对这两者做出了区分，即山川博大，但"可游可居"之处不足四成，而余下多数仅"可行可望"。按郭熙的意思，险峻如华山、黄山之流应属于后者，与之相关的画作虽能称得上是妙品，但可能还是不及那更有人情味的富春山水。这对于今天见惯各种雄伟壮丽的山水作品的人来说是略感困惑的。而且，在这寥寥数语中，"游"字较难理解，它似乎与"行"同义，但又比"行"多了一点什么。我们不妨暂且搁置疑惑，先以北宋范宽的《溪山行旅图》为例来反观《林泉高致》。该画是宋代山水的典范之作，其笔墨虽多倾泻于描绘"可望"的壮丽山水之色，且从表面主题上点出"可行"的山涧溪旁的一行旅人，但画面的更深处则隐藏了作者更高的造诣，譬如其画面中间偏左处在山水之中负重求道的僧人和右侧掩映以林木之中的建筑物（图2-2；2-3）。在含蓄委婉的宋代文人语境中，我

图2-2　《溪山行旅图》，范宽，北宋
来源：台北故宫博物院

图2-3　《溪山行旅图》左侧局部
来源：台北故宫博物院

们不难理解其实后两者才是画家有意为之的重点，而溪山和行旅只是为了衬托它们而存在。如果重点在于"可居可游"的诉求，那么，"游"字在这里可以视为强调了"行"所不具备的"上下求索"并从中获得乐趣的过程。对于当时观赏此类山水画的"君子"来说，在画中探索、游览和生活是一种不亚于今天我们借助虚拟现实穿戴装置而能获得的沉浸式体验。

这类山水画和前面谈到的风景画有一定的相似之处，它的构成要素能满足基本的环境审美需求。从这方面来说，它并非有什么更高深的品位，因为如郭熙所言，方圆数百里的山川之地，此类"佳处"并不常见，是稀缺物，亦可牵强附会为"风水宝地"。但我们考察华夏大地上的各个现存的传统聚落，无一不是处在一个个恰到好处的地理环境中。这并非"君子"的审美特权，而是受驱动于一套客观存在的审美基因。另一方面，对该品味的推崇价值在于举一反三，以"可游可居"为核心目标，创造出各个相似而不雷同的"元宇宙"来慰藉失意文人的心灵。这大体可理解为从桃花源的理想图示出发，在华夏丰饶多变的山水地理背景中融入了供人探索玩味的神秘感，本质上仍然没有脱离风景画套餐的搭配和结构，或者说未能绕开来自审美本能的驱使。这或许会让一些故作高深的解读感到失望，因为这原本应是君子有别于常人的品味，但笔者却恰恰认为这份对朴质毫不掩饰的"渴慕"反倒是"君子"最难能可贵之处。鉴于布尔迪厄（Pierre Bourdieu）关于世俗审美功利性的一些看法[14]，这样纯粹的审美体验反而是今天的稀缺物。这大概能解释前文提到的困惑。

得益于今天获取信息资源之便，我们的视觉中充斥着动辄绵延千里的崇山峻岭，屏幕里更是尽收了世界各地的奇观胜景，以至于对那份朴素的渴慕而惊讶不已。事实上，这些习以为常的壮丽景观与日常生活之间曾隔着九死一生的求索和发现的过程。如果试图去展现文人山水画的艺术成就，那么，他们对这个过程的描绘可能是最值得进一步探讨的。且按下笔墨不表，单从艺术构思角度来说，《溪山行旅图》的精妙之处在于通过表面的"误导"，让观众在探索中自我醒悟，并从这样的一起一伏中沉浸到作者真正的主旨之中。这显然有别于西方的传统风景画，后者所要讲述的故事再曲折，画面也只能尽力地表现其中一个关键视角中的关键一帧。而这个跌宕的过程却能充分地展现在不少中国的文人山水画中。它们可以要求观众频繁地切换视点，调动各样的情绪、经验和想象，在付出一定努力之后才到达那个应许的佳境。

在后人整理的美国学者坎贝尔（Joseph Campbell）的著作《千面英雄》（*The Hero with a Thousand Faces*）中，我们可得知人类神话故事都能归纳为同一个结构。故事的主角须经历三个阶段，按顺序分别是因为某种原因而离开原本的生活状态，然后经历重重考验，最终回归本源。这段冒险旅途式的结构对应着我们的祖先外出狩猎并返回的日常行为，或是因资源的日渐匮乏而不得不犯险远走开辟新家园的旅程。这种行为对于漫长的生存挑战来说无疑是值得鼓励的，因而比较容易得到大脑奖赏机制的正面反馈，并从中产生愉悦感。简单地说，这是原始的大脑所青睐的叙事结构，也是如今许多影视故事的结构范本。这似乎与欣赏那些"可游可居"的山水画的结构如出一辙，观众在画中探访一圈后找到作者意指的内心归宿，从而获得一段圆满的观赏体验。画与电影

图 2-4 《使用克劳德镜的青年》，炭笔素描，1727-1788 年，该画作展示了当时人们使用克劳德镜来观赏自然景观或用它来为作画取景，克劳德镜通常为有色小型凸面镜，得名于 17 世纪法国风景画家洛兰（Claude Lorrain）。
来源：©Thomas Gainsborough，https://www.themorgan.org/drawings/item/123049

或神话故事不同，静态的画面天生就欠缺展示动态过程的能力，所以它须以共时性的表达手法"意造"出一种历时性的假象，以邀请时间参与到这一需要全身心投入的假想体验中来，这显然对观赏者的阅历和想象有着一定的要求，也足以婉拒乡夫俗子于"绅士俱乐部"的门槛之外了。

有了这一虚拟时间维度的支撑，文人山水画的美学套餐内容和形式就变得更为灵活了，画面尺寸和比例也可不拘一格，甚至不用在意画面是否平整——扇面、器皿、雀替都是不错的载体，再往后还会不时地成为诗文、书法和钤印的陪衬，从而演变出和西方风景画截然不同的艺术形态。除了画面所要表达的内容，这些制式也构成了审美的一部分,在事实上把审美的自然对象转化为了艺术对象。这个过程在西方风景画上表现得可能更含蓄一些,但随着 18 世纪克劳德镜(Claude Glass)的广泛使用, "取景"成了一种普遍的审美模式,将审美对象从自然中"剥离"出来并转化为艺术对象的这一过程变得更加习以为常(图 2-4)。卡尔松(Allen Carlson)认为这意味着一个两难的处境。因为如果不做出这样的转化,人们将面临规模巨大的自然环境本体,它远远超出了人们所能欣赏的范围。[15]所以,这种转化似乎是必须的,我们欣赏到的更多是"人造自然",即经过艺术家主观改造后的自然环境,或者说是"应当如此"且"如此更妙"的自然环境。显然,画面带给我们的环境审美体验已与真正的自然相去甚远了,而与我们内心深处的渴求却更近了。

四、欣赏园林

除了文学和绘画,古今中外的园林亦给了我们一个艺术角度来看待环境审美的问题。最早的园林是生产性的,以种植果树和蔬菜、饲养动物作为其主要功能,可看作为一种基于土地和空间的经济资源。[16]除了经济属性,这时候的园林另外需要重点考虑的是工程方面的支持。例如为了维持生产,灌溉设施必不可少,常常需要利用井水、泉水、引入自然溪流等方式来完成。因而园林和水利工程自一开始便有着密切的关联,而且为了保证灌溉和使用效率,对园林中的水体、地形和建筑进行组织规划也是必需的。例如公元前 1400年的古埃及塞内菲尔(Sennefer)花园,花园的复原图展现出一种极

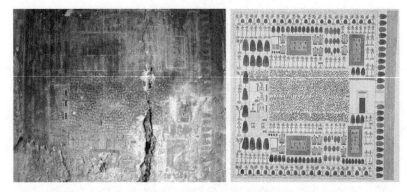

图 2-5　古埃及塞内菲尔花园，塞内菲尔墓室中的壁画图像（左）和复原图（右），塞内菲尔是当时的
贵族或官员，鉴于该园林之宏大，故有学者推测该园林属于法老，而塞内菲尔仅是园林的设计者或管理者。
来源：Clem，2020，http://blogs.ifas.ufl.edu/alachuaco/2020/08/03/gardens-of-the-world-a-
beginning-along-a-river

其对称的布局方式（图 2-5），园外有实墙围裹，入口宏伟，数公里
的运河直通大门，园内池水盈盈，果树成荫。[17] 可见，此时的园林
还不能完全视为某种审美冲动的产物。

莫尔（Charles Moore）等人从自然与人之间平衡关系的角度将园
林的起源大致分为两类。[18] 一类诞生于环境干燥的波斯一带，那里的
人们为之建起围墙以隔绝残酷的外界。这类园林围绕着沙漠中最宝贵
的水资源而建，中央的水源通过笔直的水渠在炎炎日头下被运送至园
内各处，为躲在树荫和亭阁下的人们送去清凉。这些正交的水渠也就
自然而然地成了园林布局的轴线，并造就了大大小小的方形庭院，与
诡谲善变的自然彻底划清界限。另一类诞生于自然环境相对不那么严
峻的东亚一带，它们以中国园林的"壶中天地"[19] 为代表，强调与自
然的亲密或依存联系。正如明代计成在《园冶》中所主张的，"园地
惟山林最胜……自成天然之趣，不烦人事之工"。如果有得天独厚的
地理环境便再好不过了。但即便是在偏僻胜地造园，也得"（建）围

墙隐约于萝间"[20]，不得不用婉约的手段将园林从自然环境中独立出来。这恰如"园"和它的英文"garden"或"yard"都有室外空间的"围合"、"隔离"之意。它同绘画一样，也大有针对某个艺术对象审美的趋向。从这个角度上说，不论某类园林多么强调其自然特征，在表达方式上也是一种"人造自然"。

对待后一类园林的天然禀性，丹麦地理学家马尔特 - 布伦（Conrad Malte-Brun）曾傲慢地批评了中国园林不规则式的艺术性，认为它对自然的模仿太过盲目，"因为（人工设计的）不规则式只与没有经过修饰的中国风景的相匹配"。[21] 殊不知，公元 8 世纪敦煌洞穴壁画对自然的描绘就已表现出令人惊讶的规则性和几何设计传统，而这种审美传统在唐末的政治经济等因素的影响下，很快就被后来的更多"残破"、"缺损"、"曲折"等不规则式的审美偏好所取代了。[22] 可见，对自然中不规则事物的临摹并不总是中国审美传统的核心。例如唐代王维所作的壁画《辋川图》所描绘的园林形态很难令人相信是对自然的某种模仿（图 2-6）。甚至到了 16 世纪也曾出现太仓弇山园这样的偏向规整的园林作品。[23] 在中国园林中，或者说在我们造园者的思维里，"自然"和"人工"的差别并不如西方文化中的那么重要。[24] 对该差别的注重或许源自远离园林起源中心的欧洲，如英法一带，因为它们园林经历了从排斥自然到拥抱自然的过程，[25] 而上述的二分法仅仅是方便于讲述它们自己的故事罢了。因此不妨假定，园林从一开始就不存在所谓的"自然"和"人工"之间的二元对立。从古至今任何园林的营造都必定有人工的参与，而人工成分再多的园林也无法歪曲里面植物和材料的自然特性。比起"徒劳无益"[26] 地讨论造园者的自然观，或许从空间形式特征的角度来探讨

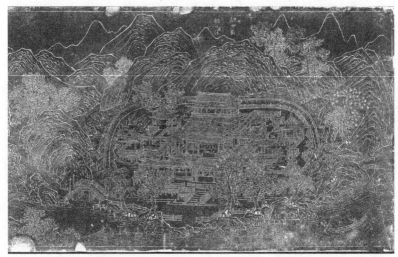

图2-6 《辋川图卷》局部，王维，明代拓本
来源：美国芝加哥东方图书馆

园林的审美更能映射出造园者的美学意图。

中国园林的营造除了受制于特定的文人精神、气质或美德上的意境或寓意之类的一些"玄妙"因素[27]外，它还必须满足一系列相对"世俗"的条件。园林组织布局所带动的时空节奏总是要和游览的节奏相匹配。[28]与我们所习惯的科学定义不同，空间和时间在中国园林艺术中更接近于"游线"的概念。这个区别好比中国象棋要求所有棋子按线移动并落在它们的交点上，而不是像国际象棋那样走在格子这一"空间"中。中国园林中的空间布局更注重"线"的安排。这与山水画的"可游"概念一致，画家只是隐约暗示这条游线的存在，而不会将它的具体几何属性公布出来。若考察中国古代的地图，今天的人们就会略有遗憾地发现这些地图几乎没有任何可用于丈量的具体几何特征，只有告知地点的相对位置和它们之间联

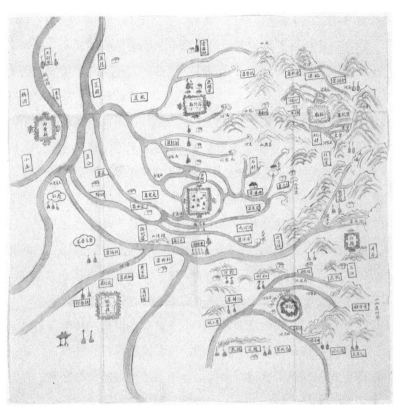

图 2-7 《彰德营舆图》（今河南安阳），钞本，清代
来源：京都大学藏

系的拓扑特征（图 2-7）。在地形多起伏的山区，知晓两地之间路
径的绝对长度确实意义不大，再精确的平面测绘也没法将路途的蜿
蜒坎坷纳入计算。人们只能依靠经过某特定路程的时长来构建两
地之间真实距离的概念，这是一种相对务实的方法。而中国的不少
国土正是处在这样的地理特征中。[29] 即便是到了园林这样确定的平
面上，"线"的节奏、联系、节点等特征仍然优先于空间的几何属
性。那么如何通过游线来组织园林的布局才是体现其空间美学所要

考虑的重心。

因此，中国园林的审美体验来源于一组组由线串联起来的视觉序列的显现和消隐。此类变化可能是突然的，也可能是缓慢的，或是循序渐进的。倘若这些变化遵循着某种逻辑或秩序，就能提供某种符合人类天性的审美体验，因此中国园林更倾向于体现一种如同乐律般有等级有主次的"组织感"，而有别于通常意义上的"有机性"。[30] 换句话说，这些视觉序列排布的节奏感主要出自造园者自上而下的把控，而不是任其自由生长而成。首先，该体验必定处在两个极端之间，即迷宫和一览无余之间的一种平衡状态。其次，它还应配合人的行进节奏，在路途中恰当的时间点上安插视觉的高潮和可供人停留的节点。最后，这些高潮和节点都还得各从主次之分，即人们不应该形成对下一个站点的固定期待，否则将兴味索然；也不应该频繁地接受高强度的刺激，不然会身心俱疲。其中最主要的节点是可供居住和工作的室内空间，是游览的起点和终点。可见，整个游览过程模拟了从居所出发，一路历经走走停停地探险，有所获得后 [31] 回到原来的住处———一如前文所述的那种最古老也是最经典的叙事结构。

这种并不算高级的原始审美体验的结构在古今中外的园林艺术作品中隐匿得很深。直至 18 世纪，这个规律才在欧洲得以公之于众，新柏拉图主义者蒲柏（Alexander Pope）开始建议英国造园者："为逗乐而设置重重迷津，一惊一变方可有所收获"。[32] 这个建议很快被设计著名的斯托海德园（Stourhead）的业余造园爱好者兼银行家霍尔（Henry Hoare）所采纳。这是一个要求用一定顺序来游览的园林，如图 2-8，人们需要从标有数字 1 处开始按数字顺

序围绕着湖完成
所有重要景点
的游览。据称这
些景点被编织在
一个极其复杂
的叙事诗中。单
凭图中这些一一
罗列出来的景点
的名称，就似乎
能在想象中勾勒
出一个史诗般的
冒险故事来。

　　在理解上
述审美结构
后，再来看鲍
榭蒂（Marianne
Beuchert）对中
国园林特征略带
"玄乎"的阐释

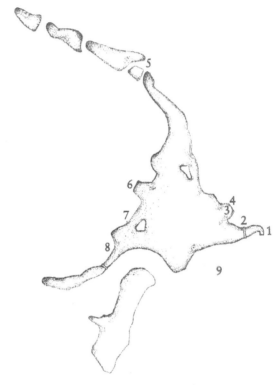

图 2-8　斯托海德园的推荐游览顺序：1. 中世纪的布里斯托十字架；2. 五拱石桥；3. 一座坟墓；4. 小型神殿；5. 圣彼得水泵、女修道院茅屋、阿尔弗雷德王之塔；6. 洞穴和若干雕塑；7. 乡村茅屋；8. 微缩万神殿；9. 阿波罗神庙。
来源：Moore, et al., [1998]2017：201.

就不觉得那么空洞了：

　　　　中国人从不满足于一个园林在设计理论上的正确性合乎逻辑，
　　　　他们的建园目标着眼点是，一个园要有它自身内在的、完全独到的
　　　　精神意境，之中意境虽然能够不同程度地透过到处隐藏着的寓意体
　　　　现出来，但是象征寓意并不能完全地表现出这种精神意境，因为精

神这个概念要用气质，要用浪漫才能展现出来。中国人在欣赏景物
时，根据园林的主要精神特征，会产生一种很玄妙、外静内动的情绪，
这是中国古老园林的特点。[33]

这段话强调了每个园林都意图展现其独特的精神特征，用各种
浪漫的方式激发人们的内心情绪。这恰如一段有趣的旅程给旅者带
来的心灵感受。中国文人园林注重的是一种体验，而体验是不可分
割的。[34]它们和文人山水画一样，也是对一种基于共时性的意造。
而且，为了使这些共时性的空间要素能带给人完整的体验，造园者
需要考虑的更多是它们之间的互相联结，是过程的"起承转合"，
而不是一幕幕相对独立的事件。正如李泽厚所言："它们作为矛盾
结构，强调得更多的是对立面之间的渗透与协调，而不是对立面的
排斥与冲突"，[35]反映了中国古典美学中所谓"中和"的原则和特
征。以游线串联起来的空间先后、左右、主次相辅相成的"耦合"
为美。简单地说，中国园林的审美重点在于基于游历的视觉变化而
不是任何一个静止的视觉画面，因为仅凭后者是无法贯彻"中和"
和"耦合"的逻辑或秩序的。

相反，正如欧洲人习惯用固定的角度欣赏风景和风景画，17 至
18 世纪的欧洲园林通常也只有少数几个最佳的视点，以将园中的
一切尽收眼底。例如法国凡尔赛（Versailles）的园林，它所有的形
式要素都努力地服务于中央至高太阳王的那个唯一视角。图 2-9 展
示了英国汉普顿宫（Hampton Court Palace）所提供的一个观赏角
度。它位于一个花园的几何对称轴上。很难想象这样一个高度秩序
和理性的布局还能如何从别的欣赏角度来完成同等的审美满足。由
诸如对称法则的几何秩序构成的形象也是一种容易被大脑识别的结

图 2-9 从汉普顿宫向南观看花园的一个视角
来源：https://www.hrp.org.uk/hampton-court-palace

构。来自混沌世界的恐惧和焦虑迫使人类努力去寻找它的对立面——象征秩序的神祇，以及秩序所带来的可预见性。那么，由秩序带来的审美偏好同样可被看作是来自生存压力的驱动——理解世界的规则以更好地服务于生存的副产品。[36] 美感就产生于这种注意力的"节约"。[37] 如此寻求一种最经济的方式来掌握事物的本质规律亦是一类基本的审美冲动。这正如基础物理学家所毕生追求的以最"节约"的方式，即一个定律，对一切自然现象进行统一描述一样："最高设计者在描述宇宙时当然只会用美的方程！当有两个可用于描述自然的方程时，我们永远会选择符合我们审美标准的那一个"。[38]

　　不过显然地，此类园林作为欣赏对象和风景画所要展现的形式要素截然不同。在新兴资产阶级看来，这种过于陈旧而严肃的观赏方式并不讨人喜欢。站到风景画这边的造园者越来越多，再加上一点来自一众对远方充满"异域风情"的园林描绘和口述的影响，诸如斯托海德园之类的作品就逐渐成了主流。到了18世纪末，"风景如画"（picturesque，亦称风景如画主义）的建筑和庄园设计风格在欧洲开始流行，并很快出现了超过100种的"风景如画"的别墅设计手册，随之在19世纪英格兰的城市郊区的规划建设理念中得以普及。[39]

　　不论是风景还是园林的审美，在很大程度上都是发生在人与艺术对象之间，而不是人与自然之间。当人们习惯了徜徉于园林中，欣赏着关于自然美景的画作，就会逐渐淡忘真正自然的严苛和残酷。自然最重要的特征，即它的完整性则从来不是人的审美对象——日常生活中的人们从未有过足够的勇气去接纳自然的全部。但正如前文所论述的那样，这些艺术对象即便有绝大部分的形式取材于自然，它们也不属于真正的自然，而是经过人们"驯服"的自然。而其中涉及真正"自然"的那部分，则是艺术家们的创作意图，由天然的生存本能带来的审美副产品。众所周知，柏拉图轻视艺术，认为它是对现实世界的模仿，而现实又是对理式世界的模仿，所以它远离了真理。但普罗提诺（Plotinus）则辩驳道，这种模仿不应被贬低，因为它不是所见所得式的单纯模仿，而是在追溯自然的客观本源。[40]结合之前关于风景画的论述，不难发现，的确有这么一条客观的美学规律，它既存在于景观序列的结构中，也存在于每一帧的画面中。

五、审美与社会

我们不禁要问，如果审美存在客观规律，那么是否就能用它回答当代美学早已放弃回答的那个终极问题——美是什么？这显然仅仅依靠这些单薄的线索是没法做到的。且不论那些经由自然选择而分散零落地留在人类基因中的审美冲动，还有大量来自社会和文化结构的复杂因素牵动着我们的审美活动。在大多数的解释中，柏拉图对艺术和诗人的轻视，是由于前文提到的"模仿"会腐蚀民众的理性，而孙周兴给出的另一个解释是，因为古希腊人所在的时代和环境最不缺的就是艺术和美感，所以柏拉图在他的理想国中放逐了诗人。[41] 那么，在相反的情境中，就如席勒（Friedrich von Schiller）在《美育书简》中谈到的那样，当人们失去信心，沉溺于自身的缺陷时，往往会求助于尽善尽美的艺术。沃林格（Wilhelm Worringer）于其论著《抽象与移情》（*Abstraktion Und Einfühlung*）中解释道，一个社会对某种艺术的偏好源自它对该相应价值品质的欠缺。[42] 这种偏好与生存环境有直接关系，例如上帝所应许的"流着奶和蜜"的迦南美地正是对西亚大部干旱贫瘠土地的信心补偿。这种反馈也体现在个体和社会的矛盾之间，犹如空有政治抱负的中国古代文人无法直面世态炎凉时，便只好寄情于山水美景和相关的艺术作品中。那些文人对社会的日渐失望不断地反映在日益兴盛的文人诗画和园林艺术中。

尼采（Friedrich Wilhelm Nietzsche）在《悲剧的诞生》中塑造了两大精神，热衷于追寻完美和营造秩序的日神精神，和遵循本能和情绪的酒神精神，象征着理性和感性的对立二元性。这似乎也反映了人类审美的两大基本诉求。不过，它们并不像分类的标签那样可以贴在和各种文化有关的审美癖好上。"日神－酒神"有时候更像是两面一体的神，我们能明显察觉某种审美偏好受有他俩之一的特别眷顾，又不能彻底地把他们分开。他们就好比是天平的两端，人们的审美活动常常在基于现实的考虑下游走于其间。拉斯姆森指出，欧洲各个时期的建筑艺术乐在纯朴和矫饰之间摇摆，一段古典的静穆过后往往会迎来装饰的狂热。从微观上看，标新立异的艺术家从来不是时代的主流。大多数人都是在延续着前辈的工作，为了让自己能脱颖而出而不得不采用大量引人注目的表现手法，致力于改编而非创作。而当表现开始落于俗套，人们的审美又会重新回到古朴上来。[43] 虽然直白，但尼采、席勒和沃林格等人的观点确实能为一些令人毫无头绪的审美现象作出一针见血的解释。如果说艺术出自人们对各种缺失的反馈，那么艺术创造的本质并不发生在人与物之间，而是人与人的精神往来之间。人们在透过艺术表达世界的同时，更是在透过它向他人传达情感，而这种情感又在创作和欣赏之间确证了其社会性的本质。[44]

前面论述过的那些园林、文学和绘画隐藏着基因对生存繁衍本能的塑造和驱使，但它们也随着文明的积淀，不断伴随着各种新的社会诉求而演变出了更多样的审美文化类型。正如 18 世纪之后的西方绘画，观众再也不需要像读寓言故事一样去努力思索画中那些欲言又止的内涵了，绘画也彻底摆脱了教化民众的任务。19 世纪的静物画里不再有好果子和坏果子[45]之分，塞尚（Paul Cézanne）画作中的水平线甚至可以为了构图而倾斜，不用再追求稳重谦和的美德。今天的山水画也不再强调"可游可居"，有的只是纯粹为了展示画面本身的美感或者画家的一时之兴。这个过程就像柯罗将粗犷的写生重塑为细腻的商品，增添人物和树木以满足当时更多人的胃口。

阿兰·德波顿（Alain de Botton）借瑞士画家沃尔夫（Caspar Wolf）的一幅作品精准地交代了审美与缺失的关系（图 2-10）。[46] 画面中两个贵族旅游者坐在岩石顶端欣赏着劳特拉尔冰川胜景，而在画面右下方的不显眼处，他们花钱所聘请的向导则对此美景毫不在意，反倒是盼望着这趟无聊而危险的旅程能尽快结束，好早点回到温暖安全的家中。而在作画的那个年代，高山对于当时的欧洲人来说依旧还是一个恐怖之处，尽管被冠以诸如少女峰这般美妙的称呼，阿尔卑斯山脉曾一度被当成是女巫的住所。[47] 但显然她的神秘与脱俗已正逐渐成为吸引绅士们前去观摩的特质。对填补某种缺失

图 2-10　《劳特拉尔冰河》（Lauteraar Glacier），沃尔夫，1776 年
来源：http://www.rhetorik.ch/Aktuell/19/04_06

的诉求便可视为诱发此类审美活动的因素之一。不过这种诉求并不完全出自个人的原始本能或单纯的审美冲动，而更有可能是出于由所处的社会阶级、圈层或"场域"（field）所对应文化资本的增值需要。[48]这就造成某些审美活动都不可避免地受功利诱导而逐渐偏离原来的方向。

1839 年，龚自珍曾在《病梅馆记》中借当时人们对梅树的"折磨"来抨击清朝的统治阶级摧残人才的政治现象：

> 有以文人画士孤癖之隐明告鬻梅者，斫其正，养其旁条，删其密，夭其稚枝，锄其直，遏其生气，以求重价，而江浙之梅皆病。文人画士之祸之烈至此哉！

虽然作者主旨不在于为梅树申冤，但却也反映了当时中国文人流行的一种审美偏好。这似乎印证了一篇发表于 1846 年署名为"W. L."的文章《中国式的矮化树》中的荒谬言论：

> 对中国人来说，没有什么是美丽的。反倒是那些枝条扭曲、光秃秃的小树才是奇迹。它甚至可以跟宇宙上的森林相媲美。所以中国园丁的主要职责是战胜美丽富饶的自然。这并不只是体现在他们修剪这些树枝的经历，而在于他们与自然之间的斗争，包括丑化自然创造的美丽物种，扭曲原有那笔直美观的外形，使其丧失生机而呈现病态。[49]

上述极为煽动性的言辞似乎是为了"证明"中国人的"残忍"本性，以嘲讽当时那些想同中国进行贸易的法国商人。但是，倘若这些被布置在广东城市街道上的微缩树木在他们看来是一种"病态"美学观确凿体现，是中国人乐于"征服自然"的一种"恶劣行径"，那么，那些被欧洲的园艺师修剪成几何形状的树木又何尝不是在张扬对自然的"摧残"和"征服"呢？如果按后来里格尔（Alois Riegl）在《风格问题》（*Stilfragen*）一书中的说法，反倒是这些几何风格，从规则性角度堪称完美的风格，却是最为低级的，因为它在各民族的文化发展相对初级的阶段中都曾被持有过。[50]那么，诸如此类审美究竟能不能算作是一种不道德的行径呢——就如后来有人宣称的，可视为一种对自然的冒犯？[51]

这个问题需要明确一个前提，即两个审美对象如果分别属于不同的事物，即便外表看起来有多么相似，它们也可以具有截然不同的审美特性。[52]如果我们将这些矮化树当作艺术作品来欣赏，那么它们显然不会构成对自然审美的冒犯。那么，对当时的人们来说，这些病梅和微缩树木是属于自然审美范畴吗？笔者认为这可能会因人而异。但即便是属于该范畴，赞同的人也会辩称，这是为了令自然的审美特性更为凸显。这就如同在美术馆中用特定的灯光照亮艺术品一样，即使这件作品原本并不是在此种光环境下诞生的。

如此解释似乎比人们把野外的枞树砍下来装点在家里只是为了烘托节日氛围来得更加合乎道德。例如在美剧《老友记》（*Friends*）某一集中主角们为了替枯死的圣诞树实现其生命价值而买下了那些没人要的树木。编剧以如此不同的视角针对一种习以为常的惯例展示出强烈的道德反差。只不过像这样的惯例在人类社会中十分普遍，在多数人看来它们并没有道德上的瑕疵。以此为鉴，我们实在没有必要去讽刺或鄙夷任何一种所谓另类的艺术风格。同理，在园艺的话题上，首先，正如前文所论述的，这种"征服自然"的伦理观念在中国传统的园林中没有存在的必要。其次，形成这种审美氛围的因素非常复杂，有来自传统文学、绘画、书法艺术的影响，也有来自社会的攀比心理和"圈子"行为，但必定不会触及民族本性的层面。事实上，中国的造园者和园艺家对待园林中的太湖石也出于一种类似的嗜好，以其"瘦、皱、漏、透"为佳品。只不过当审美对象转移到有生命的事物上时，这种做法或许显得"不够人道"。此类移情对问题的解释因人而异也因物而异，没有人会因为消费掉茶树的嫩叶或咖啡树的种子而遭受道德的谴责。不过，这些矛盾的观点至少可以说明，审美往往会同道德伦理等观念绑定在一起。

病梅问题的根源在于这种原本隐藏起来的审美趣味因与经济利益绑定而世俗地显现了。文人关于树木、山石奇特姿态的偏好本身就隐含了一种"可遇不可求"的审美价值观。龚自珍的上述控诉中明确提到，是有人将文人这种"孤僻之隐"转变成了"市场需求"，而诱发了大量的"病梅产业"，从中谋求钱财。这种将艺术对象商品化的行为割裂了艺术过程中的立意、创作和欣赏，使艺术脱离了它产生的环境，让艺术品变得廉价易得的同时，也使其审美价值因"通货膨胀"而贬值。同时，这些"鬻梅者"在缺乏教化资源的背景下并不能真正理解所谓的文人美学，他们所做的只是盲目地复制同行的行径。事实上，文人（客户），"有人"（中间商）和鬻梅者（生产商）都能或多或少地从这个市场行为中获益，从而维持了这个利益链的运转。可见，仅凭审美的客观规律是无法解释现实中大量审美现象的。

即便我们能厘清这些审美怪象的前因后果，也并不意味着我们有多大的能力去改变这些行为。当行为并不会造成大规模恶劣的社会后果时，我们不妨学习大自然对待物种性状变异的态度来看待它们，将它们纳入到文化生态中去接受考验。当然这也并不要求人们在默不作声中静观其变，恰当而广泛的批评和功利行为一样，是推动这一生态系统良性循环的重要能量。2021 年秋的一起《梦想改造家》[53]事件引发了一股热烈的讨论。其中争论焦点便是一座农村民宅的形制和品味应当由谁来决定，是使用者还是设计师？业主在明确提出了诸如"想要二层洋房"、"不想住砖房"等具体要求的前提下，建筑师扮演了一个"教化者"的角色成功说服业主接受了一个完全相反的结果。但这场教导却丝毫未能打动事件的旁观者，从而掀起了互联网知识分子替已接受事实的普通民众对抗专业精英的一次声讨。众多网民与这个工程没有任何的利益相关，但他们的观点未必就是客观中立的，因为他们时刻准备着发动一场对长期被精英垄断的文化话语权的挑战，以求重新平衡这个文化生态系统。倘若这位建筑师真的为了"填补"业主内心的"缺憾"而建造了一栋"欧式"小别墅，相信他同样也会遭受来自圈外甚至圈内的攻击。因而这场争论既是对关于"建筑审美生态失衡"这一现象的强烈回应，也是对"审美霸权"的激烈对抗。

随着人类社会的发展，各种社会关系的增长，审美问题也会变得越来越复杂。而其中，建成环境的审美更是涉及众多的利益相关者，其构成远不如艺术品"场域"中艺术家、买家和中间人那么简单，其背后围绕着大量的经济、社会文化和环境资源的博弈，因而相关的审美趋势、决策和问题也更引人注目。必须指出，这里提到的审美不应仅仅视为一个被动的行为，或只是对现象的理解和阐释。在实践中，有关建成环境的审美活动具有广泛而深刻的影响力，从人类最底层的原始冲动到最复杂的社会文化生态中都有它的参与。更重要的是，审美表达尽管通常是清晰明确的，但它不一定都是诚

实 [54] 的，因此往往需要恰当的观察和阐释才能将之切实地显现和正确地传达。任何时候，我们都应当将它纳入到审美对象和社会背景的关系中进行考察和理解，并基于对一些普遍性现象和规律性结构的辨识和归纳才能取得不失偏颇的结论。

六、小结

本章的前半部分展示了一组发源于人类生存本能的客观审美规律，揭示了一类具有普遍性的审美现象。它由一个套餐式的理想图示和一段经典的冒险旅程一同构成，是从人性和自然中"抽离"出来的艺术创造和欣赏活动，并频繁地呈现于古今中外众多类别的艺术作品之上。关于这点，在接下来的章节里我们还会继续谈及并阐述基于审美的客观性和规律性的表象与本质。在本章的后半部分，我们揭示了社会中的大量审美现象是作为一组审美的客观规律与各种社会文化不断碰撞衍生的结果，同时它们也是构建各个社会文化的重要动机和主要材料。因此，关于建成环境的审美态度虽然明了，却也因其复杂性而难以预测，它与建成环境和社会活动构成了一个相互影响的"三体运动"关系。不过幸好这种关系变化并不那么迅速，它给了我们足够的时间去理解和消化其中的一点点规律性的东西。如果说变化长存，那么其中相对稳定不变的事物就值得注意了，我们将之称为"类型"。某种建成环境的空间类型就像一个生态系统中成功的物种，是研究它所在环境的一把钥匙，也或许就是方便我们窥探客观世界的一个透镜。

　　自然界中的一棵橡树必然是由一颗橡树种子生长而成。但不能说这是种子的必然结果，成千上万的种子连落入泥土的机会都没有，更不提如何成功长成大树了。故成为大树的关键不只是因为它是源自一颗橡树的种子，更在于种子落地、萌芽、生根、发育、成长与所处环境的互动中所要克服的种种不利条件。人们不只醉心于研究种子何以成为大树的潜力，更要考察它的生长过程与环境之间的联系。在实践类的学科和研究中，后者可能是更值得被关注的。因此在我们日常生活中谈到建成环境或与之相关的美学问题时，唯有将两者结合起来的理论或原则才能让我们获得更确切的解答。

注释

1　Kaplan, et al., 1972.

2　Kaplan & Kaplan，1989.

3　Chatterjee，2013.

4　Jacobsen，2006.

5　又译作"纳尔尼河上的桥"。

6　例如意大利艺术批评家文图里（Lionello Venturi）。

7　Heidegger，[1977]2018.

8　尽管食品是 17 世纪西方静物画的常客，但它们多是充当着美德或罪行的象征物，却非为了表现自身的美感。

9　Orwell，[1937]2001.

10　Banerjee & Duflo，2011.

11　以目前分子生物学的分析结果来看，该假说已具有相当高的可信度。

12　Balling & Falk，1982，这些照片都不包含水和动物，以排除它们的干扰。

13　Barrow，2005.

14　Bourdieu，[1979]1984.

15 Carlson, 1979.

16 见《说文》：园，所以树果也。柯律格（Craig Clunas）指出，直至明清时代，
    不少中国私家园林仍辟有土地用于生产性种植，见 Clunas, 1996。

17 Berral, 1966.

18 Moore, et al., [1998]2017.

19 见王毅, 2004：123-129.

20 见《园冶》园说篇。

21 见 Clunas, 2009：88.

22 Powers, 2009.

23 Hardie, 2010.

24 Hall & Ames, 2012.

25 Moore, et al., [1998]2017.

26 Clunas, 2009：96.

27 这是大多数学者，例如鲍榭蒂（Marianne Beuchert）等人的观点，见
    Beuchert, [1983]1996.

28 Hall & Ames, 2012.

29 地图的绘制方式不是针对"游线"的充分论据，它和游线一样也是人类
    认知的一种体现。造成中西方在地图绘制方式上的差别更有可能源于诸
    如土地制度等政治经济因素。

30 地图的绘制方式不是针对"游线"的充分论据，它和游线一样也是人类
    认知的一种体现。造成中西方在地图绘制方式上的差别更有可能源于诸
    如土地制度等政治经济因素。

31 从今天现存的园林来看，所提供的收获多可理解为精神上的满足，但历
    史上不乏可供游猎、采摘、行乐的大型范围。

32 见 Moore, et al., [1998]2017：85.

33 Beuchert, [1983]1996：223.

34 Han, 2012.

35 李泽厚, 1981：52.

36 Barrow, 2005.

37 Bosanquet, [1892]1985：477.

38 徐一鸿, [1999]2005：3.

39 Southworth & Ben-Joseph, 2003.

40　见刘春阳，2011.

41　孙周兴，2020.

42　Worringer，[1908]1997.

43　Rasmussen，1964.

44　邓晓芒，2019.

45　在此之前的劝世静物画，通常会用玫瑰、水果等易腐之物描绘时光易逝的"空虚"（Vanitas），但这份劝诫也需要通过仔细推敲才能领会，犹如一个解码过程。

46　Alain de Botton，2007.

47　段义孚，2021.

48　Bourdieu，1985.

49　这段话出自 W. L.，"Chinese Method of Dwarfing Trees," Gardener's Chronicle, 21 November 1846，见柯律格，2009：91.

50　见 Worringer, [1908]1997: 17. 但后来对新艺术和抽象主义等艺术运动的美学研究则表明这种抽象冲动。

51　Crawford，1983.

52　Carlson，1986.

53　由东方卫视打造和播出的一档家装改造节目，文中所提及的是它的第八季。

54　这里说的不诚实不一定是故意的弄虚作假，而是指艺术作品本该具有的一种神秘性的体现，即艺术创作者在揭示一部分事实的同时，也"遮蔽"了另一部分，这种取舍本身也是艺术创作的重要组成。

第三章　类型的形成

　　本章将讨论建成环境的类型是如何在和社会活动的相互作用中形成的，以及审美在其中发挥的作用。类型的形成与演变过程十分复杂，其复杂性主要体现在以下三个方面：第一，类型的定义（或者说将事物分类的依据）具有模糊性和十分宽泛的解释余地，目前并没有一个公认的程序来判断一种形式特征是否能被称为类型，这会导致讨论对象的不确定性；第二，我们很难判断类型 A 与 B 之间的联系，即谁模仿谁的问题，抑或是各自趋同演变而来，这需要建立在历史考证的基础之上；第三，即使我们认可类型 A 是由类型 B 演变而来，但仍需更多的调查来厘清演变的具体过程，例如考察该过程是否吸纳了类型 C 的某些特征等。所以，严格地说，类型更像是物种的基因，它相较于物种而言包含了更多不明来源的可能性[1]，这些可能性会随着一些后天因素和所处环境的变化而表达或关闭。[2] 我们对类型的选择和模仿本质上是"类型基因"层面的操作，只是在实践上表现为对某几项形式特征的偏好与控制。

　　虽然存在着上述的三大难点，但它们依旧是可以被克服的，只不过要论证的是某个类型值不值得我们去研究罢了。因此，我们更主张去判断哪些类型是值得花费大量成本去研究的，这就意味着我们需要根据自身需要来评估类型的价值。例如，城市路网形态类型就和日常生产效率和生活质量密切相关，于是就有大量的研究为之付出时间和精力；而关于交通隔离带的类型分析似乎就没有那么重要了。尽管类型没有高低贵贱之分，但它们对于相应需求的迫切程度来说还是有主次之别的。

一、什么是类型

类型没有严格的定义，它在绝大多数语境中是一个抽象概念，人们通常将具有一部分共同特征的事物归为一个类型。也就是说，只要理由充分，一件事物既可以归为类型 A，也可以归为类型 B。正因为这种模糊性，汉森（Julienne Hanson）就在她的博士学位论文中直言，对类型的定义和描述可能注定会失败，因为现实要面对的永远是一系列形态的连续体。[3] 因此，想要为万事万物建立一个明确的分类列表是不太可能的。[4] 不过，马歇尔证明了，从某几个角度对已知的所有路网形态进行类型学分类是可行的，而这些角度主要取决于分类的应用目的。[5] 例如，我们可以本着将事物简化的目的，根据它们的共同特征来建立一个集合以方便讨论。比如独立式住宅尽管有着千变万化的形式，但可根据它们的居住功能和周围空间的关系将其归为一类。虽然这可能会错把诸如帐篷、船屋和林间小屋等一些事物纳入该类型，不过这从构建日常讨论语境的实用目的来说实在无伤大雅。但是，在本书中，我们讨论类型的目的是更好地理解建成环境并据此为实践提供理性的策略，那么，我们就很有必要从最根本的要素和结构角度对类型的形成和演变进行剖析，揭示作用于该过程的各种力量，并通过对这些要素和结构的比较，完善对不同建成环境类型的解读。因此，我们不仅在讨论各种不同类型的特征，更是在讨论类型本身。

在进一步展开讨论之前，与类型有关的四个概念需要在此明确。第一是类别（category），类别可视为最基本的类型，它的集合构成了各个不同层级的建成环境。其内容多表达为日常用语，例如广场、街道、园林、住宅、窗、台阶等。对于一个社区来说，我们可以认为它是街道、住宅和商店等类别的集合，而且这些基本类型能在物质上填充整个社区的空间。同理，对建筑来说，它是墙体、屋面、门窗、楼梯等类别的集合。类别之间的相互比较是没有意义的，故对类别的讨论不是本书的内容。第二是类型（type），这是本书中最重要的概念之一，是同一个建成环境类别中具有共同要素和结构的环境事物的概念总和，通常用常见的术语进行表达。例如在园林建筑这一建筑类别中，存在亭、榭、轩等不同的园林建筑类型。简言之，类型和类别在不同语境下可以互换，类型强调的是彼此之间平行的可替代的关系，而类别注重的是互补关系。有时候可以用模式（pattern）来强调某种类型在文化、经验和结构上的某些特征；有时候也可以用风格（style）一词强调该类型在物质形式上的与众不同之处。第三是类型变体（variant），指由一种类型特化（modify）而来各种子类型。它按空间和时间上的分布可分为共时性（synchronic）变体和历时性（diachronic）变体[6]，但本书注重讨论的是类型本身，不强调类型变体个例的对比，故对此将不作区分。特化后的类型变体通常用基本类型加上限定词来表达，例如向心型的纪念性广场、英中式风景园林中的神庙式亭子、哥特式的扇形拱顶等。第四是范型（leading type），指在一定时间和地区范围内占据主导地位的类型，其特征也是往后同种类型的复制对象。例如奥斯曼式的战略性林荫大道、中国江南古典私家园林、欧洲中世纪哥特式教堂等。

总之，各种环境事物并不具有唯一的分类方式，它取决于我们的讨论目的和观察角度。不管是类型、变体还是范型，都是具有一定抽象性的认知概念，它们必须反映在实体上才能为人们所认识和理解。

二、亭、停、婷

关于建成环境类型的形成，我们可以将其类比于标题中的三个汉字的制造和演变。东汉时期《说文解字》道："亭者，民所安定也。"并认为"亭"有楼，和"高"字相关，故取了高字的上半部分。然而当代《殷周金文集成》收录的战国金文（钟鼎文）的亭字却与同时期高字大相径庭（图3-1）。因此这仍有待进一步的解释。汉代刘熙编撰的《释名》中称："亭，停也，人所亭集也"，同时代的应劭所著的《风俗通义》中提到："大率十里一亭。亭，留也。"这里的"亭"字主要指人们停留之处。在秦汉，亭也是一个管理地方治安的行政建制。在今天字典对它本义的解释为，一类有

图 3-1 亭、高、停，"亭"在战国时期青铜器上的写法（左），"高"在同时期的写法（中），"停"
在《说文》中的写法（右）
来源：李学勤，2012：473-474，722.

顶无墙供休息用的建筑物，多建于路旁或花园里，并引申为建造
得比较简易的小房子，如岗亭、书报亭等。我们暂时还不清楚究
竟哪一种功能才是"亭"的最初本义，但它无疑是一个象形字，
很形象地展示了一种有顶无墙的建筑类型。"停"字显然在"亭"
之后才出现，是借用了亭的本义而造的动词，却在《释名》中反
过来用于解释了"亭"字。"停"在《说文》中解释为"止也"，
如图 3-1（右）所写，即《说文》中的亭字加上表示与"人"有关
的偏旁，但没能在更早的典籍中查到此字。"婷"字的具体出现
时期还不能断定。它在唐代已有使用（见杜甫诗句"空中右白虎，
赤节引娉婷"），但直至宋代才收录于《集韵》中，同"姃"，
意为美好的样子。其字形在出现时已同今日的"婷"字无异。尽
管这三个字的本源仍然有不清楚的地方，但这三者产生的顺序几
乎是毫无疑问的。

以上介绍说明了什么呢？最显而易见的是，亭首先是作为一种
建筑类型而为人所知，而该类型在一定程度上影响了我们的认知。
然后，人们根据对亭的认识和印象创造了与之功能有关的"停"字

图 3-2 "爱之神庙"（le temple de l'amour），
1778 年建，位于法国凡尔赛宫小特里亚农王后花园（le
jardin de la Reine du Petit Trianon）内。
来源：© fr-academic.com；https://fr-academic.com/
dic.nsf/frwiki/1611499

和与其形象有关的"婷"字。事实上，亭也发展出了和其形象有关的形容词用法。例如朱自清的《荷塘月色》："曲曲折折的荷塘上面，弥望的是田田的叶子。叶子出水很高，像亭亭的舞女的裙"，其中"田田"和"亭亭"都有将名词形容词化的意思[7]，描写得十分具有画面感。而今日这种用法已多以婷字代替。在中国传统园林的语境中，多数人对"亭"这一建筑类型的期望往往是一种轻盈、悠远、"翼然"的人格品质，其所在位置常常凌驾于高处、

溪上、洞滨等。我们不知道这是否也受到"婷"的影响，但纵观其他地域的园林，里面的亭子并不都是轻巧的样子，例如西欧很多花园中的亭通常和神庙联系在一起而显得十分庄重，很难将它们与"亭亭舞女"联系起来（图 3-2）。

在英语中，和亭对应的词为 pavilion 和 kiosk，前者源自拉丁文"papilionem"，意为"帐篷"或"蝴蝶"，形容帐篷犹如蝴蝶般从折叠到展开的样子。到了 18 世纪，pavilion 在欧洲开始流行，富

人将它们建成神庙的形式以反映或寻找内心的安宁。如今仍有大量作为户外临时帐篷的用法。而 kiosk 来源于土耳其语"kösk"，意为供人小坐的小屋，更加接近于小站、岗亭、摊位的意思。因此，在英、法、德和意大利语中，游乐用的亭和服务用的亭是分离的两种事物。在他们的花园中，亭子不一定处在"高处"、"溪上"这些供人们停留赏景的地方（里面甚至没有固定的座位），而更多的是反映一种象征性的精神需求。而在汉语语境中，我们所"期望"的亭更是一种功能和形式的结合体，诸如报亭之类的建筑则必须加上限定词才能正确表达意思。

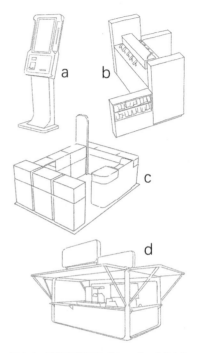

图 3-3 四种不同类型的"kiosks"，多数人应该会认可只有（d）才较为符合汉语中"亭"的形象。

要注意的是，我们需要适当区分用语中"认可"和"期望"的不同立场。"期望"指的是一个事物应当是什么样子才完全符合我们心目中对它的印象。而"认可"则体现了对一件事物偏离我们预期形象的接受程度，例如上述的 pavilion、岗亭、报亭等形象都是我们所"认可"的亭。但我们不认可将所有的 kiosks 都纳入"亭"的范畴，因为它们缺少某些能成为"亭"的特征。在图 3-3 所示意的几种 kiosks 中，唯有带有顶面的那一种形式才满足汉语使用者对

"亭"的预期。而英语使用者更关注它们在空间上的独立性和服务的公共性。不过，语言词汇并不是定义和分类的唯一依据，因此在讨论建筑类型所涉及的"亭"时，需要我们从多义的表达中将其单独提取出来，即把供人停留休憩用的亭和提供专门服务用的亭进行区别。为了方便起见，下文谈到的亭均不涉及服务用的岗亭和报亭等。那么，究竟是什么构成了我们对"亭"的预期呢？除了第一章提到的玛丽·密斯的另一个关于亭的作品[8]，图 3-4 还展示了一些较

图 3-4　典型的和各种奇特的亭子：典型的中式凉亭（左上），马德里的 BookGarden 凉亭装置，Kune Office，2019 年（右上），京都的"汤道"亭，隈研吾建筑都市设计事务所，2021 年（左中），伦敦的"森林与天空之间"（Between Forests and Skies）互动展亭，Nebbia Works，2021 年（右下），印度一私人 Plaisiophy 婚礼凉亭，Orproject，2019 年（左下）
来源：Cole，2002：56；© Kune Office；©Kei Sugimoto；©Ed Reeve；©Orproject

为奇特的形式，即使它们的顶面并不是完全密闭的，起不到遮阳挡雨的功能，也不妨碍我们认可它们为亭子。显然，形式只是一方面的特征，而且主要和我们的"期望"相关。

三、从"停"到"亭"

我们所"认可"的亭子这一类型究竟有何特征使之区别于其他建筑呢？首先，我们很难学习当代生物学的分类或定义的方法，因为建成环境中的各种类型没有像分子生物学那样可以用来比对的基因库。通过大量的考古研究，我们确实可以做到推断类型中的某种要素最初源自于什么时期的哪一次实践。但正如前文所一直强调的关于驯化的类比，它是一个有人工参与的社会选择过程，如果把某个类型看作众多要素的集合，那么这些要素的来源既可能是多元的，也可能提炼自几个形式特征。因此，构成这个类型的要素来源不一，也没法通过溯源的方法对类型进行区分。

其次，通过建筑的功能和形式进行类型学分类也不是一个理想的方法，因为功能本身也是难以定义的，而形式又可以是连续变化的。居住可视为建筑的一类最基本的功能，它所对应的是称为住宅的这一类别。或许我们可以继续按形式对同一个功能进行细分，譬如公寓、独立住宅、排屋、叠墅等，这的确可以做到十分精确。但就拿公寓来说，它还能被继续根据外部结构或者室内布局细分为众多子类型。而这些建筑的类型和子类型的数量着实太多，正如霍普金斯（Owen Hopkins）所指出的那样，这种方法无法成为完全有

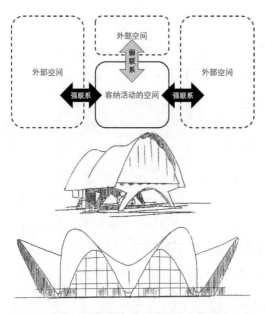

图 3-5 能被我们认可的"亭"这一基本类型中所应包含的空间关系剖面(上)、坎德拉(Félix Candela)设计的位于墨西哥国家独立大学的"宇宙射线亭"(Cosmic Ray Pavilion),1951年(中),类似的空间关系也能体现在同一个建筑师设计的洛斯·马南蒂雅莱丝餐厅上(Los Manantiales Restaurant),1958年(下)。这种分类方式缺少了对尺度和比例的控制,因而无法将右图所示的建筑排除于"亭"的类型范畴。

效的分类或定义建筑的方式。[9]鉴于此,在他的著作中也只能选取少数几种他认为重要的建筑类型予以解读。诸如此类的文献大多都以一种不完整的百科全书式的方法来介绍各种建筑类型。[10]如果将这种方法应用于将亭子从其他建筑类型中识别出来,我们还是难以从功能或形式上找到亭子们的共性。再者,从空间关系角度来定义类型也有缺陷。如图 3-5 所示,这种关于亭的空间关系模型确实将一部分形式和功能结合了起来,但它缺乏关于大小和比例等几何性质方面的考虑。而如果只是单独提取形态和尺度作为类型的共同特征,又会犯如图 3-6 所示的错误。

若我们把上述所有的分类方法都囊括进来,会不会对亭子这一类型赋予更本质的定义呢?首先,从形态尺度的角度来看,能视为亭的建筑物所能容纳人类活动的空间尺度和高宽比例是有大小限制的。这在尺度判断上具有一定的模糊性,其容量从

图 3-6　日本濑户内岛艺术节项目之小豆岛公共厕所，Tato Architects，2015 年（左），节日海滩公共厕所（Festival Beach Restroom），Jobe Corral Architects，2021 年（右），若只是从形态和尺度来看，我们不得不把公共厕所这一功能截然不同的建筑物也"定义"为"亭子"。
来源 ©Tato Architects；©Casey Dunn

1 人到 10 人左右都可以视为较为合适的大小。这一点决定了如图 3-5 所示的餐厅不是一个能被我们认可的亭子。第二，该活动空间应当与周围的外部空间构成较强的联系，同时和上方的外部空间构成较弱的联系。此空间关系尤其看重的是对日晒和降水等来自上方空间不利因素的过滤，而对来自水平方向的干扰，例如气流、阳光、噪声等因素较为宽容。这就排除了将建筑物的雨棚，或传统印第安人居住的帐篷视为亭子的可能性。最后，在功能上则可以将亭与如图 3-6 所示的公共厕所进行区分。这么做确实能很好地定义亭子这一类型。但不难发现，在上述"排查"对象的过程中，有不少条件是重复的。例如不管是站在功能还是尺度的立场都能把坎德拉设计的餐厅排除在外，而从功能和空间关系的角度也都能把印第安人的帐篷剔除。这事实上构成了分类上的信息冗余。那么，有没有一种更为精简的方式来对亭子进行辨别呢？

　　海德格尔提出的"上手的状态"或许是一个重要的启示。我们可以试着从空间在实际使用中对应的社会活动来看待亭子这一类型。首先，对在亭中活动的人来说，他们希望和外界自然环境有较多接触的同时在亭中进行一些半私密性质的活动，例如独坐、休憩、聊天、观看等。如果条件允许，亭子作为没有陌生人来打扰的私密空间也符合人们的期许。因此，该建筑类型对自然环境开放程度应远远大于对社会的开放程度。进一步说，和一些公共建筑，例如餐厅、车站相比，亭对无目的的和非消费性的社会活动接纳程度更大。在亭子中的人们想要的是能暂时将自己和周围社会环境隔离的同时又能和外界物质环境有密切接触的一个小型而免费的休憩空间。最后也是最重要的，正如第一章所提到的，在空间感知上，构成亭子的实体部分若要和内部的空间形成整体，那么空间需要从外部环境中凸显自身，这就要求我们得把这一整体放到更高层级的环境中去认识和理解。只有在相对较大规模的开放空间中，当人们需要为大范围的社会活动提供相对小规模的停留场所时，才能产生亭子这一类型。相反，在大型商场的室内环境中，只存在从事专门服务功能的亭子，或用于装饰和商业宣传的类似于亭的形象。

　　可见，从社会活动和空间的关系这一角度切入就能相对简练地将亭视为一种类型，并将其从别的建筑类型中分辨出来。在刚才的论述中，涉及了以下两个主要维度：一、对社会的开放程度，这又可分为对公共性、目的性和消费性活动的开放程度；二、与该类型相应的更高一级的外部环境的差异。仅在第一个维度上看，餐厅和车站这两个看似功能截然不同的空间却具有很高的相似性——它们所容纳的社会活动都有着很高的公共性、目的性和消费性，且事实

上它们的确也是经常
融合在一起的，只不
过在第二个维度层面
上两者会有不小的区
别。不妨想象，若要
将图 3-5 所示的餐厅
改造成车站，我们甚
至没必要在形式上做
多少改动。这进而也

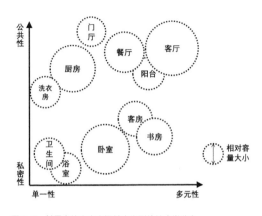

图 3-7 某民宅的室内空间基本类型的社会学分布

明确了结构要素只是手段，而不是我们建造的目的。

　　按类似的方法，我们可以对公寓住宅语境下的房间类型进行区分（尽管这件事本身看起来十分简单）。从图 3-7 中可以看到这些房间在私密性和使用目的的单一性这两个日常社会活动维度中的分布情况。分布上邻近的房间在空间联系上也比较相近。例如我们在面积紧凑的单身公寓中很常见到将门厅、厨房和洗衣房结合起来的布局。在一般的公寓中，客厅和阳台的衔接，客房和书房的混用也很常见。从整体上看，这些房间都朝着纵坐标的上下两端集中，而在横坐标上的分布则较为连续。在图中，房间大小视作了第三个维度（示意为圆形大小），体现了普通公寓中各房间的相对大小。但我们随后就能发现房间的大小并非作为房间类型的决定性因素。在一些公寓中，无门厅设计、开放式的厨房、大面积的阳台、微型的卧室、大型的公共洗衣房等都很常见。此外，房间的长宽比或规整度也能视作另一个维度，但它在很大程度上和活动的单一性或多元性相关。活动较多元的房间往往更倾向于规整，例如客厅（起居室）。相应地，人们对活动单一的房间的规整性要求并不高，若设备安置得合理，狭长的厨房和狭窄的洗衣房都不会妨碍使用要求。[11]我们可以试着将功能视作一个维度，但由此得到的矛盾是，不少功能不同的房间在空间上未必是要分离的，例如客厅和餐厅的关系，以及餐厅和厨房的关系。通过日常活动在上述二维坐标系中的分布，就能很好地显示哪些房间可以合并或兼用。

可见，在本例中，我们的确可以仅用最初提到的两个维度来对公寓住宅的房间进行类型上的区分。且这种方法揭示了私密性维度在判断住宅房间类型时的重要性，即将房间区分为公共的和私密的两大类型是普通公寓内部空间最为重要的组织特征。那么，在更高的层级上，譬如地块和街区的语境中，公共和私密的空间分布情况也是将公寓住宅视为一种建筑类型的重要依据。而且，这种分类方法还擅长区分美国郊区的独立式住宅和野外的林间小屋这两种外观相似却截然不同的住宅类型。对后者来说，其外部空间虽然是开放的，但它和围绕着前者的庭院、街道不同，更具有高度的私密性特征。

也许读者会对本文将就寝这类个人行为看作社会活动感到奇怪。事实上，人类建成环境语境中的就寝空间就由社会来限定的。前文提到的诸如亭中独坐之类的行为能被称作社会活动也遵循着同样的逻辑。在自然界中，相对于安全性来说，人们并不会对就寝环境的私密性提出要求。正如第一章所谈到的拥挤感一样，人类在私密性要求下建造的空间本身就是基于人类社会行为的结果。譬如在手冢建筑事务所设计的"便当盒"顶层，浴室就斜向暴露在天空之下却不会导致私密感的缺失（图3-8）。约翰逊（Philip Johnson）为自己设计的"玻璃屋"（The Glass House）没有外墙对里面的卧室进行

图 3-8　"便当盒"住宅的顶层空间，手冢建筑事务所，东京，2004 年
来源：©Katsuhisa Kida，www.tezuka-arch.com/english/works/house/jubako-no-ie

遮挡。而对于内部空间的社会逻辑来说，设计师使用了橱柜将卧室
从整个空间中隔离出来。对内部环境的区隔和对外部环境的开放恰
恰说明了人类的隐私仅仅是对社会的反应。

同时，"玻璃
屋"也是一个明确将
私密和公共活动进
行区分的例子（图
3-9）。在这个四面
都是玻璃的独立住宅
中，其整体的私密性
都很好地受到周围自

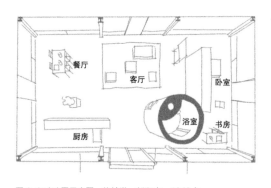

图 3-9 玻璃屋示意图，约翰逊，新迦南，1949 年

然环境的保障。对住宅内部空间而言，可分为两大部分，即砖砌的圆筒和其余的空间。圆筒包含了私密的浴室和取暖设备，其余空间又以橱柜为界可分为相对私密的卧室与书房，和相对开放的厨房、餐厅与客厅。从砖砌墙体到橱柜再到厨房的操作台形成了对室内空间从强到弱的分隔。而这些分隔的强弱又较好地对应了图 3-7 所示的房间的组织情况。因而即使"玻璃屋"属于独立式住宅这一基本类型，鉴于它和公寓住宅的相似性，也能一同被归为住宅这一类别中。很显然，独立住宅、半独立住宅、院落式住宅、排屋、叠墅和公寓的室内空间类型组织逻辑都是相似的，它们的不同之处在于其自身和外部环境的关系，而这层关系也同样体现在社会性上。例如在后几种住宅类型中，更高层级的空间类型取决于它们和邻居在外部空间共享上的范围和多寡。

也存在无法仅用私密和公共活动需求来区分的住宅类型。在各种农业聚落中，每家每户的住宅都紧邻着生产性的空间（图 3-10；3-11）。尽管这些住宅在对外的空间关系上似乎和玻璃屋一样，但其"气质"又有明显的不同。这些外部空间既不是公共空间，也不是私家庭院——而是不欢迎陌生人的私人领域和组织农业生产活动的场所。我们很难将这些住宅归为独立式住宅的类型（即便它们在字面意义上完全符合这个称谓），因为它们与外部的生产性空间是作为相互依赖的一个整体而存在的。这些建筑之间的间距并非本着私密性需要来疏离公共活动的，而是为了维持生计以及防范外部入侵营造的"空间装置"。而它们又和美国式的坐落于大型农场中的住宅不同，它们之间仍需要维持一定的视线联系以便彼此监视来维持聚落的内部秩序。[12] 再如船屋这样的住宅形式，它们漂浮在运河

图 3-10 危地马拉的离散型住宅，对陌生人有着强烈的排斥感。
来源：原广司，2018：98.

图 3-11 缅甸茵莱湖中离散的水上民居，随着当地旅游业的发展，村落不再完全依赖家门口的农业生产而变得更为热情好客。
来源：https://www.sohu.com/picture/283491950

图 3-12 可供居住的船屋，曼彻斯特（英国）

之上，可以灵活地调整周围的空间关系和社会关系，自然也不符合上述任何一种类型（图3-12）。人们可以隔着水面和户主聊天，但不能无视这层借由水面来隔断的空间联系。

尽管我们花费了不少篇幅来探讨如何区分不同的类型，然而在现实中，人们仅凭常识和直觉就能在瞬间将两者区别开来。从经验的视角来看，这就是将"空间"（space）拔升至"地方或场所"（place）的过程。[13] 用莱克维茨（Andreas Reckwitz）的话来说，这是空间的"独异化"。[14] 在此类空间中，它的组织形式和内容物的布局使用特殊的逻辑凸显出了某种意义，形成了辨识度，以区别于其他空间。意义的凸显说明人们拥有熟练解读和预判某空间所应该对应的何种社会活动的能力。人们能很轻易地通过周围环境来辨别哪块草坪是私人的，哪些是公共的，即使它们的外观毫无差别。人们能从村落的"气氛"上瞬间感觉出来哪个是好客的，哪个是冷漠的，哪个有着很强的排他性。同样，人们也能从建筑的"神态"得知它是不是能容忍陌生人随意地进进出出。在城市开放空间中，人们更乐意选择坐在看上去更像是公共设施的座椅甚至台阶上，而不是商家提供给消费者的户外座椅。就算这些空间在外观上极其相似，也因人们深谙其中的社会学差别而将其视为不同的类型并加以区别对待。

　　一般来说，人们不太会在判断建成环境空间的"气质"和"氛围"上犯错。这种认知能力也许正是梅洛－庞蒂所指出的，"我们拥有一个在场的、现时的知觉场，一个与世界接触或永久地扎根在世界之中的面……"[15] 结合他前面关于立方体的描述，我们可以初步地认为这种认知是在人与物往复回返的交流中逐渐展开的。简单地说，一个能被正确认识的建成环境应当对人们的审美经验有所回应。一个零售商铺总要表现得热情才能为它带来顾客，而奢侈品店则要用"高冷"的面貌排斥它的非目标消费群体，以保证店内空间宽敞有序的"高级感"。对一个中世纪的教堂来说，它既要表现出神圣庄严之感，又得敞开大门接纳任何一个有望皈依的信徒。它要成功地将矛盾的两个目的融合到一种特别的姿态中，因而杰出的教堂往往是中世纪建筑的典范。正因为这些建筑和环境如此地重视和人的交流，前人在缺乏相关理论和先进技术之时仍能建造出众多优秀的物质环境遗产。

　　倘若人们过分沉迷于新的技术、材料或某种所谓"时代的感觉"，就很容易在有意无意中切断这类气质的传达（图 3-13）。勒·柯布西耶在《明日之城市》中问道："我们有没有工具呢？路易十四用铲子、洋镐；帕斯卡刚刚发明了单轮手推车……路易十四对小小的旺达姆广场的组织只是小事一桩，而这个广场至今仍为我们的骄傲和喜悦的象征而屹立不摇！……有观念，有想法，有规划！这些正是所需要的……"[16] 这位现代主义的旗手也同样深刻地认识到了建造的问题并不依赖于任何技术性的前提。前机械时代的诸多

图 3-13　某办公建筑，现代主义的"方盒子"令人无法从面无表情的建筑中解读它的内容。
来源：https://www.silverarchcp.com

文明用最简单的工具建造出了震撼人心的艺术作品，而它们却已逐渐消失在了今天的挖掘机之下。如今我们拥有了新的技术，却无法再重现过去的那些美妙动人的环境了，还有什么借口可寻呢?

四、从"亭"到"婷"再到"亭"

再回到亭子这个话题。上面的论述着重分析了"亭"和"停"这组建成环境和社会活动的关系。那么，"婷"字的出现说明亭子这一类型影响到了人们的审美。不容否认的是，人们所"期望"的亭子形象是有主观性的。这取决于人们在日常生活中所接触到的亭子的实体、概念、图像等信息。而且人们也可以大致地想象其他人所期望的亭子是什么样的。这种审美能力在前文中称之为共情，即从其他人的视角来看待一个事物，它既有来自先天的本能，也是不能脱离经验的。[17]共情不仅仅局限于知觉上的审美，它也是人们能读懂比喻、借喻和反讽等修辞的基础能力。例如朱光潜在《谈美》中举过一个例子，汉代班婕妤在失宠谪居后曾作诗自比秋凉弃用的团扇，后来唐人王昌龄又在《长信怨》一诗中借用了此典故，并新增了"寒鸦"、"日影"等意象以刻画失宠宫妃的幽怨之情。[18]不管是班婕妤、王昌龄还是今天的读者，都能多多少少从这些意象中体会到当事人的心境。读者从诗中获得的美感，当然不是苦闷的心境本身，而是这几个恰如其分的比喻。因此，关于共情的审美活动主要存在于共情的过程中，而不在其结果。如果说，为类型匹配相应的社会活动体现了人类基本的共情能力，那么对类型的再创造和欣赏则是关于移情与抽象的审美活动。

比共情也许更"高级"的移情[19]亦是兼具了先天和经验的双重由来。之所以称之为高级，一是因为人们可以将情感转移到非生命体上，而不仅限于同类之间的情感共通；二是因为移情还能负责创造出新的结果。侯道仁[20]（Douglas Richard Hofstadter）曾在一次讲座中谈到他的宠物犬因腿部受伤接受治疗后，会指向它驼鹿玩具的相同部位向主人示意自己的不幸遭遇。这说明移情和共情一样，不仅仅是人类特有的能力。因为动物也可能会通过这种方式理解同类的想法并和同类进行交流。从生存角度来说，演化出移情的能力对群居性动物是有积极意义的。因此，我们不妨认为移情应当也具备一定的先验性。[21]例如，人们普遍会认同金字塔形的稳重感，而倒三角形在多数人眼里则显得轻盈。这大概是从重力的感知本能中衍生而来的情感，并不受社会文化经验的左右。[22] 中国古建筑屋顶的飞檐翘角就能带给人"反重力"的感觉，从而为沉重的屋顶增添了轻盈感。

阿兰·德波顿对比了马亚尔（Robert Maillart）设计的萨尔基那山谷桥（Salginatobel Bridge）和布鲁内尔（Isambard Brunel）的克里夫顿悬索桥（The Clifton Suspension Bridge）后，发表了十分精彩的看法（图3-14）。他认为，我们通过移情感受到建成环境的美源于它们所体现出来的品质，且不仅仅是一两种品质，而是协同作用着的多种品质。照片中的两座桥都充满着力量和勇敢的品质。只不过马亚尔的作品因其非凡的轻盈而显得更美，如同"体操运动员轻捷的纵身一跃"。而后者则如同"粗壮的硬汉在起跳之前高调地大声呼喊着恳请别人关注他的表演"。正因为我们都明白此举并非一蹴而就之事，前者自信和从容的品质就更令人惊叹不已。[23] 那么这或许就很好地解释了为何人们所期望的亭子的品质亦是如此——以位于杭州西湖的集贤亭为例，笔直纤细的亭柱就毫不张扬地承起了经由斗拱传来的顶部的重量（图3-15）。[24] 那么，最后剩下的一个问题是，为什么亭子选择了轻盈而不是浑厚呢？

图3-14　萨尔基那山谷桥，马亚尔，1930年建（左）；克里夫顿悬索桥，布鲁内尔，1864年建（右）
来源：© 苏黎世联邦理工学院图书馆 ETHBIB Bildarchiv；©Gary Horne

图 3-15　杭州西湖的集贤亭
来源：©dbfhzz

　　计成在《园冶》中认为亭应当造无定式，"随意合宜则制"。
退一步说，园林建筑应区别于普通住宅。计成认为家宅住房应当"循
次第而造"，就如《桃花源记》中形容的"屋舍俨然"之貌；而园
林书屋则相反，应当"按时景为精"，且"方向随宜"，"野筑惟
因"。也就是说，园林建筑在设计建造上不宜循规蹈矩，而是按四
季景象的变化来布置它们的位置和朝向。即便是如厅堂这般较为正
式的建筑，也要从观赏功能出发，在前檐添加敞卷，屋后添加余轩，
且不应像合院式住宅那样两侧配有厢房，以免妨碍视野，缩小了庭
院空间。而像亭、榭之类的建筑更应以奇巧为美，散布隐于花木之
中。这意味着园林建筑应同时具备"看"与"被看"的功能。人在
亭中赏四方之景，而在他处看来，亭本身也是隐现的景物之一（图
3-16）。那么，一个缺乏自在、洒脱之感的浑厚之亭，就难以融入
四周层叠不尽的景色了。

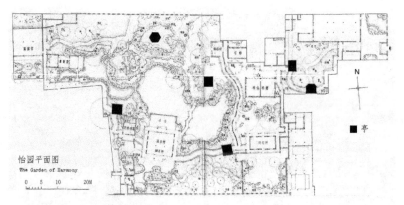

图 3-16　苏州怡园平面中亭的位置和制式
来源：刘敦桢，1979：图 9.4

　　进一步说，计成后面还有一句，"堂占太史，亭问草玄"。草玄是指西汉思想家扬雄。扬雄被学者誉为汉代的孔子，又以辞赋闻名，晚年归隐，淡泊名利，专心著述，是为后来文人崇拜的偶像。刘禹锡也曾将自己的"陋室"比作"西蜀子云亭"。"子云"即扬雄的字，子云亭则是其隐居著述的场所。那么，文人园林中的亭所追求的意象应当和轻身归隐的形象有关，尤宜轻妙地点缀于各处。

图 3-17　北京颐和园镜桥上的八角重檐亭
来源：©zhangzhe，https://www.
meipian.cn/29hmm7k

这是将此品质移情到了亭这一常见的园林建筑上，寄寓专门的文化意象，同时也有借物言志之意。不过亭的轻巧主要体现在江南一带的文人园林中。北方的皇家园林显然不会关心士人归隐的精神寄托，所以它们的亭多显得敦实厚重。亭如其人，以彰显力量和稳固（图 3-17）。

五、类型的特化

我们还是从亭出发，进一步说明类型在审美作用下的特化现象。该现象是在保持类型与社会活动的对应结构不变的前提下，仅仅替换、增加或减少其中的一些要素吗？这种做法十分常见，尤其是当人们觉得"应该如此做"的情况下，一些新的类型变体就会形成。比如说，中国传统园林中的"中式凉亭"即可看作亭子这一类型的成功变体，经历了长期且广泛的传播，不可不谓为一种范型。中式凉亭本身也会随着文化和环境的改变而进一步特化。例如，颐和园中有一处"园中园"，初名为惠山园，后改为谐趣园，清乾隆时期仿无锡惠山寄畅园而建。对比一下谐趣园的饮绿亭和寄畅园中的知鱼槛即可发现，除了屋顶的形制和部分空间关系有些许相似之外，其余各处，例如檐口、檐角、亭柱等要素的处理方式全然不同（图3-18）。前者园中所有的建筑皆厚重华丽，少有古朴轻盈之感。可以说，它在"模仿"过程中仍秉持着皇家园林建筑的人格品质。但与

图 3-18 饮绿亭（左）和知鱼槛（右）

颐和园中其余建筑相比，谐趣园的建筑确实多了一些江南园林的韵味。这种不追求形式的一致，只考虑意境特征的模仿，乾隆将其概括为"肖其意"，尤肖其山林清幽之意。[25] 显然，这位皇帝对文人传统的精神追求并不感兴趣。

在伦敦西北 110 公里开外的斯陀园（Stowe House Park）内有一"中式"亭子，顶部竟是用帆布造就，亭四面还有威尼斯人斯莱特（Francesco Sleter）画的"中式"彩绘和"楹联"（图 3-19）。类似"中式"凉亭还出现在斯塔福郡（Staffordshire）的沙格伯勒（Shugborough）古堡公园内一人造河心洲上，由"中式"的小桥与运河岸相连（图 3-20 左）。亭子外部原本为浅蓝色和白色相间（和目前的内部颜色类似），并饰有回纹——这是在中国凉亭中很少见的颜色。内部有洛可可式的装饰，雕有牵着飞鸟的大猫（有人认为是猴子）（图 3-20 右）。再如位于圣彼得堡南部的凯瑟琳宫中有一座仿中式的水景园，位于其北侧石桥中央的是有着弯曲的中式屋顶的亭子。但若走近看就会发现亭子的柱首竟是爱奥尼式的，而不是经由中国传统的斗拱和顶部连接（图 3-21）。这座亭子除了"一眼看上去"的整体外形，其结构和细节都是设计师所"期望"的结果。

图 3-19　伦敦郊外斯陀园中的"中式"凉亭，1738 年建（左）；凉亭上面的"中式"彩绘（右）
来源：©Ernst Wagner, https://www.explore-vc.org/en/objects/stowe-landscape-gardens.html

图 3-20　斯塔福郡沙格堡公园内的"中式"凉亭，1747 年建（左），以及内部装饰（右）
来源：©Stephen McDowall，https://blogs.ucl.ac.uk/eicah/shugborough-hall-staffordshire/
shugborough-case-study-the-chinese-house-c-1747

图 3-21　圣彼得堡的凯瑟琳宫花园中由夸伦吉（Quarenghi）设计的伯尔歇·开普瑞茨亭（Bolshoi
Kapriz），1779 年建
来源：https://dic.academic.ru/pictures/wiki/files/66/Bolshoi_Kapriz.JPG；Jellicoe & Jellicoe,
1995: 图 395.

　　在 17 和 18 世纪，欧洲的不少风景园林中都流行着这种极具异
域风情的中国元素。不过当时的设计者们所能参考的仅仅是由欧洲

各国传教士带回的文字和图像资料，而对中式建筑的用料和建造方式并不了解。在缺乏当地建成环境的"培育"下，凭经验和一知半解不免会在实践中建造出上述不伦不类的中式亭子。英国剧作家哥德史密斯（Oliver Goldsmith）在《世界公民》中借一位虚构的中国学者之口讽刺了此类现象："在我看来，花园那边的小小建筑恐非中式的凉亭，正如它不能称为埃及金字塔一样。"[26] 可见在当时有识之士者眼中，这些亭子距离真正"中式"的形象几乎和金字塔一样遥远。这么看来，在一个特殊的时期，某种类型会在短时间内涌现出众多子类型，其中有的会被模仿并扩散开来，成为一种成功的变体乃至范型，但绝大部分则在第一次的尝试后就再也不会被模仿了，而仅以亭子本身这一基础类型留存至今。

我们从审美角度再来审视一下谐趣园对寄畅园的模仿。沃林格认为，真正的艺术在任何时候都是为了满足深层的心理需求，从不触及模仿本能，也不从模仿中获得愉悦感。当人们处在混沌不定的世界中时，内心渴望着将外物从变化无常中抽离出来，使之呈现为永恒的状态并从中获得精神上的安宁。[27] 对比谐趣园和寄畅园的平面图即可发现，两者在园林布局上的相似之处并不多。其相似点主要体现在占据园林中心地位的水面，以及围绕水面的部分建筑物。最明显的莫过于"知春堂 – 知鱼桥 – 饮绿亭 – 澹碧亭"（图 3-22，标号 1-4）和"嘉树堂 – 七星桥 – 知鱼槛 – 涵碧亭"（图 3-22，标号 a-d）的对应关系。相比其余各处，谐趣园的水面面积将近寄畅园的两倍，其绕水一周的建筑体量和数量也远大于后者。也许是为了行走的方便，谐趣园的主要路线都由有顶的廊道构成，布局较为规整，而寄畅园的园路形态则较为多元和崎岖，其游线有很大一部分处在山林野趣之中。如

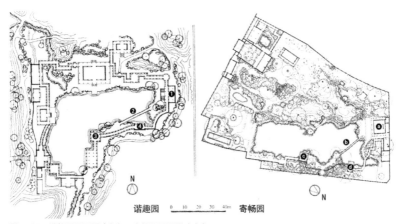

图 3-22 谐趣园平面图（左）；寄畅园平面图（右）
来源：改自彭一刚，1986：45；潘谷西，2015：图 6-10.

果将游览比作一次冒险之旅，谐趣园倾向于一场声势浩大的集体巡
游活动，而寄畅园则更真切地寄寓了人类先天的审美冲动（见第二
章）。也许这次"模仿"对乾隆本人来说，只是想把江南园林作为一
个别有奇趣的玩物永久地带进身边罢了。因此，谐趣园在立意上似乎
由一时兴起而发，具体到实践上，又以理性和克制的方式而收。它对
寄畅园的模仿仅仅是出于一种"愿望"，很难说是否真的"肖"了其
"意"，但无疑是一种再创作。从园林布局和建筑形制上说，谐趣园
是北方皇家园林的一次特化；从造园的本意出发，谐趣园也是江南园
林的一个变体，而寄畅园则是江南园林的一个范型。

六、类型的层级结构

显而易见，建筑物的各部件同样也有着各自的类型。例如爱奥

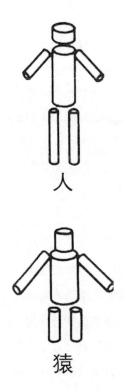

图 3-23 由 "几何子" 构成的 "人" 与 "猿"。即便成分相同，人们也能很容易地根据 "几何子" 的比例和大小区分两者。
来源：Gerrig & Zimbardo, 2002: Figure 5.33.

尼式的石柱和上承斗拱的木柱就是不同的柱子类型。某种建筑类型就是由这些更小的结构或材料类型组成的。这种类型间的嵌套关系可称为类型中的层级结构。也就是说，若用其他类型的部件对亭子的相应部件进行替换，那么该亭子还是能继续维持作为亭子的这一类型，可被视为在原类型基础上的局部特化，它的审美价值也会随之发生改变。图 3-21 中的伯尔歇·开普瑞茨亭的各部件来源于不同的类型，细部的衔接生硬，整体缺乏协调，而谐趣园中的饮绿亭则秉持一贯的皇家制式，没有为了模仿而替换其中的部件，只是将某些造型做了细微的调整，于是亭子整体仍然保持着较高的审美水平。同理，我们也可以改变各部件的尺度和比例，不过也难以保证其原来的审美品位，因为知觉系统依然对此十分敏感（图 3-23）。即便将原物及部件等比例地放大或缩小，也不能不令其美学价值发生变化，因为它和外界环境的比例关系发生了重大改变。可见，审美能敏锐地察觉到此类层级结构中的变化。

　　同理，亭子所在的园林空间布局就可视为高于亭子的一个层级，而若要针对亭子这一类型进行讨论，那么它所处的园林类型也是需要考虑的。例如位于英国贝德福郡（Bedfordshire）的乌邦寺公园（Woburn Abbey Garden）内的一 "中式" 凉亭被包围在修剪得整整

图 3-24 乌邦寺公园内的一"中式"凉亭和周围的景观
来源：Honour, 2017: 90.

齐齐的灌木丛中（图 3-24）。上面提到的斯陀园内的凉亭亦是挺立于平整的草坪之上（图 3-19）。可以想象，即便将图 3-15 所示的集贤亭复制到这样的场景中，仍未必会产生"中式"的风情。可以说，对园林而言，该亭子就是一个特化的部件了。就算它本身能保持中式亭子这一类型，它所体现的已必定不是"中式"的美学。这里原本的和当前的场景是相对亭子而言更高层级的类型，它们和亭子通过层级关系让后者的空间凸显出来。正如孤零零的一根爱奥尼式石柱，它作为柱子的某种类型是不完整的，被从建筑中抽离的柱子甚至会被看作为另一类别，比如雕塑或者纪念物。

倘若保持事物当前层级的类型不变，改变的是与之相邻的上下两个层级，例如外部环境和内部构件，该事物可以认为是一种类型的变体吗？就像前面提到的乌邦寺公园凉亭，其所应承的社会活动、内在结构和外部环境都决定了它作为亭子这一类型是毋庸置疑的，只是它受审美偏好的影响而获得了一定程度的特化，故可看作是亭子这一类型的子类型，也就是一种变体。它不同于"中式凉亭"这一经久的变体，可将之归于比如"仿中式凉亭"一类。钱伯斯（William Chambers）于伦敦邱园（Kew Garden）模仿南京大报恩寺琉璃塔而建的宝塔也是同理，只不过除了不同类型的外部环境，它和被仿的原件所对应的社会功能也略有不同，因而省略了能令它看起来更巍峨的底座和存放稀世珍宝的内部空间，所以该琉璃塔只能被看作一类"仿中式意象的宝塔"。从经久性来说，上述变体是不够成功的，它们能留存至今也许更依赖于作为一类文化遗产的特殊价值。再看前面提到的那两座园林，寄畅园始修葺于山林之地，按《园冶》的说法那是造园的佳处。然而谐趣园乃园中辟园，相当于颐和园中的一个按照特殊要求特化后的江南园林。两者类型不同，所涉及的审美冲动自然也是不同的。

我们知道，一件艺术品的复制品的美学价值大概远远不如真品，尽管两者看上去几乎毫发无差。但比如书籍、画册中通过照相、扫描、印刷出来的绘画作品，难道不能被欣赏吗？当然是可以的，我们甚至能借助文字来欣赏所描述的画面。不过在欣赏这些印刷品的时候，并不是把它们当作原件来看。这相当于开通了另一个审美渠道和另一种审美期望去看待这些作品。建成环境也是如此，人们照样能从建筑、园林和室内陈设的照片或模型中获得另一番审美乐趣。人们能通过与这些画面中的人产生共情，换位思考自己身处其中的感觉，或者想象将自己缩小后进入到模型空间中进行体验。诸如此类的审美活动涉及一个更特殊的语境，这是一个由想象构成的外部环境，被当作为原件的真实语境。

那么，这种外部环境或内部构件需要剧变到什么程度才能使讨论对象"失守"原本的类型呢？纽约大都会博物馆中明轩便是一个实例。明轩按原样照搬了苏州网师园中的"殿春簃"庭园，占地400多平方米，内有屋宇、半亭、碧泉、曲廊等元素。当时为了将该庭院按原样复制到纽约，1979年，国内的园林专家们先在苏州东园建了一个殿春簃的复制品作为实验，次年又以同班人马在纽约大都会博物馆建造了明轩（图3-25）。毫无疑问，殿春簃是一典型的中国传统园林的局部，但大都会博物馆中的明轩则不是，而是一件展品。因为从外部环境看，该庭院位于异国他乡的博物馆二楼，无论怎么说都不

图3-25　苏州网师园的殿春簃（上）；苏州东园的"明轩"（中）；纽约大都会博物馆的明轩（下）来源：©huakaixiangyuan；© 郁平，https://www.meipian.cn/1vl3bbb4；《中国园林：大都会博物馆中的明轩》内页

具备作为中国传统园林这一类型的条件，而更符合作为博物馆展品的条件。它作为展品，亦有它自身不同的社会学显现和美学表达。有趣的是，明轩的源起，是为一批明代黄花梨木家具藏品提供一个贴合其安放语境的场所——对这些家具的审美来说倒是适得其所。[28] 那么苏州东园的复制品呢？这就相当于在回答本段开头的问题了。尽管从它所处的上下层级来说，它的确属于园林这一类型中的一部分[29]，但从生成过程来看，它并不以造园为目的而建，而是为了一次演练。因此

一旦人们知晓了它的来历，它的审美价值就当有别于殿春簃。那么，它能否保持自身的类型，主要取决于人们如何看待东园。

就结果而论，苏州东园是中国传统园林应对新时期（1979 年）社会活动需要的一次特化，可视为一类型变体，但结合整个东园和外部环境较为开放的关系来看，它显然不同于其南侧作为典型传统园林的耦园。以此推导，若再将该复制品和耦园中的某个院落视为同一类型则略显不妥（两者公共性的开放层次不同，和周围院落、空间的关系不同，建造目的不同，功能略有差别）。事实上，它更像米开朗琪罗广场的大卫像，以另外一种角色供人观赏（见图1-10）。[30] 这如同在一段现代文中插入了一个文言文典故，但这还不至于令这段现代文改变自己的文体类型，反而是该典故应当在新的语境中发挥和原先不一样的作用。可见，当我们对某一建成环境进行类型分析和评价之时，应当要将其更高层级的环境类型纳入考虑，同时也要考虑其下层级是否"兼容"了各个部件的结构和材料类型。否则，我们极易误用中国传统园林这一类型来分析明轩，或错用中式凉亭的审美期望来看待伯尔歇·开普瑞茨亭。更关键的是，由时代变迁而导致的某些外部环境、修缮材料的变化也相当于将原本的类型"错置于"一个新的层级体系中。[31] 这尤其是我们在任何时候明确讨论问题所需的时空语境。

为何我们要如此大费周章地用上述特例来讨论类型的构成呢？因为这里涉及的类型、审美、社会活动和社会背景并不呈现为简单的因果关系。第一，建成环境类型和社会活动之间存在着密切的相互作用；第二，类型、审美和社会活动都是诞生于具体社会背景的产物，同时三者也构成了社会背景的一部分；第三，审美是一种特殊的社会活动，它能在一定程度上替特定的社会背景代言，并主动地作用于建成环境。可见，因为审美，建成环境类型和社会背景的联系从隐晦变得明晰了。所以通过对类型和审美的解释，尤其是对它们相互作用的分析，不仅有助于提升对建成环境的认知和理解能力，也可以帮助我们更好地了解相关的社会问题。例如，伯尔歇·开普瑞茨亭的爱奥尼柱式就能告诉我们当时的西方社会对中国园林的了解程度仅限于较为模糊的图片和描述，至少在建筑领域还没有形成充分的知识和技术层面的交流。这使我们能够更确信 18 世纪的西方社会对中式建筑的喜好来自欧洲贵族这一阶层基于"神州幻象"产生的审美趣味。当这层幻象随着越来越深入的交流而破灭时，之前狂热吹捧的"中国风"也仅剩下了一点点装饰图案得以幸存。[32] 这和 20 世纪的中国民众"崇洋媚外"的心态何其相似，但又和我们随经济发展而逐渐找回文化自信的过程有所不同。最后，我们再来检查一下如果用"风格"和"模式"来替代"类型"的概念会有什么不足之处。

七、风格与模式

所谓的风格并无严格的用法，人们常用风格一词来归纳一些作品共同点并以此区别于其他作品。就像给商品贴上合适的标签一样，对讨论对象冠以某某风格的习俗方便人们建立交流语境。比起类型，风格更倾向于呈现人们对事物外显内容的把握。不过该过程和类型的不同，它主要是借代表某种特征的"信号"来传达的。人们通过易于识别的信号来认识事物，并以此认为把握了事物的特征甚至本质。过多地讨论建成环境的风格无益于分析，因为在分析之前，这些标签式的信号已经为对象做出"分类"了。例如法国的"英中式风格"园林（jardin anglo-chinois），就被字面地定义为"盎格鲁 – 中国"的两种形式的结合。再如绘画领域的"日本主义"（Japonisme）即是对 19 世纪法国在"和风"热潮中所诞生的艺术作品的概括。很显然，这两个关于风格的例子并不是对某种类型的客观解释，而是站在以法国为中心的立场上对一些带有地域特色的艺术流派所进行的主观定义。受文化传播规律的影响，此类定义往往是经由说话者之口外化为少数几个表象特征构成的。

我们可以接着法国的英中式花园风格为例，来探讨这种归纳方式和类型分析相比有什么缺陷。18 世纪以前，欧洲人只能根据旅行者的只言片语来了解中国的园林。直至 1772 年，前文提到的英国学者兼建筑师钱伯斯出版了他的著作《东方造园论》（*A Dissertation on Oriental Gardening*），才算是真正地把中国园林造园手法和布局理念等介绍到了欧洲。中国传统园林的那种错综复杂的不规则艺术如同流行时尚一般令欧洲各地的贵族们竞相模仿。例如有人认为前面提到的小特里亚农王后花园即是法国园林、中国园林和英国自然风景园的三者风格的并置。[33] 在 18 世纪上半叶的西欧，资产阶级逐渐成为新兴的社会阶级，其审美偏好也有意无意地和君王贵族划清了界限。法国思想家卢梭（Jean-Jacques Rousseau）便是自然主义的代表人物。他主张艺术应是对自然的模仿，为本是尽善尽美的自然却受人手所搅扰而抱憾。自此人们对园林的欣赏视角开始有了转变。由此一改巴洛克式的花圃绿植为不规则式的蜿蜒小径、曲折池塘和参差不齐的树林，从而不必再拘泥于唯一的视角来布局新式的花园。

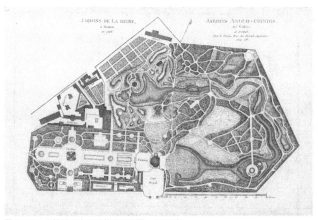

图 3-26 小特里亚农王后花园平面图，1783 年
来源: https://www.mtholyoke.edu/courses/rschwart/hist255-s01/pleasure/18thcentury_gardens.html

　　小特里亚农王后花园便是依照了自然式布局的理念，自此和南部规整的几何式宫苑形成了迥异的对照（图 3-26）。法国一名退伍军官兼园林设计师吉拉德侯爵（René Louis Girardin）在他的一书中写道："该事物的转变是从人工的设计布局，到达了另一种更自然亲和的品位。这将大自然的美丽重新为我们的审美情趣赋予了更为真诚的一面。"[34] 从审美的先验性来说，几何与对称的秩序感出自认知的"节约法则"，对人脑来说是一种经济的审美体验，而自然主义的花园类型也着实地激发了人类另一种原始的审美偏好，即上一章所述的"风景套餐"和"冒险之旅"。从这点上来看，该类型的确包含了一个层级式的结构，连同散落园中的各色朴素的乡野小舍和隐于各处的浪漫雕塑一起，完成了一组协调的嵌套过程。如果再考虑到这个花园名义上的主人——玛丽·安托瓦内特（Marie Antoinette）的直率、热心的个性，如此自然的组织形式确实从外到内地展示了园主"更为真诚的审美情趣"。

相比之下，原先几何式的巴洛克宫苑倒似乎已僵硬矫作到与那个时代格格不入了。在这方面，这座增建的花园和谐趣园倒有几分相似。它们都不以模仿其他形式为目的，而是为了突出与周围环境不同的意趣，将新花园的建造视为一种"流行的游戏"也许更为妥帖。这么看来，后人自作主张地冠之以"英中式风格"就显得操之过急了些。花园的整体布局和设计大概是由建筑师米克（R. Migue）根据卡拉曼伯爵（Comte de Caraman）的建议完成的。[35] 具体经手小特里亚农花园中农庄设计的理查德（Antoine Richard）至多参考了英格兰的邱园和斯陀园。[36] 在这个过程中，没有发现任何证据表明这座王后花园有多少中国渊源。鉴于埃里克森（Carolly Erickson）的描述[37]，我们也很难相信这位年轻单纯的王后对卢梭的自然主义或一个遥远的东方古国有什么执念。花园中与中国传统园林相似的审美冲动大多体现在游览的过程中，而不是冠以"不规则式"刻板印象的中国艺术。

有一种可能，英中式这一称谓是法国人对英国自然风景园林起源独特的理解。[38] 从类型角度看，不管是英国如画园林的布局抑或是其中特立独行的小建筑，都与中国传统园林相去甚远。从观赏者的角度来看，它应是"风景如画"（picturesque）思想的产物（图3-27）。该思想和上一章提到的克劳德镜（见图2-4）中的"风景套餐"有着密切的关联（图3-28）。[39] 这一审美传统的形成要比钱伯斯著作的出版早一个多世纪。其中唯一可能和中国传统园林一致的，是其相对于欧洲古典园林的秩序感而言的不规则布局。若单讲不规则，该形式更有可能起源于城市化过程中对规则形式的厌倦，以及对田园生活自然形式的怀念。当这怀旧的形式从英格兰流向法国之

图 3-27　洛兰的众多风景画作之一，1666 年（左）；英国风景如画主义园林代表作斯托海德园
（Stourhead Garden）（右）
来源：©Hermitage Museum, Saint Petersburg, Russia；©NationalTrustImages

时，也许是出于法国人的自尊而将此风格归功于遥远的东方。[40] 因此从英中式花园风格这一定义出发去理解法国的此类园林难免会犯错误，因为与不规则相关的审美偏好本是具有先验性的，就和几何式的美学一样，任何民族和文化都能产生这样的风格。[41]

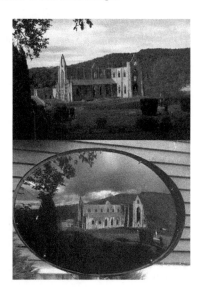

图 3-28　克劳德镜中的风景
来源：©Alex McKay，http://web2.uwindsor.
ca/hrg/amckay/Claudemirror.com

　　与风格不同的是，模式反映了对象结构与要素的经验性或理性的总结。与类型相比，模式太过执着于分析"方言"式的经验，或者理性的推导而不注重阐释特征形成的更具普适性的原理。建成环境学科领域中，关于模式的见解最为知名的莫过于亚历山大（Christopher Alexander）等人所著的《模式语言》（*A Pattern Language*）了。这部鸿篇巨制囊括了

图 3-29 梯田式的台地
来源：Alexander, et al., 1977: 790.

253 种从城镇到房屋再到构造的常用模式。譬如第 169 号模式，就是关于庭院设计中梯田式台地的建议（图 3-29）。该建议认为，为了避免地表径流对土壤的侵蚀，应当沿着坡地的等高线设置台地，以让水均匀地分布在各个台地中。与此同时，建筑和植物也可坐落于这些平面上。[42]

　　这个模式参考了中国西南地区的梯田。他们引用了阿尔索普（Joseph Alsop）的《中国梯田》（*Terraced Fields in China*）一书中的描述来论证这个处理地形的方法是十分有效的。然而将梯田模式作为花园的参照不够恰当。因为两者背后有着截然不同的社会逻辑。中国西南山岭地带的梯田模式是生产性的，其中涵养的水土适合种植水稻，而非如《模式语言》中所提到的果树、蔬菜或花木。同时，台地中的积水容易滋生蚊虫，稍不注意也容易造成富营养化污染，并不利于家庭花园的日常生活使用。或者说，这一类模式也许和梯田毫无关系。该方法的根本原理是使用挡土墙将坡地平整成阶梯状以方便人们使用。但是，在自然状态下该坡地之所以能很好地维持自身形状，依靠的是植被的覆盖。而梯田的建造需要移除原生植被，这是在紧缺的土地资源中保障当地粮食供给的不得已而为之。那么，在庭院中铲除原有的植物而去营造一个个台地来种植其他花木，未必是种明智的做法。因此，这种模式在庭院中的应用有着具体条件的限制，譬如应用在降水量较少的地区内已被破坏的向阳侧坡地上。事实上，庭院中更常见的做法是利用若干挡土墙去加固原有的坡地，在及时排水和径流侵蚀之间找到一个平衡点。

上述一例说明了，若仅作为一种地方经验，一种模式并不是营造良好建成环境的普适方法。模式很容易形成刻板的教条，将同一种"看似不错"的方法不假思索地运用在各处是相当危险的。因为各种模式所强调的都是其事物本身的属性，而不是事物之间的时空关系，故无法强调它们所处的实际地理、历史和社会文化特征——这与我们所讨论的类型概念有较大的差别。例如，勒·柯布西耶的"多米诺体系"（Domino System）也是一种模式，而不是类型，因为它完全不关注组成自身的构件或外部应用条件，即没有体现出类型的层级结构特征（图3-30）。

不过，不管是风格

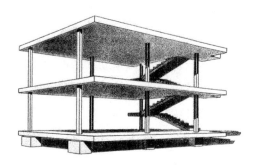

图3-30　勒·柯布西耶的"多米诺体系"，1914年
来源：©Le Corbusier Foundation, Paris

还是模式都是非常有意义的词汇，可以被用在表达和描述类型的不同侧重点上。但它们都需要被有条件地使用在对建成环境的分析语境中。风格和模式的滥用会将人们引入由主观臆断造就的思维陷阱中，也会过分地夸大某种事物或方法解决问题的能力。相比之下，本书中所定义的类型则能给我们提供一种更为客观全面的分析和认知方法。

八、小结

建成环境的类型是相关形式、内容、结构和空间关系等多重要素的综合呈现，不过人们却往往能仅凭直觉就将各种类型从错综复杂的背景中识别出来。本章借用了亭、住宅和园林来讨论类型的形成和结构。我们由此知道了类型与社会活动之间的密切联系是高于类型与形式和功能的。而且，类型的"经久性"也与此同时有了一定的来源，即一系列相对持久稳定的社会活动的组织和结构，而不是一种经久不变的技术、材料或工艺。譬如在住宅的所有类型中，这种自古以来长期稳定的活动组织方式就体现在对空间私密性和公共性的区别处理和衔接方式上。可以想象，如此组织空间的能力很难说是人类与生俱来的，它更大概率是在社会产生之后才逐渐形成的。我们难以想象有谁在这个过程中完全不会犯错——即使作为一个完美的范型，随着时代的变迁，它的一成不变也将成为一个错误，否则不至于让勒·柯布西耶等人如此迫切地想要改变当时建筑的现状。过去的那些相对简易的材料和技术使得补救工作变得很容易，因而那些错误的示范不等到它们被社会淘汰就很快修正了，留给我们的多是可圈可点的作品。而基于直觉的认知之所以看似可靠，正是由现成合格的建成环境所"培育"的结果。相反，如果周围的环境很难称得上优秀，那么由此培育而来的经验和常识也大概率是不可靠的。换言之，在今天各种拙劣的建成环境的影响下，我们的审美能力很可能不足以产生优秀的作品。关于这点将留给后面的章节来详细讨论。

注释

1　例如 20 世纪 90 年代的研究就发现了人类基因组中存在多达 8% 的逆转录病毒基因，且其中某些基因片段对胎盘的起源起到了至关重要的作用，见苗德岁，2021。

2　这里的"可能性"可以对应意大利建筑类型学派中和类型有关的"先验性"，即类型以"先验"的自发意识而存在，它们在建设之初就被"设定"好了，而关于它们的分析都属于"后验式分析"，见 Cataldi，1998；Caniggia & Maffei，2001。但该类型学的目的却不外乎探寻可供实际操作的设计方法并实现类型的延续，而不是反推出自发意识或批判意识，那么所谓的"先验性"除了为该理论添加一点唯心主义哲学的"调剂"外，也似乎没有作为特定前提或假设的必要了。

3　Hanson，1989。

4　Hillier，1987。

5　Marshall，2005。

6　这两种变体的概念出自意大利建筑类型学派，见 Caniggia & Maffei，2001。

7　"田田"用作形容莲叶可追溯至汉乐府民歌《江南》的首句："江南可采莲，莲叶何田田。""亭亭"形容荷花可见于宋代周敦颐的《爱莲说》："香远益清，亭亭净植，可远观而不可亵玩焉"；类似的描写更早前见于三国时期曹丕的杂诗："西北有浮云，亭亭如车盖。"

8　该作品可见于 http://marymiss.com/projects/perimeterspavilionsdecoys

9　Hopkins，2012.

10　例如 Cole，2002；Addis，2009 等。

11　彭一刚，2008.

12　原广司，2018：101.

13　段义孚，[1977]2017.

14　Reckwitz，[2017]2019：42.

15　Merleau-Ponty，[1945]2021：287.

16　Le Corbusier，[1924]2009：146.

17　心理学家布卢姆（Paul Bloom）列举多个实验指出，人的共情能力会随着年龄增长而增长，共情既可以是自发的无意识活动，也是可以被主动选择发动的，见 Bloom，2013。

18　朱光潜，[1932]2016。事实上，这些物品本身也有着来自"移情"的审美成分，见后文。

19　值得一提的是，共情和移情在最初的德语中是同一个词，即"Einfühlung"，意为"感觉如同进入某人内心世界"，沃林格 1908 年的著作《抽象与移情》用的即是此词；在英语中，两者也都是"empathy"；但在汉语中，两者有着不小的区别，主要在于共情只能发生在人与人之间，可替换为"同理心"或"同感理解"，而移情可以将情感投射到其他物体上。

20　他的另一中文名"侯世达"更为大家所熟知，但他本人更喜欢"侯道仁"这一名字。文中提到的讲座办于 2018 年 4 月 4 日，浙江大学，题为"Surfaces, Essences, Analogies：脑海的本质"。

21　在建成环境的审美语境中，其实没有必要像康德一样假设存在一个先于经验的"崇高意识"，反而是将这种与生俱来的本领视作自然选择的结果更容易让人理解。

22　接上一条注释，对这种"反重力"的视觉形象或结构不敏感的动物，不太容易在自然界生存下来并将这种"能力"留到下一代。

23　Alain de Botton，2007：205-206.

24　不过这也许是自信的极限了，该亭曾于 2012 年 9 月因风雨而垮塌。

25　张家骥，2004.

26　见 Honour，[1961]2017：166-167，其原文引自 Goldsmith, O., 1762.

27 Worringer，[1908]1997.

28 周苏宁，2018.

29 这里或许会有争议，因为苏州东园是一座较为现代的公共园林，殿春簃的复制品在此处仍然有作为展品或标本的跨类别"嫌疑"，但相比大都会博物馆的明轩来说，它所面临的变化没有那么剧烈。

30 以此类推，纽约大都会博物馆中的明轩就好比是存放于佛罗伦萨美术学院的大卫雕像。

31 严格地说，苏州的古代园林也因所处时代环境的变更而和原本所属的类型有所区别，但在今天的语境中，已不存在真正意义上的中国传统江南私家园林这一类型，也就失去了需要区别的对象，因此这里就不作严格的区分了。

32 Honour，[1961]2017.

33 Jellicoe & Jellicoe，1995.

34 Girardin，1783：149，引自 Turner，2005.

35 Jellicoe & Jellicoe，1995.

36 Turner，2005.

37 见 Erickson，1991.

38 任幽草 & Woudstra，2018.

39 朱宏宇，2012.

40 Honour，[1961]2017.

41 见 Barrow，1804：134-135. 这里引用了马戛尔尼（George Macartney）的所说的："A discovery which is the result of good sense and reflection may equally occur to the most distant nations, without either borrowing from the other"。

42 Alexander, et al.，1977.

第四章　旧例与新解

　　成功地完成一栋建筑的设计并不难，难的是把它设计成一栋成功的建筑。传统的观点认为，审美在这个过程中要么作用于建筑的方案阶段，要么作用于建成后的评价。审美与建成环境之间持续回返的相互影响被长期忽视了。在现代化都市中，与建筑学相关的教育都面临着一个难题，周围值得我们学习的作品实在是寥寥无几。关于此类建成环境的衰退，康是这么回答的：

> 城市也好，环境也罢，从建筑的角度来看，它们的衰退主要是因为当今那些大型建筑公司对于真正建筑的价值和精髓的模式。为了迎合市场的需求，出现了一批建筑行业的专家团队，他们只看重项目背后的经济效益，从而让一些优秀的个人建筑师无处谋生，让一些好的设计方案无处实施，于是出现了一大批只注重数量而缺乏质量的作品。[1]

　　然而不能否认，仅凭热情高尚的职业操守是无法让项目落地的。资本和市场有时会淘汰高质量的建筑，但它们也可能为我们提供了经济上可负担的居住环境。没有人算过这么一笔账，一个美好的城市比一个过得去的城市在建设成本上要高出多少。今天我们所看到的千篇一律的板楼住宅，从上到下包裹着玻璃幕墙的写字楼，嘉年华般的购物中心，空荡荡的世纪广场，等等，是否能算是社会选择下的"成功"物种吗？一个项目从方案到落地涉及了大量经济利益关系。但倘若没有这些复杂的关系，项目也许只能存在于方案之中。抱有这种想法的人不占少数。即使是康的学生，也不得不坦言道："我不想成为伟大的建筑师，我只想做一个好的建筑师。与路易斯·康相反，我认为，好的建筑需要充分考虑客户的需求，建筑的功能性以及周边的环境。"[2]

但是，如果一直身陷于处处都渗透着利益关系的建成环境中，人们对建筑的看法会不会被影响或歪曲？正如黄土地上朴实的农村居民长久以来对二层洋房的渴慕，算不算是一种审美危机？如果我们用演化的观点去看待这些现象，内心也许不会泛起丝毫波澜——这难道不就是"社会选择"的客观结果吗？若站在技术理性的立场，这就必须上升到道德的层面了：

> 城市？眼下它早已沦为空壳。没错，作为产品，它好端端摆在那里，光芒可鉴、美轮美奂、水晶般清澈透明。诚然，它是文化的果实。然而试看那些垃圾和浮渣……人们的举手投足状如孩童，消极、无建设性，盲目而不知所云。我们能从一次派对中得到什么信息呢？股市收盘价？流言蜚语？我们去那里又能做些什么呢？无非彼此交换那些自己都拿不准的观点而已。这有什么意义可言？……必须将金钱赶下神坛！……一朵花给人带来真实的愉悦。地平线和辽阔的蓝天，让我们时刻感到内心平静。它们都被忽视了。肢体强壮、身心健康，让人充实而自信。人们把这些事情搁置，直到赚够了钱

才重新回想起来……简单的快乐，它们就在那里。它们等待我们的

召唤，它们就蕴含于我们之间，一种人类潜能的取之不竭的源泉。

它们足够强健，能够摧毁旧世界，以及它所有的金钱。必须有人站

出来指引方向。[3]

这两种观点要么过于消极，要么盲目乐观。因而它们都没法给我们指明一条路——这条路上的广场曾能"让我们的美学享受不为平庸尘世所扰"；这条路上的大道曾能令"恋人们当着陌生人面公然示爱"；这条路上的高楼曾能"以纯然的狂喜腾跃而起"；这条路上的家宅曾能"让我们能够在安详中做梦"；这条路上的厅堂曾"便我以纤细的光明为乐"；这条路上的水塘曾"正等待莫奈为它作画"。[4]那么是否应在悲喜两极之间寻找一条折中之道呢？答案是否定的，因为这两个观点并不是一条路的两端，而是两条岔路，它们自起点就已分道扬镳。我们需要做的是开辟一条新的道路。鉴于此，本章即要在空间的驯化这一类比的指引下，基于类型 – 审美分析来对那些我们熟知的旧案例试着做一番新的阐释。

一、机器美学

勒·柯布西耶有一个著名的主张，即"住宅是居住的机器"[5]。众所周知，这句作为现代主义建筑的代表性口号之一[6]在后来招致了广泛的批评。但其中不少批评都是将自己对"住宅"、"是"或"机器"的定义和理解套用到了这一表述上。例如希列尔（Bill Hillier）就指出很多批评者没有很好地理解其中的"是"指向为一种隐喻，而非范

式。[7]就好比本书选择"驯化"做类比而不是范式，是因为人类建成环境的建造发展和驯化动植物在某些结构和过程上有相似之处，而不是说两者在理论和方法上都是一致的。不过，鉴于勒·柯布西耶的语言风格，和时常言行不一的实际做法，我们的确很难判断他写下这句话时的真实想法。为了厘清他影响至今的机器美学，以及考虑到该美学所带来的后果，我们仍需对这个"过时"的话题进行讨论。

根据其出处《走向新建筑》的上下文，不难找出勒·柯布西耶的思维逻辑。这位建筑师首先做的事是将住宅的概念缩得不能再小了。在他眼里，因为"现代"的男人女人都不会憋闷在家里，所以住宅仅仅是变成了一个私密的容身之所。于是，他的批判对象也是明确的。一个容身之所显然不需要大而无用的坡顶，不需要五颜六色的墙纸，不需要那么多的房间或家具……如果你想要坐得舒服，应该去俱乐部或者办公室，而不是为家里添置什么安乐椅或者沙发——住宅不是存放家具的仓库。再看看他当时的机器——飞机绝对是当时最高的工程技术成就。在此之前，人们的飞行尝试多是仿照蝙蝠或鸟类翅膀的形式，但无一例外都失败了。对当时的人们来说，飞机的样貌虽然很奇怪，但它却能真正地飞起来。在勒·柯布西耶看来，这是一次极其有力且迷人的证明：解决问题的正确途径只能是纯粹的机械学，人们所要敬重和感激的同样也是制造这些机械的工程学。第二，机械的生产有一套严格的标准，若建筑也是如此，那么一个完美住宅形式就能被经济地普及到每一户家庭，那么，良好生活的条件就能成为一项公民权利，平等地为每一个人所拥有。第三，勒·柯布西耶在字里行间无不透露着对古典、自然和真正的艺术的崇尚。他反对的是那些与工业革命成果格格不入的多余的装饰和庸俗的品位。而机械则恰好将这两者都抛在了身后，用经济、速度和力量向他展示了一股新的生命力。在他看来，机械和天然物一样，同是"进化"法则下的结果。可见，前两点是他对当时社会状况的回应，后一点是他个人的美学追求，两者表现到形式上是完全耦合的。

现在让我们来逐一揭示其中的矛盾点。第一，他认为住宅的功能应当单纯，甚至每个房间的功能都应该是单一的。例如，他在"住宅指南"中建议人们不要在卧室里穿衣或脱衣，这项活动要在新开辟的化妆室里进行。显然这是他的私自规定。这事实上构成了循环论证。他视人们的生活起居这件事等同于乘坐飞机或邮轮那样按部就班的过程。这是错误地把某些社会公共的规则照搬到了私人领域，也混淆了栖居活动和生产性的经济活动。更重要的是，一次愉快的航行是无法单凭飞机自身来完成的，它还需要笔直的跑道、宽敞的停机坪、接驳通道、大量的地勤设备和人员的配合协作，以及偶尔没出错的行李托运系统。同理，轮船和码头，汽车和公路，火车和铁轨等都是不可分隔的系统。也许一辆汽车可以极致地纯粹而简洁，因为它的目的是清晰且单一的，但城市道路和路网的建造目的却是多元的。车辆要发挥正常的功能，它必须融入这么一个多目标的复杂路网系统内。勒·柯布西耶单单将飞机和汽车抽离出来作为一个独立的参考对象以类比于住宅，那么如此建造的住宅必定处在一套不完整的类型层级中。从工程技术上看，飞机的建造比住宅复杂得多，但从空间使用的角度来说，飞机比住宅单纯得多——甚至不鼓励人们在里面互相交流。因此不如把一个房间看作是机器，而把住宅看作是一个系统，这样它们空间的复杂程度才是基本对等的。

第二，机械的制造可以有通用标准，就像我们的确可以标准化生产住宅一样。但我们并不要求人们按标准使用住宅中的空间，人们可按喜好和临时需要去改变房间的功能。令人疑惑的是，勒·柯布西耶自己提出的自由平面和"多米诺"体系就是据此产生的。这恰恰是走向了机器美学的反面——他这一行动正确地解释了一把真正"科学"的椅子[8]不是完美地贴合你身体打造的，而仅仅是一把普通椅子外加几个柔软的靠背和坐垫，它看上去不那么具有科技感，但至少能允许你换一个坐姿。如果可以的话，人们为何不追求像邮轮一般舒适的飞行旅程，或者像庄园一样宽敞奢华的海上之旅？舱位等级的差价说明了人们愿以更高的代价换取更多的空间。而勒·柯布西耶的理论并不打算给人提供这样的机会，而是顺手给人的欲望安上了一个天花板。他希望人分别在不同的天花板下规矩地睡觉、吃饭和工作，但他可能忘记了他喜欢的机器并不是在这些严苛的规矩下发明出来的——若只单凭所谓的"进化"，人们只能幻想出带着双翼的飞马而不是创造出飞机。[9]不过好在他留给世人的作品不都是如此标准化的。

对于第三点，我们不能苛责。勒·柯布西耶的审美偏好并不另类或突兀。他所厌恶的诸如罗马高等法院大楼那样的建筑确实不太能给人带来精神上的愉悦（图4-1左）。这庞大的体量和烦冗的细节或许能令人惊叹，但难以取悦我们，尤其是当它与譬如圣彼得大教堂之类的杰作相对比时（图4-1右）——就如阿尔伯蒂（Leon Battista Alberti）和沃尔夫林（Heinrich Wölfflin）所强调的，建筑美感源自其多样化的要素在视觉安排上的平衡感，而不是要素的堆砌。[10]但是，这种审美偏好和机器无关，显然古希腊人在建立勒·柯布西耶最为钟爱的雅典卫城时并无现代机器的概念。勒·柯布西耶的机器美学

图 4-1　罗马最高法院大楼（Corte Suprema di Cassazione）（左）；梵蒂冈圣彼得大教堂（St. Peter's Basilica）（右）
来源：©Claire Wang，https://www.adventureatwork.co/what-to-do-in-rome

或许是一种基于移情的审美。在经济或效率原则指导下的机器一扫花里胡哨的烦琐或做作，用它们简洁、可靠、朴实的品质将人们从过度矫饰的审美危机中解放出来。因此，从形式上说，他的美学即是机器所代表的一种"唯用之美"。但他同时也强调了，装饰和比例同样都是必需之外多余的东西，只不过前者是属于低俗的，而后者是高雅的。建筑师的任务正是把握高雅的比例，以及一些无法测量的东西，比如"美"和"生命力"。可见，这里的表述出现了些混乱，这位天才没有解释美和生命力究竟如何与机器相联系，而是用"高贵"、"高雅"、"高等"[11]等模糊的词汇敷衍过去了。

　　以笔者的理解，真正打动勒·柯布西耶的，是飞机以一种意想不到的形态和经济的方式实现了载人飞行，一分不多也一分不少。恰似那座毫不犹豫地突现在列车跟前的萨尔基那山谷桥那般的优雅（见图 3-14）。但勒·柯布西耶没有看到的是，为了能让这种简洁高效的机器运行起来，人们建造了和机场有关的一切。飞机能纯粹到可以实现自动化飞行，而能自动运转的机场还从未出现，很难说这背后的航空系统也能有什么简洁高效的美感——恰恰是后者的复杂成就了前者的简洁，而前者扮演的只是复杂系统的一小部分。建成环境类型的层级结构告诉我们，一旦将分析对象从它的上下层级中抽离出来，它原先的类型也将得重新商榷，甚至可能会变为另一类别的事物。类似地，倘若将一架民航飞机从它所在的航空系统中抽离出来考察，那它也许还能保持物理上的飞行潜力，但却彻底失去了它在社会意义上的运载功能。所以说，不管是作为范式还是仅仅作为一种比喻，机器美学只能片面且肤浅地对应到建筑上。从类型的角度来看，它只对应着某类建成环境中一种或几种社会关系，更未曾触及其中的层级式结构。

马歇尔曾借斯克鲁顿（Roger Scruton）在《建筑美学》中所举的餐叉例子来说明这个审美误区：如图 4-2 所示，左边这把餐叉或许符合了现代主义的机器美学，因为它的造型精简优雅，没有多余的起伏；而右边这把似乎在叉柄和叉颈处做了些"不必要"的装饰，其叉尖也"故作"纤细。我们今天能在市面上买到的餐叉绝大多数都是左边的类型，它的美感和实用性似乎经历了时间的检验。但斯克鲁顿认为左边的餐叉其实并不好用，叉尖短胖持不稳食物，叉柄过滑不好把握；而右边的"小提琴式"餐叉的那些看似多余的东西却让人十分趁手，而且能帮助它稳稳地躺在盘子边。从外形的美感上看，两者各有千秋，只不过左边"现代式"的餐叉是一种不诚实的"简

图 4-2　两把餐叉的示意图

洁", 而右边古典式的则是实用的"复杂"。因此当考虑到它们的美学品质时, 显然还是古典式的更胜一筹。[12] 不过, 现代式的餐叉更适合工业化量产, 商家会以较低的成本说服市场大量接受它们。可见, 受众的审美也往往会被充斥于周遭的事物影响, 正如被环境所驯化一样, 而更青睐这种所谓的"现代感"。所以, 若用机器的隐喻或者范式来考察事物, 那结果很可能是片面、肤浅的。

二、从佩萨克到金塔蒙罗伊

为了说明机器美学的内在矛盾, 我们可以来看一个会令勒·柯布西耶感到尴尬的例子。这个带有实验性质的项目位于距离法国城市波尔多 (Bordeaux) 不远的佩萨克 (Pessac) 地区, 是为当地工人们建造的住宅群。1923 年, 年仅 36 岁的勒·柯布西耶从法国实业家弗鲁叶 (Henry Frugès) 处接手并完成了这个紧挨着弗鲁叶工厂的项目 (图 4-3)。这大概是勒·柯布西耶首次将他的现代建筑五要素 (自由平面, 底层架空, 自由立面, 水平长窗, 屋顶花园) 齐聚在同一个建筑项目中。[13] 但仅仅过了 3 年, 这 51 栋住宅已经被工人兄弟们改造得面目全非了 (图 4-4)。半个多世纪后的纽约时报是这么评论的:"佩萨克住区是一次典型的现代主义的失败, 它把现代主义的所有问题都暴露出来了, 即使它目前依然健在, 但已完全和其初衷不在一条历史线上了。"[14] 这揭示了一个并不罕见的现象, 即建筑师在其作品中所表达的原始意图和使用者的实际反馈相冲突。[15] 用勒·柯布西耶自己的话来说, 此次事件是"一次彻头彻尾的惨剧……竟然无人阻止这些毁灭性的无知之手伸向它……我无法理解，佩萨克的创建精神怎么会允许 14 号住宅陷入这样的破败状态，呈现出伪现代海滨度假区的那种廉价建筑"。[16]

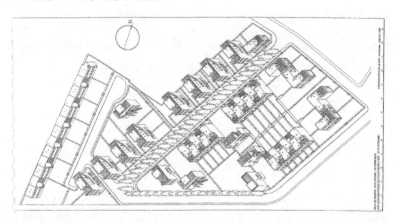

图 4-3　佩萨克住宅整体轴测图
来源：Ferrand, et al., 1996：5.

图 4-4　佩萨克住宅外观的变化，1927 年（左上）；1967 年（左下）；2015 年（右）
来源：Boudon, [1969]1972：154；©Helena Ariza, https://architecturalvisits.com/en/cite-fruges-le-corbusier-pessac/#pll_switcher

　　显然，这些形如方盒的现代主义"样板房"无法取悦工人阶级（尽管它成功地取悦了拉斯姆森[17]）。那些从农村来到弗鲁叶工厂打工的工人们还未曾"饱尝"那奢华浮夸的装饰之苦，也未曾触摸过传统古典的优雅与精致。在他们看来，这住房匣子和工厂车间没什么两样，从日复一日的流水线中脱身后又再次回到另一个机器中，呆坐在单调而苍白的房间里，并不是件富有"佩萨克精神"的事。在工厂中被剥削了体力的他们可能不想再在自己光秃秃的家中继续被剥夺掉精神。于是他们给屋顶花园加上了坡屋顶，在骑楼处填上了砌砖，把水平长窗替换成了正常宽度的百叶窗，重新粉刷了墙体或格栅，在前院内添置了形态各异的雕像……这些现象不仅仅暴露了审美上的冲突，工人们的社会活动也和这位建筑大师所料想的大不一样。以水平长窗为例，作为勒氏现代建筑五要素之一，它让光线从厚重的墙体间和"窗户税"[18]的残余中解放了出来，在实现室内充足采光的同时也为住户带来了极好的视野。不过当这一构件类型作用到现实中时，也许能反映的仅仅只是建筑师的一厢情愿。对整个白天都在工厂中干活的工人们来说，这点阳光和视野和他们的生活几乎无关。白天的工厂是拥挤的、毫无私密可言的，而水平长窗却让夜晚的住处依旧无法摆脱这样的"拥挤感"[19]——窗帘或许是个办法，它能遮蔽一部分来自外面的有意无意的视线，但总没有让窗户一劳永逸地回归"正常"来得安心、私密。

　　可见，不论是审美还是类型的立场，勒·柯布西耶并没有站到工人阶级一边。与之相反，2016年普利兹克奖得主智利建筑师阿拉维纳（Alejandro Aravena）的"半屋"设计则赢得了使用者的赞同（图4-5）。这一社会保障房项目所处的位置是智利伊基克市（Iquique）

图4-5　金塔蒙罗伊（Quinta Monroy）公屋项目的"半房"（Half-homes）设计，阿拉维纳，2004年建
来源：©Arquitetura, https://arquitechne.com/quinta-monroy-12-anos-depois-uma-analise-
da-habitacao-social-de-alejandro-aravena

的具有 30 年历史的原贫民窟。调访显示，当地居民最喜爱的是独栋
住宅，其次也许是排屋，但来自政府 7500 美元的补助金显然没法
达成他们的愿望——这点钱只能让他们住上多层的"火柴盒"公寓，
这甚至不如现状的能自行"违章搭建"的旧房。阿拉维纳的解决方
案是，用为数不多的资金只建造每栋房屋中的一半，这一半能满足
一户家庭的最基本需求。留下的另一半则留给住户根据自身财力按
规定扩建。这既满足了居民想要独栋住宅的愿望，又充分尊重了当
地每家每户扩建空间的"习俗"，只不过这次不用再偷偷摸摸地违
章搭建了。这甚至可能激励了人们更努力地赚钱，不断地完善自己
的住处。一年后此地房价上涨了一倍，从经济意义上看亦是十分成
功的。因此在后来，分别于 2010 和 2013 年，阿拉维纳又将这套模
式改进后搬至了墨西哥蒙特雷（Monterrey）的住宅项目以及智利的
"绿墅"住宅项目（villa verde housing）中（图 4-6）。

图 4-6　蒙特雷住房项目，阿拉维纳，2010 年建（左）；"绿墅"住房项目，阿拉维纳，2013 年建（右）
来源：©Ramiro Ramirez，https://www.archdaily.com/780203/alejandro-aravena-wins-2016-pritzker-prize；©elemental，https://www.elementalchile.cl/en

　　如果说机器美学代表了一种假设的"完美"形态，那么它就必须承认一个前提，即其外部空间和社会环境也是稳定不变的。且不论这个前提能否存在，这个拒绝任何变化的完美环境显然和机器或技术本身的"进化"特征是矛盾的，也是与现代主义者自己提倡的时代精神相矛盾的。真正的机器美学必定包含着创新的过程。也就是说，勒·柯布西耶对工人们擅自改变设计的指责本身就违背了他自己提出的理论。阿拉维纳的"半屋"则正相反，建筑师预设了一个永远无法"完美"的形态，交给了住户足够的时间和空间去调整和改造，充分照顾到了使用者个体的喜好与脾性。极端一点来看，这似乎给人们一块土地让他们各自建房一样，令建筑回到了前工业时代的海德格尔式的"上手"状态。建筑师在这过程中的角色从设计者变成了协调者和框架的建构者。因此，"半屋"的构成逻辑的重点在于模式，主张一种未完成的类型。之所以称之为模式，是因为它不是一个"使用中"的状态。只有在使用者接纳了或者暂时完成了改造时的那一瞬间开始才能看作是一种住宅类型，若这一状态能长期维持且被纷纷效仿，那它就能被看作为一种经久的范型。
　　鉴于此，设计主体在我们分析建筑类型时并不单指一个特殊个体（例如建筑师），而是一种或多种审美偏好的集合。这正如福柯所指出的那样，一栋建筑的著作权是无法被清晰定义的。[20] 也就是说，在佩萨克住宅长期演变的过程中，审美主体是勒·柯布西耶和工人们的相冲突的偏好和使用方式，前者的美学只构建了一个短暂的形制，是对空间的一次按照个人意愿的"驯服"，而两者矛盾激化的结果再加上社会的选择作用才造就了一个可谓经久的驯化成果（至今仍在使用），那么后一种类型才是真实社会活动和关系中凸显的节点。这其中推导出的分析重点也十分明确，即对该类型变化过程的探究要比经过工人们改造后的类型结果的解读更重要也更有价值，且更高于勒·柯布西耶所设计的那昙花一现。如果说我们以建成环境的类型为线索来解读当时的社会状况，那么改造后的类型自然要比最初设计的类型更值得拿来参考。在关于"半屋"的类型中，设计主体更多由住户来充当，而建筑师的观念则已强烈地作用于和该类型相关的社会背景中，令它包容并肯定了住户多元化的价值观，成了社会选择的一部分。从实践效果来看，此类"半屋"作为一种类型也是相对持久的，这种类型所在的语境是基于地方物质环境和社会文化背景的一张关系网络。

三、贝尔梅尔的死与生

接下来我们来考察一个在机器美学指引下建设的大型社区的案例。荷兰阿姆斯特丹东南数公里外的贝尔梅尔（Bijlmermeer，简称Bijlmer）是位于同名地区的大型住宅项目（图 4-7）。该住区发展计

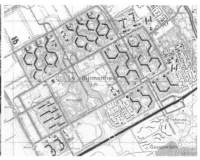

图 4-7 "未来之城"——贝尔梅尔住房项目航拍图和规划总平面图,阿姆斯特丹,1975 年
来源:©Stadsarchief Amsterdam(阿姆斯特丹城市档案馆)

划起始于 20 世纪 60 年代,由阿姆斯特丹公共事业部的城市规划分部主导,提供大规模的高层住宅以满足四万户家庭的住房需求。这是一个浓缩了 CIAM(国际现代建筑协会)现代主义设计原则的代表性案例,一个不折不扣的极具工业化气质(industrial manner)的地产项目,一个大到无法重复的规划实验,也与此同时是一个"畸形的现代童话故事"(freakish modern fairy tale)。[21] 蜂巢状的六边形布局使这些高层建筑里的每一间公寓每一天都能得到同等且足够的光照,公寓围合起来的中央空地能为邻近的所有家庭提供充足的户外活动空间,宽敞连通的楼道可供孩子们在其中奔跑玩耍。更重要的是,在这个为中产阶级准备的未来家园中,没有任何一间公寓会明显优于另一间——体现了绝对平等的邻里关系。项目的设计者之一,德布瑞恩(Pi de Brujin)就选择了其中位于底层的一套公寓。60 年代末,第一批公寓已经完成,铺天盖地的广告宣传将其周围的环境描述为一个绿茵环绕的乐园(图 4-8)。德布瑞恩于 1969 年搬入这个新家,不过最终还是住进了第九层。这是一套四居室公寓,有三个卧室,一个客厅、厨房、卫生间以及一个 2 米宽 12 米长的巨大阳台——一套完全符合中产阶级身份的标准配置。

图 4-8　荷兰报纸 De Telegraaf 报道的贝尔梅尔新区展望，题为"住在未来的贝尔梅尔将是一大幸事"，1965 年 6 月 4 日

　　围绕着住宅的道路系统也是精心构建的。所有车道都被高高地架起，和地面完全分离。这为人们提供了舒适的驾驶体验，但同时也似乎不打算让人们轻易地离开，因为这些交织的路网周围没有可以当作参考的地标——任何地方都是一个样。人不是蜜蜂，无法飞升到一个新的维度以便在这些雷同的六边形中摸清方向。人们也无法问路，因为这里没有一个行人或商铺（都被安排到地面上了）。德布瑞恩就为此抱怨过，但他的上司则让他继续耐心等待后续的完善。不过其他住户既没有这样的耐心也没有这样的上司，70 年代初，该项目还没建完，他们就已开始纷纷搬离这个混凝土迷宫。甚至 CIAM 的成员也开始质疑和谴责这种建筑方式，譬如荷兰建筑

师凡·艾克（Aldo Van Eyck）就在国家电视台为贝尔梅尔竟是一个如此可怕的混凝土怪胎而流泪；另一位荷兰建筑师库哈斯（Rem Koolhaas）在谈到贝尔梅尔时也表示，它"提供了英雄般规模的无聊"。[22] 即便如此，项目还在继续进行，直到最终完成了 31 栋高楼和 13000 户公寓，为此配套的还有 31 个停车场，13000 个位于底层的储藏室，上百台电梯，以及总计 110 公里联通各个单元的走廊。空间如此宽裕，只不过已经没有那么多人来使用它了。这发生在当时住房市场仍供不应求的社会现实中，只不过人们不再选择贝尔梅尔了。空置的场所带来的另一样可怕的后果便是一系列反社会行为，这些阴影中的车库和杂草丛生却空无一人的花园正是滋生各种不法活动的温床。于是，一个恶性循环便开启了。

从表面上看，贝尔梅尔的失败是因为当初承诺的轨道交通迟迟未能铺设，从而导致了后续的一系列崩盘。但从更现实的角度上说，则是它在失败的初露端倪之时，就已经无法成功吸引到嗅觉敏锐的铁路投资商了。其错误在于它仅仅考虑了一个单一的阶级和一套单一的社会行为模式。它没有顾及商店店员、出租车司机、清洁、看护、维修、养护、路政等服务人员在如此浩渺的中产阶级乐园中该怎么生活。这巨大的荒漠之中没有为他们设计的容身之处。此类面向特定人群的低价租房政策往往会将底层民众边缘化到那些偏远的或不具有任何吸引力的地方，而这些民众却恰恰是令社区和城市能够正常运行的根本动力。同时，项目也没有顾及中产阶级除了居住之外的其他社会需求。作为一个个家庭，更有着教育、医疗、休闲、会友等需求——这些需求缺的不是场地，而是令它们发生和运行的可能性；一个地方缺的从来不是建筑，而是愿意生活在里面的人（图 4-9）。

图 4-9　贝尔梅尔公寓现状（20 世纪 90 年代改造后留存的建筑片段），2008 年

　　从具体的建成环境上说，贝尔梅尔的设计者犯下了和勒·柯布西耶类似的错误，他们都只看到了机器简洁统一的秩序感，而忽略了空间的多样性和不确定性。如果说，我们能将一个房间看作是一台机器，那么一组房间是一组不同的机器么？一群建筑只是一群机器的集合么？在前一章我们讨论过住宅和房间的基本类型，它们主要由两个社会活动维度构成。简单地说，一组房间可以看作是几台支持私密活动的机器和几台支持公共活动的机器。但房间之间的关系却不似机器之间的联系。人们不会从一种状态瞬间切换成另一种。譬如衣着的转换过程总会发生在某一个房间中。勒·柯布西耶就建议在卧室和客厅之间增加一个化妆室来完成这项工作，即专门安排一台机器来负责从私密到公共的切换行为。这当然是把日常生活想象

得太刻板了，这意味着人们只要是开门取一封信件，或从客厅走进卧室完成一句对话，就得来回重复这个切换行为。可能有人觉得这个说法过于极端，但试想如果一个人在自己家却不被允许西装革履地走进卧室，一个卧床休息的病人不被允许躺着吃点儿什么，那负责私密性的机器究竟在负责什么？

如果一个人任一行为都必须发生在指定的固定场所，那这一切只能在监狱中得到充分实现，但这是一种惩罚而不是生活。监狱是惩罚犯人的机器，或许没错，但住宅肯定不是居住的机器，也不是管控各种行为的一组机器，因为居住行为包含的内容要比惩罚丰富得多，也矛盾得多。再来看建筑群，这其中的关系就更为复杂了。一个人外出就餐、散步和访友并不意味着要出门三趟，这些对应的空间都会被此人按计划地（或毫无计划地）在一次行动中组织起来，甚至可以被安排到同一处，这过程中可能还有不小的概率顺手买点东西回家。那么，有没有机器可以完美地负责每一个人的各种不确定行为的所有排列组合之间的衔接呢？现实中确实存在这样全能的"机器"，但只有当你把它称作"自然"或"社会"的时候。

在 20 世纪 90 年代，贝尔梅尔地区又重新获得了关注，被阿姆斯特丹市指定为优先投资区，并鉴于之前的教训，开始实施功能混合的规划意图（图 4-10）。这始于快速公交线路的建立和邻近大型商圈的促生（图 4-11；4-12）。从那时起，老旧的住房开发进入了快速和显著的转变，包括混合用途的强化，以及对现有存量有选择的替换和更新。从 2002 年完成的总体规划方案中，可以明显地看到这些新的思想：一、建立多样化的功能区；二、鼓励建筑类型的差

(a)

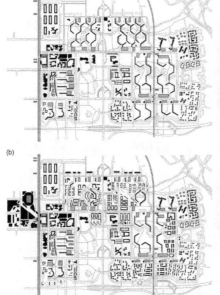

(b)

图 4-12　贝尔梅尔地铁站周围的商业街（上）和体育馆（下），2008 年（在建）

图 4-10　贝尔梅尔物质环境更新的前后概览，1992 年更新前（上）和 2010 年更新后（下），更新主要由不同密度的住宅和不同用途的用地组成，其中首要的开发核心为西侧邻接地铁站的场地，为区域增添了一个具有城市中心感的场所。同时，该项目仍保留了少部分六边形公寓楼作为高密度住宅为场地留下了些许历史记忆。来源：Helleman & Wassenberg, 2004: Figure 3.

图 4-11　贝尔梅尔场地西侧地铁站周边的建筑和空间设计模型，2008 年（摄于贝尔梅尔建设规划中心）

异化；三、保持地方的凝聚力。这些思想开始觉醒于 20 世纪的 60 至 70 年代的一系列著作，例如雅各布斯（Jane Jacobs）的《美国大城市的死与生》和文丘里（Robert Venturi）的《建筑的复杂性与矛盾性》分别在城市规划和建筑领域对 CIAM 的功能主义思想进行了根本性的批判。在文化认知的层面，随着一系列现代主义实践的挫败，人们对建成环境的认识开始进入了一个"现代主义之后"的新阶段。就像物理学家从以往的数学成果中寻找工具一样，建成环境的理论家和实践者们也从过去的哲学思想中汲取新的理念。例如，70 年代，诺伯格 – 舒瓦茨（Christian Norberg-Schulz）就基于现象学建立了一套关于"场所"的理论；80 年代以来，盖尔（Jan Gehl）团队围绕着"以人为本"的原则开始展开了一系列持续不断的场所研究和设计实践；90 年代至今，以杜安尼（Duany）夫妇为代表的美国新城市主义者们从可持续发展观中提出了一系列服务于实践的原则和指导。

　　从效果上说，这些做法不论成功与否，至少已经远远地将现代主义的古板做法抛在时代后面了。而曾经因其同质性而倍受抨击的贝尔梅尔，如今已转变为一片片具有活力、多样化和独异性的街区和商圈。基本区域包括了紧邻地铁站的混合用途的商业、市场和住宅区，以及基于历史传统的混合了高、中、低密度的新居住区。一个具有凝聚力的公共设施方案，包括路标导视、人行道、自行车道、街道铺装和家具，将这一片片区域联系了起来。一排排建筑框定了一系列人性化尺度的开放空间。多种用途、优质的住房和自然环境使该地区受到所有年龄、各类家庭和产权的欢迎，并克服了之前作为一个孤立且服务水平低下的住区的种种问题。

新的设施和服务的改善提高了现有居民的生活质量，同时吸引了新的居民，使重生后的贝尔梅尔成为荷兰乃至欧洲最具文化多样性的地区之一。

可见，更新后的区域功能、密度、人口、空间、建筑、服务的多元化和多样性是贝尔梅尔起死回生的一剂特效药，彻底改变了这片几乎要被废弃的土地的命运。贝尔梅尔的死与生标志着机器美学的惨败，同时似乎也是演化论调的胜利。后者的观点认为，比起机器或生命体，诸如此类的大型建成环境更像是一个生态系统。[23] 这些区域中包含了和生态系统中物种、生态位、营养级、能量传递等概念对应着的类型、功能和经济流通等要素。不过这个比喻有一个关键的问题，一个城市或地区若被视为一个生态系统，它必须被视为一个具有明确范围的整体，否则这个类比将不能成立。例如太阳系和地球生态圈都可被看作是生态系统，而太阳的供能在两个生态系统中呈现的方式并不相同。在前者中，太阳是最主要的能量来源，它自身也被包含在系统中；而地球生态系统中的主要能量来源，是经由大气层吸收、过滤后再照射到地表的那部分阳光，和前者显然有很大的差别。就像今天很多城市都是服务型和消费型的，它们很多都不具备所谓的生产者、能量来源和物质循环。这些缺失要靠来自外界的工农业和基础设施进行弥补。如果要将这样的城市单独拿来类比为生态系统，那除了它所接收和排放的物质能量，外界其余的一切形式、功能或运行姿态，都不是这个生态系统要考虑的内容。

如果将贝尔梅尔地区类比为生态系统，它自身就已是讨论范围的边界而不再是更高层级环境中的一部分，那么它将是一张福柯眼

中的网络而不是节点，它就不能被描述为任何一种类型，因为没有
外部环境来令它凸显了。既然如此，它就不是能被设计的，正如我
们还做不到设计一个和外界无关的生态系统一样。[24] 如果要将贝尔
梅尔视作一个节点来设计，那么我们就至少要将这个"生态系统"
的范围扩展至整个阿姆斯特丹地区——而这正是 20 世纪 90 年代时
候重建的思考方式。因此，将城市或建成区类比为生态系统并不会
给分析带来多大帮助，而唯有从类型及其层级结构出发才能将贝尔
梅尔的问题阐释清楚。

四、审美的回应

　　佩萨克住宅、"半屋"和新旧贝尔梅尔的例子说明了一种成功
经久的类型必然需要一系列相对持久的社会文化和背景作为支撑。
相对地，一种失败的类型也极有可能和一种对社会现实的片面认
知以及设计者一厢情愿的审美偏好有关。机器美学是一种偏好，
它来自于复杂的社会背景，但仅仅是对其表面的某个片段的直观
反映。这种反映缺乏对该背景下真实社会活动的深入理解，故往
往是过于直白和肤浅的。勒·柯布西耶急于造就一套崭新的普适理
论，却碍于没有充足的时间去理解这个社会，从而导致了佩萨克
住宅的失败。不过，这一"半成品"的机器美学却因他个人的魅
力、煽动性的言辞和令人耳目一新的杰作而闻名于世。当然更重
要的是当时剧变中的社会正急缺一种建筑理论来击碎陈腐的旧观
念并引领整个新时代，机器美学就顺理成章地成了那个时代的代

表文化。时至今日依然有大量机器美学的拥趸，它已然是一种持久的社会文化现象。

该现象用达尔文式的演化观点来解释似乎有些困难（当然也无法用技术理性来解释自己最终的失败）。若允许我们用驯化作为类比，即有人工参与的演化，这个现象就很明了了。佩萨克和贝尔梅尔最初的表现就是一次失败的空间驯化（或仅仅是一次驯服），它们都在社会选择的作用下褪去了驯服后的礼法，而露出了原本的混沌。好比人们虽然有意识地选择了颗粒饱满的小麦，却忽视了它易倒伏、易染病的性状。显然，在这类比中，人工参与就等同于审美偏好，它也许是源自社会大众的文化潮流，也或许仅是一个明星设计师的个人美学，它有足够的能力去改变驯化的进程和路标。至于最终的方向是好是坏，得待到社会的磨砺之后才能判断。

乍看之下，审美偏好犹如不知从何说起的"天选之物"影响了我们的建成环境，因此审美往往会被单独提出来阐释建成环境的形式、形态或类型。事实上，任何审美偏好都诞生于具体的环境之中。将审美从建成环境类型的社会背景中抽离出来并不有助于这样阐释，因为审美作为一种特殊的社会活动，它和类型之间存在显著的"正负反馈"关系，故将两者综合起来分析可能更为合理。先来看"负反馈"关系，即人们的审美会反当前主流的建成环境类型而行。由此而来的审美偏好多为"显性知识"（explicit knowledge），它建立在对日常生活环境的批判上，也可能如前文所述来源于对某种缺失的补偿心理（见第二章五），或者说代表了"酒神精神"。正如文丘里设计的"母亲住宅"就是建立在功能主义建筑风潮的反面。

正如拉斯姆森所指出的一个朴实的时代之后往往会紧接着一个矫饰的时代。建筑师、设计者、艺术家为了自己的作品能和他人的区分，必然要做点与众不同的事。机器美学的实践也正是这种负反馈的产物。

相对地，"正反馈"象征了遵循既有原则和秩序的"日神精神"。这种审美偏好受周围既成环境的影响并认可该影响所施加于人的价值观念。例如，20世纪90年代全国开始流行"小区化"的居住类型，并常常将之命名为"某某新村"——曾作为对嘈杂城市生活的一种负反馈，而如今几乎没有新建小区以此命名了。高层板楼式的小区作为一种基本且经久的城市居住单元已深入人心，人们偏好它的独立、安静和良好的采光通风的环境而将它的诸如封闭性、同质化等负面因素搁置于一边。在这种正反馈推动下，少有开发商会斗胆去开创一种新的类型或劝说他们的客户回到更传统的开放式居住类型，即便存在如此的尝试也会很快在激烈的市场竞争中销声匿迹。由于这个认知过程并不是显性的，故可视作一类默会知识（tacit knowledge）。不过，尽管日神和酒神常被视为一种二元对立的存在，建成环境中的正负反馈则不迎合这种对立关系，反倒是交织在一起的。日神精神下的默会知识相当于不断强化着现有的类型，是经久的类型得以形成的基础。酒神精神下的批判和创新则不存在固定的方向，它也许能最终受到社会的认可，但大概率不能，它是类型特化的动力，犹如驯化过程中人工参与筛选的突变性状。

这么看来，美国波士顿的科普力广场（Copley Square）的形态演变或是一个十分典型的兼具了正负反馈的案例（图4-13）。这原本

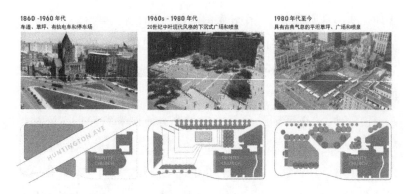

图 4-13　科普力广场的形态演变，从 1860 年至今
来源：©2022 Sasaki Associates, Inc. www.sasaki.com

是一个三面临街的小型地块，位于理查森（Henry Richardson）设
计的三一教堂（Trinity Church）面前。规划将这条斜向的亨廷顿大
道（Huntington Ave）和两侧的"三角洲"这一充满交通冲突的区域
一同划入了科普力广场的建设范围。这个广场与 18 世纪晚期的波士
顿艺术家科普力（John Singleton Copley）同名，显然是为了纪念这
位名人而取的。不过，当时已是 20 世纪 60 年代了，而广场的三面
又都被车辆交通所包围，想要让它产生一种传统经典的 18 世纪广
场氛围是十分困难的。1969 年，佐佐木（Sasaki）事务所的方案是
用一个逐阶下沉的台地广场来营造欧洲传统广场的围合感，在周围
配置了一系列绿植来将广场与交通人流的视线相隔绝，以加强空间
的封闭感，并在台地的最低处设置了一个喷泉，以强化广场的向心
力。综上，围合感，几何感和中心感，使它具备了一系列城市广场
的重要美学特征，是现代的建筑语言与欧洲传统的空间语言相结合
的产物。起初，这个广场并无太大问题，它为人们提供了一个日常
交流的公共开放空间，也保留了仅供行人斜向穿越的捷径。但到了

20 世纪 80 年代，这个下沉广场已逐渐成为毒贩、酒鬼和劫匪的聚集地。[25]

20 世纪 60 年代的科普力广场最终的衰退原因在于它过于严格地遵循了人们对广场这一类型的一贯认知。但此类正向反馈而来的开放空间在接下来的环境中难以安身。它的下沉特征及其简洁的几何构造可视为对周围环境的对抗，这至少表现出了三类可见的冲突。其一是它的造型在文化艺术上与三一教堂的类型特征相冲突；其二是下沉的台地（尤其是中央靠近喷泉的最低处）在视线上被周围的交通行人以及教堂面前的停车场所孤立；其三是广场采用了廉价的混凝土砖作为铺装材料，与波士顿传统的花岗岩和砖块并不协调。但与此同时，它似乎又呈现出对外部环境的一种归顺。它在空间上呼应了教堂广场所应有的围合感，在形式上用几何线条与周围道路相协调。可见，科普力广场陷入了挣扎，试图在形式上讨好一类环境的同时却又在功能上背叛了它。事实上此类矛盾在广场出现问题前早已存在于其间，尤其是当 20 世纪 70 年代紧邻教堂的汉考克大楼（Hancock Tower）建成之时，这块场地已经彻底失去了兼顾周围环境的可能性（图 4-14）。若放任不管，该广场大概会衍生出更为恶劣的社会问题，于是它很快得到了回应。20 世纪 80 年代的重建方案竞赛的优胜者是迪安·阿博特（Dean Abbott）事务所。该方案采用了大面积与地面持平的草坪替代了原本硬质的下沉空间，为步行者提供了更为灵活的斜向步道，加强了与周围交通和视线的联系，重新整理了教堂前的空地，保留了原先喷泉的位置（图 4-15）。

图 4-14　汉考克大楼，贝聿铭事务所设计，1973 年建
来源：©Pei Cobb Freed & Partners，https://www.pcf-p.com/projects/john-hancock-tower

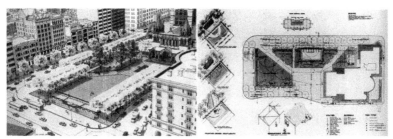

图 4-15 20 世纪 80 年代新科普力广场的概念图与平面图
来源：©landscapenotes.com

新的广场很受人们欢迎，从最初的方案赢得竞赛至今已近 40 年
了。它似乎已在最大程度上达成了与周围环境的和解：大面积的草坪
反映了新英格兰传统绿地的视觉特色，也是难得鼓励人们躺卧的公共
空间；三一教堂前古朴的砖块铺装迎合了 18 世纪的罗马复兴风格；
整洁的步道拉近了广场和周围交通的关系；绿荫、喷泉和帐篷等户外
家具是波士顿公共空间一贯的活力来源；至于汉考克大楼，只能另当
别论——在这周围没有任何空间类型可以同它协调。可见，新的方案
并没有把它当作一个传统广场来设计，它从类别上打破了固有的围合
式"广场"概念，而用开放空间这一更宽泛的概念重新定义了一个新
的广场类型。在这一点上来说，它是对传统广场这一类型的负反馈。
而且，从最终效果上来说，它比之前的正反馈结果更为持久，俨然已
成为一种范型，一种充分适应了此类城市社会的开放空间典范。的
确，在波士顿，人们为什么还需要一个广场来瞻仰教堂呢？在汉考克
大楼面前，又有哪一个广场能大到可以与之相称呢？三一教堂在当前
的语境下已经失去了作为传统聚集场所的功能，而成了一个文化的象
征或者时代的标本，因此没有必要再在空间上延续罗马式的古典广场
感了。汉考克大楼则是摩天大楼时代的符号，是现代主义高楼类型在

美学上的延续，是一次对抗文脉的倔强与惨败，新的开放空间亦无须强求某种美学特征来呼应它。所以它选择呼应的是一个更为旷久的对象——新英格兰迷人的大陆美景。

事实上，很久之前，也就是 1969 年的方案敲定之时，文丘里和劳奇（John Rauch）也曾递交过一个方案。可以说，该方案比今天的更像是一次对传统广场的"反叛"（图 4-16）。文丘里等人认为该场地周围的环境无法为广场提供真正的围合，应当改变人们对创造一个欧洲传统广场的期待。因此他们设计的不是广场，而是对空间的填充。[26] 具体做法是将场地设计成由步道组织起来的格网系统，用乔木来突出其中的节点，用绿植填充这些凸起的"格子"。人们步行期间时犹如身处在微缩后的就在场地不远处的波士顿后湾地区（Back bay）的街道上（图 4-17）。这些树冠的间距足够让阳光射入步道，同时又将三一教堂隐去。若细心观察，我们会发现这些格网是由多个层次（例如小巷、树木、灯柱和街道设施）叠加而成的。这些令人生倦的格网反衬出北侧紊乱建筑的"有趣"之处。这其中有两个相邻的特殊"格子"，一个下沉形成一小片广场供人在里面停

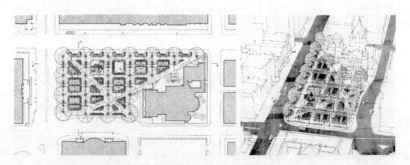

图 4-16　文丘里和劳奇的科普力广场方案平面图（左）与鸟瞰图（右）
来源：Venturi, 1977: Figure 349-350.

图 4-17　波士顿的后湾地区
来源：©age fotostock / Alamy Stock Photo

留休息，令一个与地面持平，其上放置了一个三一教堂的微型复制品。这让人更有理由相信它是一个关于尺度的游戏。

　　正如前文提到的，中世纪的教堂与广场的关系早已不存在于 20 世纪 60 年代的波士顿了。教堂已是一个时代的纪念物，微缩的教堂更是一个纪念品或雕塑。宽敞的广场已不适合现代美国人的生活方式，公众聚集活动并不是美国人生活的常态。因此再无必要去创建一个服务于不存在人群的类型并强迫他们相信自己生活在意大利式的城镇中了。如此看来，文丘里和劳奇的方案是对广场这一类型更为彻底的一次负反馈。它的叛逆性来源于一种更为写实的"美式"公共生活——由散步、休息等个人主义和小团体式的社会活动构成，这也正是"预言"了今天的科普力广场所真正承载的内容。相反，由佐佐木事务所设计的方案则是将一种"假想"的社会活动和与之相应的类型作为主要的依据，它在社会的选择下最终没能坚持下来。

这种"假想"在高速城镇化发展下的中国十分常见。在环境发生剧变之时，我们的确很难判断究竟是要延续原来的模式还是对其进行改造创新。这里粗浅地讨论一下关于广场这一类别在我国城市中更新迭代的历史。21世纪初，各地热衷于兴建各种纪念性和仪式感的"世纪广场"、"世纪公园"或"世纪大道"。但这些广场和公园因为其过大的体量和缺少围合感等诸多问题，使得它们逐渐成为城市中的"消极空间"。[27] 从类型的角度来看，这大概就是一种由审美偏好引发的正反馈所形成的结果。例如上海浦东20世纪90年代建设的世纪广场，其壮观的景观效果引得众多城市新建成区的效仿。首先，此类广场为其他城市提供了一个"示范"作用，明确了项目在经济和技术上的可行性。第二，在媒体的宣传中，尤其是有关城市形象的宣传，巨型世纪广场的俯拍影像往往是重点关注的对象，这使得该类型的视觉形象得以广泛传播，获得了文化上的认同。第三，在此文化的基础上，城市之间的竞争迫使此类广场成为城市的"标准配置"之一。第四，在实际使用层面上，它们确实在局促的城市用地中"留白"出一块便于公共活动的场地，即便它们超过了正常的尺度，仍然可以吸引别无选择的市民前来，从而造成一种受欢迎的"假象"（类似于20世纪60年代的科普力广场）。这四点交织在一起，互相推动构成了正反馈循环。

不过这种类型并不持久，这基于形象而不是实际社会活动的类型很快被不断开辟出来的街角空间和口袋公园所取代。而在另一方面，所谓"广场"则正逐渐向着室内购物环境转型。这些场所借用的只是广场的名称，它们并不是真正的开放空间，是真正意义上"有顶"[28]

的公共空间。这原本是对广场概念的一次挑战（负反馈），然后在消费主义的引导下逐渐形成了一个新的正反馈循环。人们在广场中的消费使得商家能有更多的收入为顾客提供更好的基础环境的服务，例如空调、照明、通风和卫生设施等，从而进一步鼓励人们前来消费，或只是在人们的闲逛中诱发消费行为。在这点上，这些室内的"广场"比大而无用的世纪广场显得更为经久，它们同样也改变了人们对"广场"的感官认知和审美偏好。这两种类型截然相反的境遇和科普力广场的经历有着些许的类似，这说明了在建成环境中，类型和审美并不是独立的两个部分，两者在互相促进推动的过程中不断强化着对方，直至在社会过滤的进程中被一个新的循环所取代。

五、小结

本章从建成环境类型的概念和特征出发，重新审视了现代主义的机器美学，揭示了它对建成环境和社会关系理解的片面性。接着，通过实践案例分析，我们探究了此类片面性在具体建设实践过程中导致失败的具体表现，进一步说明了一种成功的类型的产生所不可忽视的内外条件。最后，采用科普力广场前前后后的经历揭示了类型与审美之间的反馈关系以及两者的不可分割性。在这个过程中，审美就像一次次的人工选择，有时候它因循守旧，有时候它又迫不及待地转向创新，但它最终的成败仍然无法摆脱来自社会的过滤作用。也正是这两股力量的交织或对抗，为建成环境的不断发展和更新提供了持续的动力。

　　然而现实的忧虑是，随着财富和技术对建成环境控制、改造力度的不断加强，新的类型的诞生和发展似乎不再全权委托社会来裁定，而是愈加牢固地掌握在了资本和专家的手里。要知道，原本随处可得的"阳光、空气和绿地"已渐渐地聚拢到一些特定的场所中，这些免费的公共资源越来越倾向于成为消费的"赠品"。反过来，原本迷人的城市景观也正逐渐被各种软硬兼施的商业广告和宣传所蚕食。城市夜景更是变成了商品的秀场，公共空间沦为市场博弈的场所，"要么消费，要么看广告"成了人们享有公共资源的代价。在信息化社会开启之前，建成环境未曾在如此之高的程度上受控于金钱和技术。直到"信息茧房"出现后，人们的审美偏好成了一种十分方便操控的社会动力。通过媒体和数据手段诱导人们去"相信"自己对某种类型的喜爱，资本便能以此建立促进自身再生产的正反馈循环。且恰如前文提到的，这部分内容以默会知识的形式，在大众阶层的不知不觉中形成了一种支撑着资本再生产的"惯习"[29]。为了正确看待这个问题，我们需要理解目前尚未涉及的和城市及其相应规模尺度的建成环境的内容。那么，在接下来的章节中，我们将讨论更大规模尺度的建成环境中所涉及的类型是如何构成和演进的。

注释

1　引自 Williamson，[2004]2019：35.

2　引自 Williamson，[2004]2019：245.

3　见 Le Corbusier，1935；2011：2，11.

4　这些对美好环境的描述分别见于 Sitte，[1889]1990：9；Berman，1983：

152；Sullivan，1896；Bachelard，[1957]2013：5；谷崎润一郎，[1995]2016：
21；Simonds，[2001]2009：98.

5　见 Le Corbusier，[1923]2014：77.

6　另一句大概就是沙利文（Louis Sullivan）的"形式追随功能"，尽管大家
不常把这句话的作者本人当作现代主义的代表人物。

7　Hillier，2007.

8　伪装成"科学"的椅子可见于布罗伊尔（Marcel Breuer）1925 年设计的 B3 椅，
设计师为你规定了在上面的坐姿。

9　Marshall，2008.

10　Alberti，[1845]1986；Wölfflin，[1915]2011.

11　所引的词汇见 Le Corbusier，[1923]2014：112-114.

12　Scruton，1979，见 Marshall，2008.

13　这五要素成熟地运用在了他最著名的作品之一———萨伏伊别墅（Villa
Savoye）上，1930 年。

14　Huxtable，1981.

15　Boudon，[1969]1972.

16　见勒·柯布西耶 1931 年 6 月写给 M. Vinnat 的信件，引自 Ferrand, et al.,
1998: 110-112.

17　拉斯姆森在《建筑体验》中将佩萨克住宅体会为一副无重量无体积的巨
型色彩构图。他曾坐在其中一栋建筑的屋顶花园中，将对面的建筑看作
一片片与天空相接的彩色平面。我们能通过这段富于诗意的描述确信拉
斯姆森从中获得了相当不错的视觉体验。见 Rasmussen，1964：95.

18　18 至 19 世纪左右在英法两国征收的税种，也以玻璃税和门窗税的形式出
现，常以建筑窗户的数量、面积或宽度进行课征，因此大而宽的玻璃窗
户在此期间变得十分昂贵，乃至该税种废除之后的很长一段时间内也很
难在城市住宅中见到。

19　正如本书第一章谈到的拥挤感并不单单来自空间的逼仄，更有来自对他
人潜在干扰和侵犯的防范压力。

20　Foucault，[1969]1985.

21　Luijten，2002：9.

22　见 Mingle，2018.

23　Marshall，2008.

24 20 世纪 80 至 90 年代生态圈 II 号（Biosphere 2）实验的失败表明至少目前人类还没有建造一个稳定的生态系统的能力。

25 Trancik，1986.

26 Venturi，1977.

27 贺宇凡，2016.

28 见芦原义信，1985.

29 按布尔迪厄的说法，称之为"文化"更恰当，但由于该词易被误解，故用"惯习"替代，见 Bourdieu，[1979]1984.

第五章　从乌托邦到异托邦

　　通过前面几章的论述，我们大致厘清了建成环境类型所包含的结构与要素及其形成的过程和动力。以往的类型学研究大多重视建成环境的物质形态和用途。但相比这些，从人类社会活动的角度来描述类型显得更为清晰扼要。同时，它还能为我们揭示类型在结构上的层级特征，及其在形成过程中与审美的相互反馈过程。然而，当我们要探讨的对象在规模尺度上逐渐增大时，其物质要素之间的关系和相关社会活动的数量和种类也呈指数式增长，以至于从某一个临界点开始，针对所有相关的数据的收集和分析变得不再可能。更何况，关于如何获取和社会行为有关的数据（包含了大量的默会知识）则相较于物质形态要困难得多，且相关数据分析也将是一大挑战。倘若我们对社会活动理解不够充分，还能保证对类型分析的客观性吗？之前所讨论的例子有着较为有限的规模大小和信息量，且能找到较为丰富的文献和历史资料。例如，对于住宅简单的室内环境来说，上述问题似乎很容易解决，我们凭借日常经验和常识本身就能对此做出精准的判断，但对于如同城市这般复杂事物来说，这些问题就变得十分棘手了。这一章我们需要讨论的是某些建成环境类型的复杂性是如何超越日常经验常识乃至超出人们理性分析和思考能力范畴的，揭示那些隐藏在所谓正常社会秩序之下的"混沌"，并在最后提出我们应该如何来应对这些问题。

一、从建筑到城市

历史上诸多颇有想象力的理论家和实践者，都不约而同地寻找着各种方法从上到下地为城市中的社会活动进行梳理。尤其是随着19世纪末到20世纪初的技术飞跃，现代主义的鼓吹，人们曾又一度感觉掌握了决定自己未来生产生活的方法。20世纪后半叶，一股基于物质环境改造的新的乌托邦思想又开始了尝试。1996年，作为一项探索性的项目，库哈斯和他的OMA事务所为泰国曼谷的湄南河畔（Chao Phraya）设计了一个能容纳12万人的超建筑（hyperbuilding）（图5-1）。超建筑有1千米高，不仅综合地囊括了包括居住、办公、教育、运动、休闲等各种场所功能，更有着十分复杂的立体交通系统，包括了各种缆车、电梯，以及大量的步道，而且并不要求有很高的技术含量。显然，库哈斯构想中的这个庞然大物无异于一座可以自给自足的城市。OMA团队认为，超建筑或许并不能在发展完善的城市中矗立起来，但对那些发展中的城市（例如曼谷）来说是大有裨益的，甚至是一种趋势，因为它能挽救从糟糕的交通到无组织发展的城市危机，并能很好地融入这样的"背景"。比起传统上平面铺展，垂直化超建筑，即一个集中、巨型且

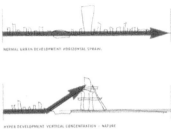

图 5-1　超建筑的模型（左）与示意图（右），该图表示了将"不可避免"的城市蔓延从水平方向转移到垂直方向，以保留更大面积的自然绿地。
来源：©OMA，https://www.oma.com/projects/hyperbuilding

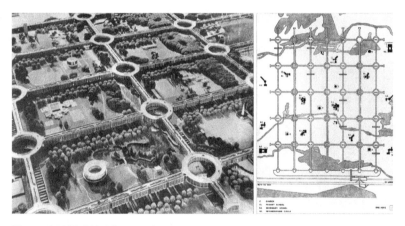

图 5-2　杰里科的"摩托邦"，1960 年
来源：©The Cooper Union; https://cooper.edu/gallery/ideal-view-city-plans-without-cities

可控的综合体，能给城市留出更多的绿植空间，减轻通勤压力，并有助于维持社会的稳定。

　　试图用此类巨型建筑来"解决"城市问题的做法并不罕见，例如杰里科（Geoffrey Jellicoe）的"摩托邦"（motopia）描绘了一个个由建筑构成的超大街区，联通的街区顶部是供汽车驰骋的高速通道（图5-2）。更具有科技感的是赫伦（Ron Herron）于 1964 年发布于

图 5-3 有关"行走城市"的艺术作品
来源：©Atkinson & Co https://atkinson-and-company.co.uk/blog/2017/03/09/walking-cities

前卫建筑杂志《Archigram》第四期上的"行走城市"（The Walking City）。作为"冷战妄想症"的产物，这些巨大的、具有人工智能的可移动机器结构可以自由地在"末世"中漫游，移动到任何需要这些结构的地方。各种行走的城市可以相互连接，形成更大的行走大都市（图 5-3）。"行走城市"想象了人们在一个没有边境的未来世界中的一种游牧的生活方式。同年，库克（Peter Cook）也在该杂志上发表了他关于"插件"（plug-in）城市的想法，该城市由巨型的服务框架和无数个可移动的"插件"元素构成。在计算机的控制下，人们可将各种"插件"置入到预制好的框架中，使用这种灵活的调整方式来应对不断变化的社会条件（图 5-4）。不过拥有如此想法的并非只此一家，例如 1972 年起矗立于东京街头的中银舱体楼（Nakagin Capsule Tower，又称中银胶囊塔）便是"新陈代谢"派建筑师黑川纪章对该装配式建筑概念的一次大胆实践（图 5-5）。该楼有 140 个舱体单元堆砌镶嵌而成，每个单元长 3.8 米，高宽 2.1—2.3 米，内部设施齐全，可以随时根据维护或住户观景的需要进行搬移和更换。据称只要每 25 年更换一回，这座巨塔就能持续使用 200 年。

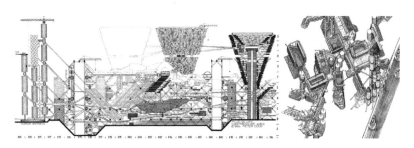

图 5-4 库克的"插件"城市，1964 年
来源：©Archigram https://www.archigram.net/portfolio.html

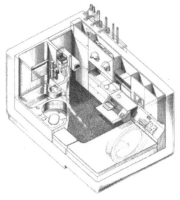

图 5-5 中银舱体大楼和舱体内部轴测图，黑川纪章，1972 年建
来源：郑时龄 & 薛密，1997：44-46.

可以说，东京的舱体大楼是基于上述思想的一次小型实验，它证明了人们的确可以在技术上实现这样的构想。那么，既然超建筑具有可行性，为何我们仍未出现能替代城市（至少是一部分城市）的超级建筑体呢？就好像林奇（Kevin Lynch）在《城市意象》的开篇中所表示的那样，城市就像建筑，是一种空间结构，只是尺度更大，需要人们花更多的时间去体验。[1] 再如上一章提到的建筑师凡·艾克就据传有这么一基本信念——"一座房子若要成为一个真正的家，那么它必须得像一座小城市；而一座城市若要成为一个真正的家，那么它就必须和一座大房子一般"。[2]

　　单从形态和功能的构想来看，这样的将城市当作建筑的思考并不是新鲜事。例如在《光辉城市》中，勒·柯布西耶展示了远洋巨轮的剖面图（图5-6），并指着"这座井井有条各司其职的漂浮城市"，问道："为什么一个城市集合住宅的设计方案不能提供给我们同样的舒适性呢？"[3]显然，勒·柯布西耶认为在陆地上实现这样的设计，应当比在海洋上更容易。他认为如此有序、协调、公正、明晰的设计思想之所以怠慢不前，是由于传统的建筑和城市格局的阻碍，而不是该想法本身的问题——的确，勒·柯布西耶为20世纪贡献了不少杰出的建筑作品，但大多难以印证他的远洋邮轮般巨型建筑设计的合理性。至于他设计的联合公寓（unite d'habitation）的确或多或少地遵照了远洋游轮的格局，但它仅有居住功能，和邮轮各项完备的功能相比显得单调了点。况且，他还有意无意地忽视了作为远洋邮轮得以正常运行所仰赖的极端专制的政治和管理制度——这显然难以照搬到城市或社区中来。

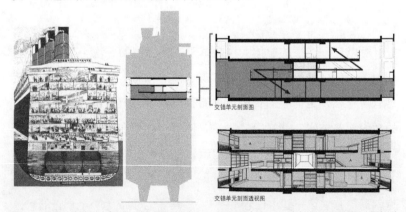

图5-6　远洋巨轮剖面（左）和勒·柯布西耶代表作之一，位于马赛（Marseille）的联合公寓剖面示意图（右）
来源: Le Corbusier, [1933]2010: 115; © Gunawan Wibisono

尽管两者有相似之处，但城市不能与建筑类比。这里面最明显的问题是，尺度上的变化不代表从建筑到城市所包含的社会活动的复杂程度也会以线性的方式等比例提升。就如将一只苍蝇按比例放大到一定程度后它就无法起飞了——随着尺度的改变其功能发生了质变。譬如韦斯特（Geoffrey West）就在《规模》（Scale）一书中很好地阐明了尺度所能给事物带来的本质性变化。[4] 具体地说，随着建成环境尺度的增加，它所包含的各类组分数量和组分之间的互动并不会线性地增加，而是呈现为指数增长趋势。这种趋势宏观地表达为事物复杂性（complexity）的增加。目前，我们可以将复杂性分为结构复杂性和功能复杂性。[5] 在建成环境语境中，前者包含了环境中部件的数量，部件种类的数量和结构尺度；后者包含了在环境中发生的行为，行为的控制和时间尺度。即便一栋超级建筑被设计为包含有不亚于一个城市的各种类型和数量的单元，它也许仍然无法在功能上胜任为一座小镇。

正如马歇尔指出的那样，城市是很多不同单元的聚集，而不是由从属关系的子单元组合而成，它的部分先于整体而存在，因此它与建筑在形态和结构的内涵上有着本质的不同。[6] 组成城市的单元各自可以是独立的，并不一定会服从整体的安排。它们有的会变化，会消亡，会重生，有的彼此还存在激烈的竞争。然而人们对诸如超建筑等概念的迷恋则恰好反映的是这个过程的反面：人类基于自我意识而产生的审美心理迫切地要求自己从迷茫的"当局者"走向清醒的"旁观者"。[7] 只有将事物从环境中凸显出来，呈现出直观而完整的形态和结构，才能满足上述的审美愉悦。因此，人们往往喜好以一种"大局观"的方式来欣赏城市，但却永远不会用这个方式来

使用城市。"旁观者"的欣赏角度在填补审美需求的同时却丢弃了
作为"当局者"才能体验的一切。超建筑设计者就试图使用这样的
角度来对城市做出如同建筑般的布局。各个主次分明的空间和它们
的功能都被安排得妥妥当当，这些形式和功能的布局在当前看着是
如此"合理"而不容许任何变动来挑战它们。显然，这颠倒了城市
中人和建成环境的主客位置，也违背了城市存在的意义和价值。

　　这么看来，杰里科的"摩托邦"也是过于僵硬而缺少韧性的，
在贝尔梅尔的"前车之鉴"[8]面前我们不会再相信它的成功。赫伦的
"行走城市"也同样只不过是现实中邮轮的翻版。当然，这些行走
的机器并非是对当下城市设计的建议，它们将存在于想象中的资源
匮乏的"末世"环境中。不过，这些"城市"很可能不会如正义的
侠客般挽救普罗大众于水火之中，而更可能会被打造成便于掠夺资
源的军事堡垒。那库克的"插件"城市能否成功呢？它不正是为了
应对变化而设计的吗？理论上人们可以用插件在固定的框架上搭建
出无数种不同的形态，这似乎满足了复杂性产生的条件。不过，尽
管插件的数量可以不断地增加，它们的种类、结构和尺度是有限的，
因为既定的服务框架显然不能被轻易地更改以接纳更多不同种类和
尺寸的插件。另一方面，现实中不同功能的插件的组合并不是任意
的——若将插件看作房间，人们绝不会希望打开卧室的门就来到了
马路上，因而它们只能在框架中配合着产生十分有限的结构——也
就相当于有限的类型。于是矛盾就出现了，人们在不能增加插件种
类的前提下根本无法创建出足够复杂的结构来应对城市中复杂的社
会行为。更何况，事实证明，移动、修理和更替这些插件需要耗费
大量的财力。2022 年 4 月，那座据称应有 200 年寿命的东京舱体楼

在它年满 50 之际因维护资金不足而被正式拆除，而在这 50 年里，没有任何一个舱体被移动或替换过。

二、矛盾的库哈斯

有趣的是，库哈斯和 OMA 在 1982 年的拉维莱特公园（Parc de la Villette）设计竞赛的方案却反映出对城市的一种截然不同于"超建筑"的理解（图 5-7）。该基地是一块大规模的荒废的城市用地，公园建设委员会对此虽野心勃勃却并无明确的目的或建设性的想法。因此留给设计师们的是一次自由而大胆的设计挑战。尽管 OMA 的方案屈居第二，但它和获胜的屈米（Bernard Tschumi）的方案巧合般地一致，反映出了一种与以往不同的城市设计理念。这个方案由四个策略重叠而成：作为基底的变化的表面，大大小小的服务站构成的点状网格，流线状的道路，和大块的景观实体。这种灵活而混合的结构为城市提供了应需求而变化的极具适应力的发展框架。[9] 且不论若此项目得以实施是否真能如库哈斯或设想的那样能为城市带来适应变化的能力，但我们可以看到他所理解的城市本应不同于他构想中的超建筑。1987 年库哈斯和 OMA 为法国 Melun Sénart 的新城项目所提出的新的模式也同样印证了这点。这个模式并不关心传统上所注重的建筑布局，而是颠倒建筑和开放空间之间的"图 – 底关系"，从建筑之外的"空白"入手，逐一分析了新城所在基地的现状、历史、基础设施等，并将其分别组合构成了具有弹性的适应未来变化的一个个战略性块体（图 5-8）。相比建筑布局，对"空

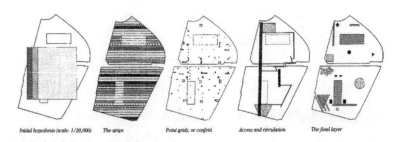

图 5-7 拉维莱特公园，OMA 方案，1982 年
来源：©OMA，https://www.oma.com/projects/parc-de-la-villette

图 5-8 Melun Sénart 的新城项目，OMA 方案，1987 年
来源：©OMA，https://www.oma.com/projects/ville-nouvelle-melun-senart

白"的设计能更好地应对未来发展的不确定性，使城市在不可预知的政治经济压力面前保留一定的发展潜力。

这种"计虚当实"的观念也曾在库哈斯所推崇的大都会"拥挤文化"中展现。他发现这种高密度和拥挤在 1890 到 1940 年的曼哈顿中培育出许多新的活动、事件、建筑和场所，并将这样的驱动力称为"曼哈顿主义"。[10] 他认为在大量人的活动所构成的"拥挤文化"中，代表非建筑的虚空（例如基础设施）比建筑实体更重要，更特殊，更应值得关注。而建筑实体本身，则对应于康的空间理论中的"服伺（serving）"部分，可以被枯燥地重复，服务于应"被服伺（served）"的公共空间。[11] 接着，库哈斯又将城市作为"集体无意识"的投影纳入并拓展了自己的理论框架，还用它揭示了现代主义运动过于单纯的一面。简单地说，库哈斯在观察曼哈顿这样的城市、建筑和人群活动的过程中，经历了很多困惑和大量的思辨。普通人很难从这些晦涩的词汇中明白库哈斯关于"建筑和城市是什么，两者之间是什么关系"等问题究竟给出了什么样的答案。但我们可以明确感受到两点，第一，库哈斯对曼哈顿主义式的现代城市生活怀有无比热情；第二，库哈斯对城市和建筑的看法不同于现代主义者。

然而库哈斯在理论中所表现出来的思考与他的诸如北京 CCTV 大楼、法国里尔会议展示中心、比利时 Zeebrugge 海运枢纽站之类的设计作品所展现的实体感似乎不太一致。但从建筑体量上来看，库哈斯似乎用它们的"大"作为了造就"拥挤文化"的前提。针对这些巨型建筑的设计，库哈斯采用的是另一个角度上的策略——称为"切断"（lobotomy），即切断建筑立面与其内部活动的联系。[12] 库哈斯也曾在一次采访中迫切地表示，CCTV 大楼的主要成就很大一部分在于其内部。[13] 这说明他所期望的内部丰富的活动和感官体验确实在这座巨型建筑中达成了。这可能源于他对胡德（Raymond Hood）的"一座单独屋顶下的城市"[14] 所抱有的浓厚兴趣，而这些巨型建筑（群）便或许是他对此憧憬的实践。在他眼里，这些巨型"蛋壳"包裹下丰富多样的公共生活，也许是对抗当代城市空间与生活碎片化的一种方式，也或许是对周遭消极环境的一种不屑。

可见，库哈斯认为，在当代建成环境下，他所推崇的作为城市驱动力的曼哈顿主义和作为城市本质的"集体无意识"，可以依靠设计来达成。曼谷的这个超建筑构想便是他和他的 OMA 事务所对此假设的一个大胆测试。但正如前文所述，超建筑本身并不蕴藏着作为一座城市本应有的潜力。尽管库哈斯认同个人英雄主义建筑在当代的没落[15]，但他仍不断坚持地实践着一个个明星般的设计——不同以往的只是，它们不再是建筑，而是一座座裹着建筑表皮的城市，它们理应具备城市所该具备的一切。这可见于他在针对OMA在中国美术馆现代馆设计竞标失败的提问时所说的：

> 中国美术馆就是个例子，我发现博物馆变得越来越大，这时有
> 必要把它当作一个城市来看待，而不是当作一个独立个体来定义。
> 我觉得中国美术馆设计中的一个很美的地方，在于这个概念：创造
> 一个城市博物馆，使它提供和城市一样的灵活性、丰富性以及多样
> 性。我认为它是一个具改革性的提议，而正因为它是改革性的，它
> 无法被接受。[16]

通过对库哈斯的建筑观和城市观的解读，可以发现一个进退两难的问题——设计者面对一块场地所期许的"灵活性"、"多样性"，以及承载无穷"可能性"的潜力，是能被设计而获得的吗？显然，城市设计不同于当代的规划，后者对结果是开放的而前者是闭合的，我们所接触到的设计都是将原本无限的可能性坍缩成一个唯一结果的行为。但如果没有设计，那人对这块场地的具体操作就会中止，便更没有任何得以发展出来的可能性了。在库哈斯的巨型建筑所包裹的"城市"中，这股对发展变化的包容力似乎也是很有限的——至少还没有证据表明，在这些巨型建筑的内部存在犹如一个城市般承载着灵活性和多样性的运作状况。也许，库哈斯在设计"城市一般的建筑"时所期待产生的灵活性、丰富性和多样性是与具体的设计行为本身相矛盾的。这如同像勒·柯布西耶所倡导的理性秩序与他同样所推崇的自由平面之间的矛盾一样令人困惑。这里再

重现一遍他的逻辑：住宅是居住的机器，因而平面应按居住需要的各种功能来自由布置；城市是各种不同类别的机器的集合，故城市也应按预设好的各种功能在平面上来理性地安放这些机器，使得它们之间能形成高效的互动。其中代表"自由"的是形式，其目的是服务代表"秩序"的功能。于是，自由服从秩序，形式追随功能——两者主从关系清晰，并不构成矛盾。库哈斯的设计观亦是如此，只不过将秩序替换成了灵活、丰富、多样的社会生活。两者都将设计，或者说设计师的主观能力，看作是一种近乎全能的力量——大到操控整个城市的运作，细至安排个人的生活起居。

这种强势的设计观当然是十分诱人的。或许有一天，我们真能实现这样如建筑般面面俱到的城市：5G 基站、星链、互联网和大数据算法能精确掌握所有人的位置以及他们想去的地方；强大的计算能力能统筹安排所有人的动态计划，使出行畅通无阻；所有建筑和开放空间都合乎美学和生态的原则而建，处处令人赏心悦目，鸟语花香——这一切不一定需要一个共享的屋顶，只需要都围绕着一个伟大的意志来运转，事无巨细地听从它的安排。在一个极端专制的社会政治环境中，这样的想法或许可以实现，但有谁愿意在里面生活呢？

三、乌托邦的终结

1985 年，科尔曼（Alice Mary Coleman）在她的新书中展示了一张照片，上面显示的是一栋公共住宅大楼的爆破瞬间，该瞬间表明了英国公共住房政策的失败，这张照片也常常被用来象征乌托邦思想与实践的失败（图 5-9）。[17] 这次失败当然有着复杂的原因，但它确实和住房空间的私有化诉求有一定的关系。将环境和行为联系在一起的新的社会科学说服了英国人放弃公共住房，并促进了住房的各种私有化进程。首先，它基于公共财产的蓄意破坏行为对公共住房模式批评了一通，并在 20 世纪 70 年代引入了设计干预，要求明确地划分私人和集体空间。其次，另一种逻辑也发挥了作用，即制定有关公共住房规则的人员本身多是官僚主义的、对租户需求不敏感的房东。以上两点问题随着当年新右派的崛起之际，提出了公有住房的私有化意图，将其作为解决政府住房问题的唯一办法。[18] 这类逻辑的主要根据在于，私有化能令个人对自己的行为及产生的后果负责。公共住房这种自上而下的规划及管理制度在实践层面难以预测或防范各种复杂的社会行为，那么私有化即是将此类行为复

图 5-9 "乌托邦"的幻灭
来源: Coleman, 1985: 7.

杂性的原因和结果交给了自下而上的复杂性本身来消化。私有化这招看似十分巧妙，但它会导致城市空间资源分配不均衡、住区士绅化、阶级隔离等更严重的社会问题，这也就是一开始公共住房政策实施的原因之一。因此，"极左"和"极右"都会导致严重的社会后果，多数国家的住房政策都只得根据时代的大环境在两端之间摇摆。

正如第二章所述，人类天生具有对聚居地进行空间和环境改造的兴趣，这源于人们对富饶、舒适、平和的社会生活场所的渴望。透过历史，我们可以找到各种大量对居住环境的倡议和描述，从《圣经》里描绘的伊甸园开始，到《周礼·考工记》中的周王城规划，到陶渊明所向往的桃花源，再到霍华德的田园城市，都蕴含着一种统一和谐有序的整体感。其中流传较为广泛的是 1593 年威尼斯共和国建立的新城帕玛诺瓦（Palma Nova）的地图（图5-10）。犹如芒福德（Lewis Mumford）所提倡的，城市应当作为一个整体来设计。所谓整体，是指社会、文化、科技的发展，乃至个人发展意愿的协调一致。[19]

图5-10 帕玛诺瓦新城地图，Braun & Hogenburg's plan，1610年（左）；及卫星航拍图，2015年（右）
来源：Théâtre des Principales Villes de tout l'Univers. Tome 5. c. 1610；©Google Map 2015

所谓设计，是在某个规划目标下，通过各种支持整体功能的要素的组合，并将这种整体性落实到具体的物质空间上的行为过程。

在我们看来，这一天然而直白的思维类型中，至少包含了两个看得见的必备条件：一、城市必须具备一个有限的边界；二、城市必须由多个必要的功能组合而成。两者缺一不可，否则整体性便无立根之本。这个理念可以使人很快地上手进行设计，例如，划定一个边界，确定一个公共建筑和广场作为中心，然后围绕着中心并根据距离的远近摆放各种功能要素，接着再在各功能要素中进一步组织空间。在这个简单的一层接一层的设计过程中，只要尺度得当，结果都不会让人感觉特别糟糕。如果要进一步完善，还需两个条件。其一，合乎美学的原则。例如对称、平衡、节奏等最基本的审美需求，都可以应用至城市的平面布局中。其二，科学的指导。例如严谨的技术性测算，以精确地合理化各条道路的交通量和连接状况，各个要素面积的大小，以及各栋建筑的容量和高度。综其以上两个条件，一个理想城市原型便落成在图面上了。

但是，清晰的城市边界和有限的功能划分已不再适用于今天的城市。当代城市不再依靠城墙作为安全的保障，而它越来越丰富多变的功能也无法在设计阶段得以准确预测，每个人、每种文化、科技和社会经济的发展意愿也不一定完全一致。就如今天的帕玛诺瓦，在它的各个夹角，已经有不少建成区域沿着道路"溢出"了它原本"完美"的边界（图 5-10 右）。城市之间的交流更多了，越来越便利的物质交换使得一个城市不必再备齐各种功能。乌托邦的拥护者也许会说，那么，我们完全可以采用一种新的构想来适应这样的变化。当人们开始这么思考，事实上已经摆脱了理性蓝图的执念了。

这种所谓新的构想的实践每时每刻都在发生着，有成功的，也有失败的，有积极意义的，也有产生各种消极影响的，只不过它们绝对不是某个"总设计者"的意志所为。

事实上，在乌托邦式的思维层面上的整体性，更接近于经典绘画、雕塑、音乐等艺术作品中所表现的不容置喙的"完整性"。完整统一的形象能带给人许多心理上的慰藉——它是一种可控的安全感，是对当前畅行规则和秩序的认同和维护。而现实中城市的混乱和无序则意味着危机和风险，属于审美的反面。人们将之归咎于其"不完整性"，认为只要将造成混乱和无序的缺陷补上，便可终止可怕的后果。然而当所有人都拥抱着平静和安宁之时，同时意味着放弃了发展和进步，当然也包括衰败，时钟般年复一年，日复一日的规律生活的循环从来不是城市存在的目的或意义。的确，城市要为居民提供安全稳定的工作生活保障。但自古以来，城市没有一刻不是作为人类在这颗星球上进行物质、思维、技术、文化等的交流、冲突、更替、发展的一个个节点而存在的，这才是城市的本质所在。

更遗憾的是，即便是没有那些变化，这样的乌托邦构想也是很难以实现的。很多理想城市有一个共同点，即具有严格的对称性，因为只有如此强力的秩序才能保证其完整性，以及空间上的公平和正义。如图 5-11，霍华德所建议的田园城市整体上以中心向边缘进行功能上的区分，因此它不管在功能还是形式上都具有十分对称的环形结构以及它们的组合。这样的结构假定了不管是居民的生活还是生产都并不对任何一个方向有偏好。但大自然有它的偏好。[20] 现实的地理空间天生就是非均质的——地形、地质、盛行风、日照等

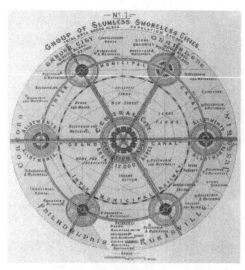

图 5-11　霍华德的田园城市模型
来源: Howard, [1898; 1985]2000, 该图原载于 1898 年
第一版, 但未见于第二至第五版, 在 2000 年商务印书馆根据
Attic Books 的 1985 年版翻译过来的中文版中重新被收录。

自然条件有各自的分配逻辑。在尺度如城市般的区域, 总有一块地方要略好于另一块 (例如在北半球, 北部倚靠山丘的聚落总要好于它相反的情况); 在建筑尺度上, 阳面也会比阴面更受人欢迎 (再例如, 在夏季炎热的中纬度地区, 建筑的东面也会略优于西面)。因此这个基于对称性布局的形式和功能的假定前提并不可靠。此外, 在内部区块之间和城市之间的连接, 并不可能在各个方向上都做到完全对称, 总有一部分区域是处于可达性相对不高的边缘地段。就按霍华德所设想的七个城市簇群, 处在中间的那个城市在交通上的优越性必定高于另外六个。

　　总之, 即便是十分微小的不平衡, 也会导致土地价值的差异。对住宅来说, 居民会考虑盛行风和光照, 以及它所处的地段——既不能过于喧闹, 也不能过于偏远。对商家来说, 街道转角的位置必定远远好于偏僻的小径。这种差异通过逐渐积累并反映在社会的选择偏好上, 就会逐渐侵蚀并破坏城市空间上的对称结构, 以此发展而来的城市无异于今天我们所看到的绝大多数的自然城镇。当然, 人们可以假定, 在一个极其专制的制度下, 由某个无上权威的意志

来决定所有事项的安排，禁止任何形式的土地交易，禁止个人自由
选择自己喜欢的地方、生活和工作……那么，这种对称结构便得以
维持，但这还是设计师所希望的"理想城市"吗？

更加脱离实际的是，乌托邦思想所要规划的未来必须得建立在
一张白纸之上。不难想象，空想主义者对当时拥挤混乱的城市厌恶
至极的态度，他们极力想要清空一切，然后重新开始。他们似乎有
意忽视了在纸背上存在已久的社会文脉，也没注意到早已刻于纸张
肌理中的源远流长的水文地貌和阡陌纵横的街道网络。可以说，这
种思想富于激情和理想，也充满了天真和盲目。空无一物对人来说
意味着各种无穷无尽缤纷绚烂的可能性，人们在上面可以像上帝一
样进行创造。就像学画的儿童一样，他们每次都希望从一张干净的
白纸开始，而拒绝继续上次只完成了一半的画。大家都在畅谈理想
中的城市面貌，而无人意识到没有任何规划能从一片空白开始。[21]
空想主义的先驱们为人类提供了各种各样美好理想的城市模型，而
在我们这地球上，除却书本和图集，再别无它们的安放之所。

这里不得不再次提到现代主义运动。在建筑和规划领域，功能
主义可视为该运动的一篇更直白的陈述。随着建筑材料的革新和改
进，建筑形式从它与结构紧密关系的枷锁中解放出来，并可以更"自
由"地追随功能，人们也不再需要费心地用装饰来表现建筑的视觉
特征——各种形态的建筑本身就是它们的视觉特征。同样地，随着
汽车和电梯的普及，城市也摆脱了城墙、地形和尺度的束缚，往平
面和高度两个维度疯狂延伸。这一系列建立在机器美学上的运动，
汇成了一股新的技术乌托邦的思想潮流。简单地概括，这场运动特
别热衷于用"空想的形式"来追随"假想的功能"。这可见于雅各

布斯在批判"光辉城市"时所说的：

> 他（勒·柯布西耶）的理想城市犹如一个新奇的机械玩具……其
> 构想具有蛊惑人心的清晰、简洁和有序……就像一则漂亮的广告……
> 而关于城市具体的运作，除了谎言，他没能给出更多的答案。[22]

事实上，除了机械科技的进步，资本主义也参与并改造了现代主义运动。金融资本对现代城市格局的作用力也许比欧洲的现代主义者所想象的要强得多。尽管后来很多欧洲城市都出于各种原因背弃了他们的理想，但资本和自由土地市场的机制在某些方面和某些地区的实践可谓与现代主义所期盼的城市格局殊途同归——至少表现在城市的形态上。在现代主义先驱们的著作中或蓝图上，都不曾用心地考虑过私有资本和利益集团对规划可能造成的影响——在这点上甚至还不及他们的前辈们——例如，霍华德和格迪斯。[23] 人们对于现代主义的批判往往集中在功能分区所带来的社会割裂上。功能分区不单指用地性质的划分，还包括微观上空间"使用权限"的划分，例如交通上的人车分流、封闭式居住区，门禁式的开放空间等。然而这或许并非现代主义者的初衷[24]，而是城市空间商品化和私有化的扭曲并强化了该理念的结果，也是对资本主义与相关政治体制联姻的一系列放大反应。[25] 按梁鹤年的观点，功能分区是"性恶"的体现——私人资本在各个分区内所追求的最高效率，而罔顾他人与周边的环境。[26] 换言之，功能分区恰好迎合了资本主义自私自利的特性，在实践中难得体现出现代主义者所关注的公共性。

在城市空间的稀缺性和商品化的双重驱动下，空间的增值和再生产成为资本在城市中的博弈焦点。私人资本对公共利益的侵蚀不仅仅体现在当代"圈地运动"上，还体现在强迫公众接受它所带来的视野侵犯，空间和景观的破碎化，以及一系列随之产生的消极社会生活模式。例如，尽管板式住宅和点式写字楼破坏城市天际线和空间肌理，并产生出围绕它们的大量"失落的空间"[27]，而它们所提供的密集而高效的室内活动却是地产资本利润最大化的所在，故被大量复制。同样地，越来越多商业建筑为了俘获更多的公众注意力和时间而采用越发张扬的外部表现以及迷宫式的内部设计，并对其所带来的地方个性的丧失、视觉污染和环境退化等问题视而不见。[28]这一系列举措在资本竞争中愈演愈烈，使得我们对城市的认知被碎片化的抽象标识、人物图像和商业广告所占据；[29]公众，甚至城市规划的理论家，对美好城市生活的愿景也逐渐被私人意志所误导。因此，当今一切有关公平、正义、开放等价值共识均在私人利益的主导下歪曲为"消费主义"，并在自由市场的名义下被"正当化"。正如梁鹤年所感受到的：

> 理论家不是没有观察实际。我的感觉是现代文明把我们（包括理论家）异化了。我们的知识不再是来自于实际的观察、细心的思量，而是来自意识形态驱动的妄断、媒体利益支配的演述。加上屏幕面前、车子里面、空调之中的生存使我们与自然及他人隔离。[30]

因此，我们拿大量眼前的事实所批判的并不是那原本的纯粹甚至有点天真的现代主义，而是经过资本和市场改造后的结果，有时候这甚至与现代主义的主张毫无关系。因而值得注意的是，现代主义者的出发点从来就不是为资产阶级提供什么精美的住处或工作场所，而是以建立开明公平的社会所需的一种更为完善的秩序为目标。[31]例如勒·柯布西耶等人所倡导的诸如"光辉城市"之类的规划模型就颇有计划经济的色彩，尽管在《明日之城市》激情洋溢的畅

想里，仍有工人、富人、仆人等明确的阶级之分，但在他的蓝图里
更多的是关于按需分配 [32] 和公共服务的描绘：

> 最理想的分组情况是 660 户公寓即 3000—4000 个居民被分配在
> 一个蜂窝式密闭住宅社区里，这是为了组成一个共同体，而它服从
> 于秩序原则的各项管理也将提供充分的自由……大楼 − 别墅的底楼
> 是一个大规模的家庭式经营工厂：食物供给、修缮服务、服务设施、
> 洗衣店……您的清洁工作将由专业清洁人员负责……您可以待在家
> 里……将有"家庭式"仆人为您料理"家常菜"或照顾小孩……您
> 将获得一种因秩序而得以实现的自由。在目前的条件下，城市中的
> 一切事物都十分混乱，一切事物都互相阻碍，没有任何的整理或分类。
> 如果我们进行整理和分类，如果我们有效地运用秩序原则，我们便
> 能够领略到自由的从容和喜悦。而家庭生活能够在平和之中步入正
> 轨；届时独身主义者和花花公子们的生活，都不再是那么诱人了。[33]

上述描述和我国 1949 年后盛行的大院式规划略有几分相似之
处——一个封闭的、完整的、协调统一的社区模式。[34] 经验表明，
大院式的规划虽然至今看来都具有十分积极的一面，但在目前自由
市场经济的冲击下瓦解了。[35] 而如今我们看到的巨型的商品房小区、
封闭的机关单位、中心商圈等城市区块，和勒·柯布西耶设想的社区
或曾经的"大院"有着本质区别。

再来回顾一下开头科尔曼关于公共住宅的观点。尽管她所批评
的乌托邦思想确实存在各种各样的问题，但私有化策略同样也不是
万能疗法。公共财物被蓄意破坏，政策制定者不能代言租客的利益，
单凭这两点能足以驳斥公共住房政策吗？对于一个连城市基础设施
都由私有资本控制的国家或地区来说也许是的。在资本眼里，法律

可以防止人们破坏铁路和街道，但不能防止人们损毁公共住房的设施，这将归咎于监管成本的问题；自由市场比政府的公共政策更能代表租客的利益，因为房东和租客都尽可以在其中"自由地"议价和选择。不过现实是诚实的，私有化只能产生越来越多的居住贫困现象，它和公共住房项目想要解决的根本就不是同一个问题。

事实上，除了某些个别的城市[36]，导致今天各大城市物质环境衰败的直接原因并非全是现代主义之过。而现代主义思想真正的危险之处在于它所隐含的由技术主导的"环境决定论"（或称物质空间决定论），和以往的乌托邦思想一样，对规划师和设计师认知和行为的误导：通过用新的技术将旧的物质环境替换成更符合当前时代的，从而一揽子解决各种社会问题。[37]可见，这些规划先驱者和空想家们仍没有真正摆脱"把城市当做建筑来设计"的思维习惯。当然，不管今天的我们怎么去批评他们，也难以掩盖他们曾经的伟大。只是时代的局限性使他们对新的规划和设计抱有过多的幻想罢了。

四、异托邦的浮现

我们暂别乌托邦，转向一栋真正的"超建筑"来看库哈斯的曼哈顿主义和"集体无意识"。它被称作"重庆大厦"，位于香港尖沙咀。它面目朴素残旧，与周遭灯红酒绿的环境格格不入。大厦总共有十七层，由一个 L 形的二层底座为基础，上承三幢[38]十几层的高楼（图 5-12）。它始建于 1961 年，原以居住功能为主，后逐渐演变为集居住、零售、餐饮、旅店等于一体的一座具有单一结构的完整"城市"。[39] 蜂拥蚁屯至此的人群大都来自包括印度、巴基斯坦、尼泊尔、尼日利亚等百余个国家。他们在大厦里经营着或服务于上千个大大小小廉价的商铺、餐馆和旅店。据估计，包括旅客在内，每天约有 4000 人留宿在这大厦里。如此数量庞大且多样化的人口和活动俨然使重庆大厦成为一座立体的"世界城市"（图 5-13）。人类学家马修（Gordon Mathews）自 2006 年起开始研究重庆大厦，并于 2011 年完成纪实著作《世界中心的贫民窟：香港重庆大厦》（*GHETTO at the Center of the World – Chungking Mansions, Hong Kong*）。在这部著作中，马修详实地记录并论述了大厦内部复杂多元的社会生态。他多次将重庆大厦描述为"世界低端全球化的中心"、"世界主义的贫民窟"、"全球文化超市"，足以显示出它作为一栋建筑的与众不同之处。

图 5-12　香港重庆大厦外观，2016 年
来源：© mariuszbogacki, https://mariuszbogacki.com

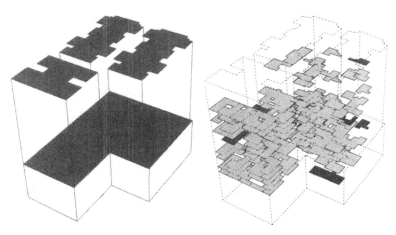

图 5-13　香港重庆大厦内部结构和平面示意
来源: Shelton, et al., 2011: Figure 2.7.

　　与库哈斯的超建筑相似的是，重庆大厦同样是游离于当地环境之外的"外星孤岛"。[40] 仅从形式上看，重庆大厦可谓是一个现实中的"超建筑"。然而它与库哈斯所构想的有诸多出入。从容量上看，重庆大厦只能服务 4000 余人，因而并不能"真正地"挽救城市于交通和混乱的危机之中。从历史上看，重庆大厦并非在建成的那一天起就具备了类城市的属性。它历经多次灾难，一系列关于电力、火警、安全、卫生系统设施的翻新和改进，以及无数次人员和店铺的流动、兴衰和更替。它能呈现出一个完整的城市迹象，并不由某种设计所控，而是它内部的社会生态在"新自由主义达尔文式竞争环境"下演变的结果。[41] 从建筑的设计实践上看，它比超建筑更"低技术"，甚至低劣——重庆大厦底座上方的三幢高楼相互独立，它们之间仅有的连接是位于地下层的五个狭小电梯的出入口，这显然不能称为便捷的交通，与超建筑所提供的步道和缆车相去甚远。再者，大厦室内环境恶劣，没有大面积的窗户，采光和通风只能依靠穿插于其中的各个天井，更别提什么绿色开放的运动休闲空间了。

当然，重庆大厦一开始就没有被当作一个城市来设计。最初的重庆大厦平凡而朴素，只不过是几栋共享一个底座的居民楼，拙劣的空间设计和敷衍的基础设施使它完全不具备服务于多样化需求的功能。因此它不能算作真正的"超建筑"，但它最终却成为比起"超建筑"而更像城市的地方。这源于自下而上的动力，是城市的活力借用了这个躯壳而不是由躯壳赋予了城市以活力。大厦的管理者并不规定各个店铺应该售卖什么商品，或是各个旅店房间的价格——这一切都是自我调节的结果。而相对地，超建筑自上而下的设计却从本质上拒绝了各种潜在的自主性，它在遏制可预测的失序的同时也遏制了自身成为城市的可能。我们看到超建筑中设计师精心设计的各个构件，从缆车到步道，从公共空间到私人住房，无一不是安排得合理得当。但矛盾的是，当一个空间越是针对某一种需求去设计和建造，它就越不可能再服务于别的什么需求了。概言之，越是完备的设计越是会缺乏可以应对未来变化的灵活性。也许一栋建筑并不需要这样的适应能力，但一座城市却需要。

重庆大厦不是一个普遍现象，很少有像这样的高楼大厦能形成自给自足的社会生态圈——这说明了，重庆大厦还至少应具备一些别的特质。根据马修的调查，我们知道，大厦的管理层是一个叫做业主立法团的组织构成，其成员（即业主持股人）有920名之多。他们虽都不住在大厦里，但切实地管理着大厦里大大小小的事物。我们不难预料，众多的业主虽有共同的经济利益目标，但也会存在分歧。这显然与高度集权专制的邮轮不同，大厦里面并没有一个意志规定着人们哪些是能做的，哪些是不能做的，更没有限定人们的身份、地位或职责；除了人人应遵守的法律，它至多只给出些许灵活的规范，允许人们在这规范内行使最大的自由——这是保持大厦内经济活力的重要特质。

第二，大厦里的"市民"都几乎奔着赚钱这唯一的目标，他们之间显然不仅存在着互帮互助，更有着严酷的竞争关系。可以想象，不管是邮轮的各个舱室还是"超建筑"中的餐馆、商铺、街道必定都是设计完备的，其功能和地位皆不得随意替换。长久之后，它们是否仍要遵循诸多年前设计师那份灵感的闪现，或是陈旧过时的数据分析预测所得到的"完美结果"呢？我们知道，由互利和竞争共同所造就的社会生态才能具备发展的可持续性，这正是重庆大厦的商业活动得以维系至今的根基。

第三，重庆大厦的繁荣还依赖于香港整体较为自由宽松的签证政策和贸易环境。商家通过雇佣价格低廉的非法劳工和避难者，才得以维持"低端全球化"的经济环境。正是它们所提供的各种廉价服务和商品，才能吸引人入住、用餐、交易和驻留。除非有人举报或舆论压力，当地警察通常对大厦内的非法劳工和一些游走于法律边缘的行为网开一面。这当然不会是设计师所期望的"秩序"，这分明是一种"混乱"。然而正是这种不可预测的复杂性，构成了重庆大厦城市属性的一种特质。人们从别处来到一个城市，显然不会是为了接受某种管制，而必定是追求某种他们想要的东西。如果这个城市不能给他们这种希望，也没有法规阻止他们离去。我们难以想象一个秩序森严、角色固化、一成不变的地方能提供给人们多少机会去追求他们所向往的东西，更何况这些追求还在时刻变化着。

第四，重庆大厦狭小的空间和高密度的人口不得已地构成了库哈斯所推崇的"拥挤文化"。这种文化往往是被迫形成的。例如马修提到，"……有时会有五个不同国籍的人坐在一起，他们不一定认识彼此，坐在一起主要是因为没有座位了，而他们都需要吃饭。有时候他们开始交谈，然后就会变成友人，也可能会开始爆发出辩论"；"正因为它狭小空间中有如此多不同国籍和宗教的人群，不可能产生不宽容的现象。如果一个人不接受不同的文化、教义、道德准则的存在，就无法在重庆大厦中生存和经商"。[42] 可见，拥挤使人聚在一起开始交流，拥挤也吓跑了那些不能适应拥挤的人。拥挤所产生的这种宽容包含的文化现象，也是一个城市赖以生存并发展的土壤。

如果重庆大厦真如谢尔顿（Barrie Shelton）等人所说的那样可视作为一个完整城市的话。[43] 那么，构成城市特征的，或许并不是那些四通八达的交通设施，求全责备的功能配置，抑或是美轮美奂的装点布局，而是一系列能推动并包容大量人口聚在一起共处、交流、互助、竞争的社会活动。反之，当一个时空有了上述的推动力和包容性时，或许就有了成为城市的潜力。正如福柯在1967年提出的"异托邦"概念中描述的一样，在这个空间中容纳了正常社会所不愿承认的因素和成分，以及它们在时空中的交错关系，但这些看似"非正常"的内容却恰恰是我们自以为正常的社会和空间得以光鲜运行的重要依托。

五、城市的"B面"

居住贫困现象或许就是对上述概念的一个很好的阐释。对急着吸引资本的城市形象来说，它大概毫无正面意义，代表着城市中的混乱、贫穷和不安定因素。因此，贫民窟往往是城市更新整体规划和设计中的主导利益方都迫不及待想要拔掉的"钉子"。理论上看，聚居在贫民窟的低收入者是很有机会在城市更新中获益的。居住贫困在宏观的物质环境上反映为城市空间资源分配的严重不平等，在微观上反映为恶劣的居住条件与低廉的出租价格之间的"对等"关系。而城市更新或许能打破原有格局，让居住贫困者获得更公正合理的生活环境。正如城市主义者所认为的，运用专业知识和精心设计，耗费少量的社会财富为低收入者提供充足的光照、绿地、公共空间和卫生条件似乎是完全可能的。

事实却是，这些居民并未能从各种贫民窟改造运动中获益，就像雅各布斯对 20 世纪 50 年代美国大规模推行的消除贫民窟计划的尖锐批评一样，所谓的更新只是将原来的住户从一个将被拆除的贫民窟驱赶至另一个而已。[44] 此类做法不仅限于美国，英国、印度、拉美等国家和地区也不例外。[45] 在我国，居住贫困现象通常以"棚户区"或"城中村"的形象出现。作为高速城镇化的副产品，这些区域徘徊在法律和城市管理的边缘。当它们被纳入城市改造范围内后，便会立即面临整改或拆除。例如，在南京"后十运会"时代的大规模城市更新中，鼓楼区江东村约 40 公顷的土地出让于苏宁集团。这片土地从城中村变为了苏宁睿城等一系列居住和商业空间，其住户也从村民（户主）和外来人口（租客）替换为中产阶层，原住户只得另觅住处，且并没有在此次空间格局的改变中获益。此类整顿的结果大多是，房东得到一次性的补偿（远不能弥补他们出租房所获的长期收益），而租客则仍然需要另谋廉价的住处。真正从中获益的是土地市场的投机者，以及因该地区环境品质和竞争力的提升而间接受益的地方政府和周边市民。该整顿方式意味着少数人对居住贫困者空间权益的再一次剥夺，而产生的土地增值仅由少数人分享，这种士绅化现象显然是缺乏正义性的。[46]

贫民窟本身对城市和农村均具有一定的积极作用，这也是它们得以持续存在的原因之一。正如格莱泽（Edward Glaeser）所指出的，贫民窟的存在是农村迁移至城市的流动人口的客观需求，它利用了城市美好生活的前景吸引了这些贫困人口，而他们所承受的微薄的收入和糟糕的生活质量也远比在农村的生活状况优越。[47]这些区域的生活环境条件恶劣，例如缺乏光照、通风和卫生设施等，但极低的生活成本是它们关键的优势，且和农村的居住条件相比，它们又有着交通和生活便捷上的优点。例如李培林通过对广州22个"城中村"的居民访谈后指出，很多住户并没有搬离的渴望，且或多或少地表露出对当前居所的留恋。[48]雅各布斯将贫民窟视为城市不可或缺的部分，是城市多样化的生动写照。[49]可见居住贫困现象的存在具有一定的合理性，它们似乎是城乡贫富差距不断增大的必然结果，而且不管是政府、房东还是租户，在这些问题上都是"无可指责"的。可见，各地居住贫困现象和重庆大厦所体现出来的社会生态一样，它们对整个城市的"正常性"有着不可低估的作用，而这些作用正是超出"超建筑"的设计者们的理性或经验之外的。

表面上看，采用提供廉价居所和改善居住条件和配套设施等方式消除这些问题，并同时提升城市品质和竞争力，似乎是可以通过规划设计实现的。然而成功的案例却实为罕见。西方国家历经100多年的清除贫民窟战役也未取得成功。即便在"最好"的情况下，贫民窟也只是暂时被排挤出了城市，它们没有被彻底消灭，而是继续在城郊生根发芽。

其中的原因就如列斐伏尔（Henry Lefebvre）所指明的那样，空间已然成为今日城市的稀缺品，具备了投资的价值，而土地的商品化导致了空间必须被分割才能进入交易市场并接受管理，这与城市规划的整体性的分析和思考方式原则相矛盾。[50]

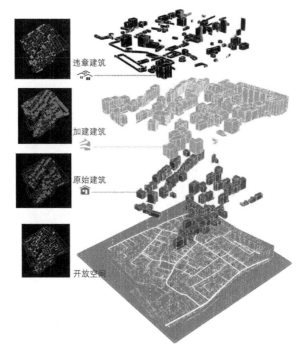

违章建筑

加建建筑

原始建筑

开放空间

图 5-14 杭州八丈井"城中村"建筑和空间分析
来源：©陈瑞等

　　例如，杭州八丈井"城中村"[51]的建筑和空间分析表明，违章建筑和加建建筑占了整个空间体量中的绝大部分，取而代之的是场地内开放空间的不断萎缩（图 5-14）。也就是说，如果将八丈井中预计会发生的社会活动纳入到公共住宅计划中，那么在一开始，设计者们很可能会大大地低估人们对居住空间的需求，而高估对开放空间的需求——这源自不断增多的外来贫困人口，而他们对开放空间的需求不及居住空间那么迫切。于是，在之后的使用过程中，这些"过于奢侈"的开放空间便会以非正当的方式被剧增的居住需求填满。那么，所谓的"设计"便成了一纸空谈。如果我们以卫生和健康的名义强制规定每位住户必须拥有一定体量的开放空间，那么其结果必然是大量低收入住户因为租金的提升而离开，相对具有稍高收入的群体会替代他们入驻，这仍然有违计划的初衷。

用"类型－审美"的观点能很容易地解释这一困境，这大概就是佩萨克住宅和贝尔梅尔项目的更为复杂的版本。很多社会行为之所以难以预料，正因为这些行为的部分逻辑本身就发源于现成的建成环境类型之中。每当环境发生改变，就会产生一套新的行为逻辑来挑战它，直到两者磨合至一个更稳定的局部类型，而这些类型并不是当初的设计者所能预料的。况且，现实中的城市不仅仅只有这么一对逻辑，另外，还有相当多的隐匿于"B面"的活动和规则。这是否意味着设计是无用的？当代的城市规划似乎正是受困于此悖论而逐步放弃了对城市物质形态的控制，但这不能反映设计的失败，而是反映了"完美设计"美学思想的失败。亚历山大等人指出，这种传统的设计思想是建立在一个谬误的前提下的，即"人类具备创造完美建筑（城市）的能力"。[52] 实际上建成环境的复杂性并不是人类能够一手掌握的东西，但同时它也隐含着一定的有机秩序，也并非不可以被理解或操作。因此，人们需要小心谨慎地对待规划设计过程，吸收多方面的建议，采取测试和反馈的机制，一步接一步地对原有的场地进行更新塑建。这段话在当时看来是对现代主义根本性的批评，但放在今天给我们的启示更多是，在建成环境的复杂性中，存在着一定的能被我们理解和把握的秩序，同时也需要规划和设计方式为此做出适应性的改变。

六、小结

　　在本章中，建成环境的话题逐渐从建筑转移到了城市上。和建筑不同，从社区规模的建成环境开始，人们的社会活动就已不再只遵循少数几种行为逻辑或规则了。城市的存在是分散在各处的事物传输、交换所需要的空间节点的组合，因而并不是用一个城市去容纳这些活动，而是这些自我组织的活动造就了一个个城市；人们也正因为这些活动而选择来到某个城市，并通过他们的参与进一步使这个城市的存在变得更为真实。很多社会活动和行为有着很强的匿名性和非正当性，却往往是构成社会和物质环境的重要基础。这种思维方式可以帮助人们更好地理解城市问题。例如，困扰规划师许久的有关城市贫民窟和城市蔓延的问题正是这个过程中所浮现出来的一组需求矛盾：人们一方面希望融入社会的物质和信息交流，一方面又希望自己的私人生活不被外界社会所烦扰。对一般的中产阶级来说，这组矛盾主要依靠着私人汽车和郊区房产来缓解。而换作相对贫困的底层阶级，只能通过压抑其中一方面的需求来回避这个矛盾，其中选择来到城市的，必定是选择了前者的人们。因而城市蔓延和贫民窟在不同人群的需求压力下不断生长，乃至相互促进——居住贫困所造成的健康和安全问题不断驱使人们用累积的财富换取郊区相对便宜且环境良好的居住条件，这逼迫城市不断向外拓展居住用地，一段时间后，这些老旧的原本在郊区的"花园"又逐渐"衰变"成城市中心地段的廉价出租房，或者，被拆除重建为一般中产阶级也负担不起的豪华地产，并继续将人群驱逐至新的城郊地区，于是便形成了侵蚀城市多样性的住区士绅化问题。

该趋势也是城市规划所疲于应对的问题之一。在思维方式转变之前，人们总是寄希望于新的技术来一次性地解决它。规划师认为他们专业的技术判断是找到最佳方案的唯一途径。然而事实证明，这种信念并不可靠。至此，人们已逐渐摒弃了传统蓝图式规划设计方法，并将目光投向人类学、社会学和生态学等领域以求帮助。的确，面对这根植于社会结构上的特征，光靠对物质环境的改善是很难真正解决问题的。人们也由此开始意识到曾经引以为豪的驾驭空间的技术在社会问题面前变得如此软弱无力，即宣告"环境决定论"的彻底失败。当然人们并不为此气馁，从此的工作重心也转移至如何去构建从各个学科的知识到在规划中的应用实践的桥梁上。这不仅迫使规划师软化了专业壁垒，并令他们从傲慢走向谦逊，走向真正"使用"城市的人——居民、业主、流浪汉、弱势人群等，推进并持续改进着公众参与的规划机制，不断地大胆尝试着新的"最佳实践"（best practice）的设计方法，并将规划重心从物质空间移至政治过程，包括制定公共政策，整合战略资源，协调各个利益相关者等事项。[53]

回到本章开头的问题。上述事实在一定程度上说明了我们对社会活动的理解仍是不够全面的。片面的理解难以帮助我们完成对建成环境的客观分析。在实践中，当代规划和设计者们依靠的是各种形式的公众参与和社会调查，这无疑要比以往专制的技术统治论妥善得多，但仍然很难回答关于什么是公共利益的问题。在参与过程中，利益相关者都会尽可能地证明自己是代表了"大多数人"而来的。呼声越高的利益群体反而可能代表了拥有更大权势的"少部分人"，从而掩盖了普通人的真正需求。[54]那么从"类型－审美"的角度能带给我们更为全面客观的启示吗？也许是的。一方面，类型的研究对象有着完整的物质形态数据和易于调查的审美偏好，它所缺失的是一部分来自社会活动和背景层面的信息，或许我们可以从当代的考古学和生态学处借鉴到一些理论和方法，从多个维度的不完备信息中找到确信的关键要点。那么，是不是存在这样核心的物质形态信息来完成对城市的充分解读呢？

注释

1　Lynch，1960：1.

2　见于 Glancey & Brandolini，1999.

3　Le Corbusier, [1933]2010：115.

4　West，2017.

5　Mayfield，2013.

6　Marshall，2008

7　滕守尧，1998：295.

8　虽说是"前车之鉴"，其实贝尔梅尔的实践和"摩托邦"的构思几乎属于同一时期的产物。

9　Wall，1999.

10　Koolhaas，1978.

11　莱斯大学建筑学院，2003.

12　Koolhaas，1978.

13　见刘婷玉整理的《从西方概念到全球意识——方振宁十问雷姆·库哈斯》，[Topic] 主题 / OMA 亚洲 OMA ASIA，2014.

14　见 Koolhaas, 1978: 175.

15　Koolhaas, et al., 1995.

16　同注释 13：83.

17　见 Coleman，1985.

18　Cupers，2016.

19　Mumford，1961.

20　在自然的微观本质上，人们更倾向于不偏好任何一个方向的"公正的自然"；但在自然的宏观现实中，资源分配在时空上的不均衡是显而易见的

21　Ravetz，1980.

22　Jacobs，1961：33.

23　Hall & Tewdwr-Jones，2011.

24　现代主义受传统的城市模型启发而成，并具有与传统的城市规划相一致的主张（不过要注意的是，这里指的是"传统的城市模型和规划"，而不是"传统城市"），见 Marshall，2008.

25　Canniffe，2006.

26　梁鹤年，2016.

27　Trancik，1986.

28　Canniffe，2006.

29　这并不是当代城市独有的现象，早在 20 世纪 20 年代，美国诗人庞德（Ezra Pound）就如此描写道："乡村生活是叙事性的……城市生活是影像式的，一个接着一个的视觉印象重叠着，交叉着……"，见 Pound，1921：110.

30　梁鹤年，2016：63.

31　Rowe & Koetter，1978.

32　现代主义者理想中的"按需分配"所指的是满足"最低生存"（Existenz minimum）美德的需要。

33　Le Corbusier，[1924]2009：206-207.

34　这里的自给自足是针对居民出行而言的，大院还有"明日城市"所没提到的教育和文化服务，这样的社区当然得依靠外界资源源源不断的供给才能维持运作。

35　胡毅 & 张京祥，2015.

36　这些"个别"城市可能包括昌迪加尔、巴西利亚，但事实上他们的规划在具体实施的过程仍遭到诸多反对因素，而只能称作相对纯粹的现代主义城市。

37　Hall & Tewdwr-Jones，2011.

38　虽然重庆大厦分为 A、B、C、D、E 五座，但事实上 B 和 C、D 和 E 都

分别同属一座大楼，故从建筑角度来看共计三幢高楼。

39　Shelton, et al., 2011.

40　Mathews，[2011]2014: 30.

41　同上 : 321.

42　同上 : 146；305.

43　Shelton, et al., 2011.

44　Jacobs，1961.

45　孔俊婷 & 孔江伟 , 2015；王英，2012.

46　胡毅 & 张京祥，2015.

47　Glaeser，2011.

48　李培林，2019.

49　Jacobs，1961.

50　Lefebvre, [2000]2015.

51　该地区的建筑已于 2018 年被整体拆除。

52　Alexander, et al., 1975.

53　Taylor，1998.

54　唐燕，2011.

第六章 核心与层级

在谈到前面所提出的问题时，我们不妨重新回顾一下本书关于类型学研究的两个重要观点，并从中找到相应的对策。首先，在千万种建成环境的类型中，最有研究价值的是那些最为经久的类型，因为它被认为是不断变化的事物中最具有稳定性的那部分，是各种力量相互作用下的动态平衡状态。就好比一个生命体能从环境中凸显出来，是因为它稳定的"低熵"形态，维持这一形态的是其背后无数不断涌动着的微观物质和持续变化着的宏观环境。所以我们对建成环境的考察主要是它们在时空上最为凸显的部分，而那些导致类型形成的一些技术、经济和文化等因素是相对次要的。凸显的部分通常有着可见的物质形态和现象，若将它们和非物质的社会活动之间建立起可靠的对应关系，那我们就能获得一种可靠的认知手段。该思想类似于新考古学（New Archaeology）中由宾福德（Lewis Binford）在 20 世纪 70 年代发展起来的中程理论（middle-range theory），即用物质记录与不可见的人类行为对应起来。[1] 接下来的内容会通过研究文献来表明，对建成环境类型来说，能与社会活动相对应的部分主要是其中的空间系统。

第二，建成环境的类型具有嵌套的层级特征。根据生态学中的层级理论（hierarchy theory），作为某层级系统的子系统自身也可视为一个整体。在特定层级上，整体内部的相互作用明显强于整体之间的相互作用，而层级内的相互作用也明显强于跨层级的相互作用。此外，每个层级可以通过其时空尺度与其他层级区分开来。[2] 因此，层级理论提供了一个也能适用于地理学领域科学分析的共同方法，并能令每次分析仅关注三个相邻的层级，或至少能将复杂系统简化到一个"更为可控的程度"（a more manageable level）。[3] 想要充分理解一个类型，有必要同时考虑它上下两个层级的类型。例如传统园林、传统亭子及其构件可视为三个类型层级。如果我们聚焦于园林的布局，那么园林的外部环境和园内的亭子必定是要考察的对象，但组成亭子的构件，包括它们的形制、材料，以及修葺过程中产生的变化等便不非得是考察的重点了。正如我们考察一个生命体的形态时，不用关心具体有哪些组成它的分子发生了变化。这样的简化在面对城市空间形态这一复杂事物的分析时显得尤为必要。

一、空间的占据与连接

在不断地精简关于建成环境分析对象的过程中，在引起最根本的质变前所剩下的很可能是人们对空间的占据和空间之间的连接了——作为空间在社会中最基本的功能，作为物质形态和社会活动最根本的关联，无法再进一步简化了。那么，这两者会不会是建成环境类型的关键核心呢？奥托（Frei Otto）直截了当地将"占据"视为所有规划最原始的动因，他用大量实验模拟了两种典型的占据机制，即分散型占据和紧凑型占据。[4] 例如在第三章中提到的危地马拉丘陵地带和缅甸茵莱湖上的离散型住宅（见图 3-10、3-11）便是典型的分散型占据，而第五章提到的大都市"拥挤文化"则是典型的紧凑型占据。实际上，在任何聚落或城市的建设过程中，两种占据机制都是同时存在的。[5] 所谓的典型，是指其中一种机制占据了相对主导的地位。另一方面，空间的连接也同等重要，它们是人类在空间中运动时反复使用的轨迹，是占据得以维持和发展的关键。在建成环境中，这些连接可等同于道路系统。例如早期人类的道路系统可分为三类，领地内路网、聚落内路网和对外长途路网，分属于不同的类型层级，即私有空间内的路径通道，城镇的公共路网和城镇间的道路连接。

　　连接和占据唇齿相依，占据是人类建造的根本目的，而连接是占据得以到达和增长的必要条件。人类任何一个建成环境的空间系统都必须包含两者。从生成过程来看，道路系统不仅是为了连接固定被占据的区域，它们同时也促进了占据的产生。从描述上说，连接强调的是空间之间的拓扑关系，而占据则更注重空间的几何性质。在不同的尺度规模下，占据和连接也能相互转换。一个街角可以看作是一个空间上的占据，从更大的尺度上看它也是连接的一部分。从占据与连接的基本规律上说，人们青睐于近圆形的占据和以最短路线为方式的连接。假设空间都是均质的，那么占据和连接就会根据上述规律经济性地表现为正六边形的蜂巢状系统。[6] 从霍华德的田园城市，到考琼（Noulan Cauchon）的"六角城"（Hexagonopolis）

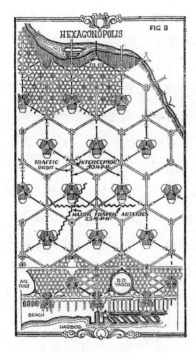

图 6-1 考琼的"六角城"构想，1927 年
来源: Davidson，1927: 21.

（图 6-1），再到贝尔梅尔的实践都能反映出人类对这种空间形态结构的认识。

但有些"理想城市"并不遵循这个规则，例如维特鲁威（Vitruvius）的《建筑十书》中

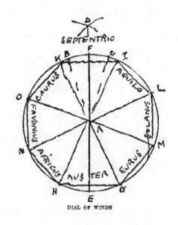

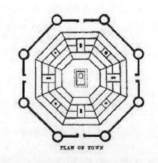

图 6-2 维特鲁威的理想城市模型，根据八个风向和健康关系布局的城市平面。
来源: Vitruvius，2001: 图 1-9; Granger，1931.

提到的理想城市是正八边形的（图 6-2）；勒·柯布西耶的光辉城市呈现为今天最为常见的四边形结构外加 45 度斜交轴线（图 6-3）。在现实城市中，六边形的布局更为少见。例如纽约曼哈顿便是简单的矩形格网；被视为传统城市典范的威尼斯则有着难以描述的不规则状（图 6-4）。较为意

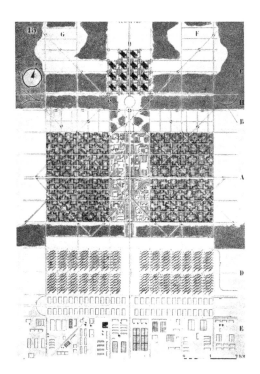

图 6-3 勒·柯布西耶的光辉城市模型
来源：Le Corbusier, [1933]2010: 137.

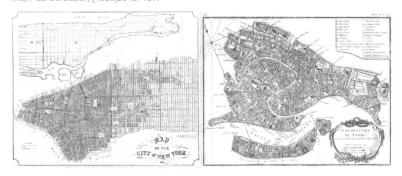

图 6-4 纽约平面图，1851 年（左）；威尼斯的平面图，1764 年（右）
来源：©2022 Museum of the City of New York，https://www.mcny.org/exhibition/greatest-grid-0；Bellin, J. N., 1764.

外的是帕玛诺瓦城市中心广场是六边形的，而到了广场外围以及城市边缘却变成了九边形（图 5-10）。在诸多城市的形态类型中，构成骨架通常是作为空间连接的道路系统，道路之间的填充是人们对空间的占据。当然，连接结构和占据形态形成的先后顺序也可能是相反的，也可能是同时进行的。它们的具体形态各不相同，且并无规律可循。譬如曼哈顿和威尼斯同样有着不规则的边缘，但内部的道路系统形态和占据形状却遵循着截然不同的秩序。换言之，造成占据与连接的差异的因素有很多，包括且不限于地理空间的差异性、土地所有制、行政和管理体制、规划技术等以及这些因素的历史总和。

二、城市形态类型的若干问题

上述的多元化现象产生了一系列问题，当它们涉及城市形态时，似乎都构成了对类型概念和事实的挑战。第一，既然正六边形被认为是最为经济的空间形态构成，它理应是常见且经久的，那么为何我们现实中的城市乃至建筑都不遵循这一形态类型呢？贝尔梅尔的例子证明了，空间不是那么容易被人类的一时念想所驯化的。贝尔梅尔的建筑和地块经过 20 世纪 90 年代的规划和改造后，重新拾回了最常见的直角正交的形态（图 4-10）。昂温（Raymond Unwin）和帕克（Richard Barry Parker）对田园城市的实践——莱奇沃斯（Letchworth）和韦林（Welwyn）也全无任何与六边形相关的意图，而是分别采用了奥斯曼式的轴线和风景如画主义的曲线形态（图 6-5）。这说明六边形的连接和占据系统有着内在缺陷。图 6-6 表

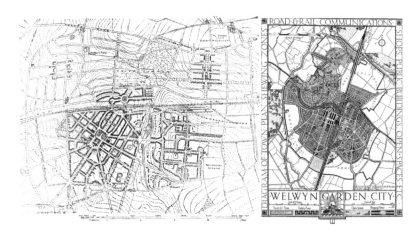

图 6-5　莱奇沃斯（1904 年）和韦林（1920 年）的田园城市总体规划平面图

来源：©Division of Rare and Manuscript Collections, Cornell University Library；https://www.welwyngarden-heritage.org/photo-gallery/category/62-wgc-maps-plans

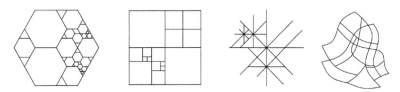

图 6-6　四种典型的布局方式，分别为正六边形、正方形、放射形和曲线的有机形态。

明了在各种常见的不同类型的连接方式中，正六边形无法支持对空间不同而连续的尺度的占据——新的六边形无法从原有六边形的切分或合并中获得，并且在每次的切分或合并过程中都会残留下三角形。那么，从路网的形态类型角度看，正六边形不能形成嵌套的层级结构，是一种僵硬的形态，不能灵活地服务于多样性的尺度需求。形态学中城市重要的分形（fractal）几何特征，即形态结构的相似性和尺度多样性就无法在正六边形系统中实现。

图 6-7 显示了，在连接点的位置确定后，近似六边形的连接方

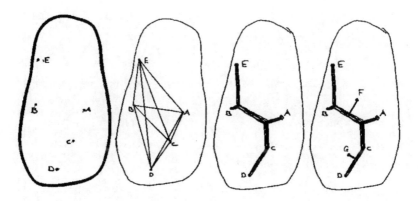

图 6-7 道路的衍生过程
来源: 改自 Otto, 2009: 60.

式能形成最为经济的"最短道路系统",但当后来在路网附近需要连接的点进一步增多时,这一方式便变得不再可行了,只能令新增的点采用直角的方式与道路相连。显然,聚落或城市在增长的过程中,不可能每次都将原先的路网抹除后再重新构建一个最短道路系统,而最经济的方法则是从原先的道路上衍生出新的连接,并且这些新增的点也必定会以最短的路径与现有道路垂直相连,呈现为丁字形和十字形的交叉。久而久之,该道路系统就被直角相连的矩形网格形态所主导了。同样的过程也会发生在放射形和有机形的路网中,呈现为一种以放射、有机形为主干,直角网格为填充的混合形态类型。同理,占据和连接一体两面的关系使得正六边形的占据方式最终也会妨碍它的发展。因此 20 世纪 90 年代的贝尔梅尔的改造规划只能选择拆除绝大部分六边形结构,而不是在原来的形态类型基础上进行修改或完善。而当需要连接的点数量和位置不发生太多变化时,近六边形或五边形的连接相比直角连接就显得更为高效了,这种形态类型不会发生在城市内部,而是发生在更为稳定的城镇间的连接上（图 6-8）。

第二个问题是，当代城市生活在全球化的影响下有着趋同的趋势，而该趋势却似乎没有对城市空间占据和连接的原本形态造成显著的影响。那这是否意味着对应着社会活动的类型分析在城市形态层面上

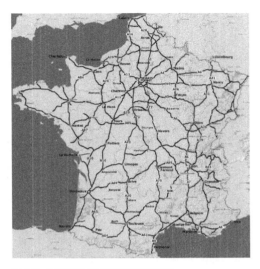

图 6-8 法国连接全国城市的高速路网系统
来源：©Google Map 2022

就失效了呢？该问题可以从两个方面来回答。首先，这个问题没有考虑建成环境本身对社会活动的影响。这种影响放大至城市规模上时更为显著。以威尼斯在各个历史阶段的财力，对城市街道乃至运河进行裁弯取直并非经济上的难事，但这计划必定会遭到既得利益者的集体抗议。当前空间的组织秩序正是他们的核心利益之一。我们从奥斯曼（Georges-Eugène Haussmann）改造巴黎的故事中就能明白，若非有强大的政治动员力量，大幅改造城市的形态结构难于登天。因此，从某种意义上说，巴黎的改造历史是不可复制的。例如19 世纪末至 20 世纪初，伯纳姆（Daniel Burnham）和商人俱乐部（The Commercial Club）曾雄心壮志地试图将当时肮脏凌乱的芝加哥美化打造成另一个巴黎。规划在推广和实施中遭到了相当大的阻碍，最终芝加哥也只是部分地采纳了规划中的一些建议，且常常以各种

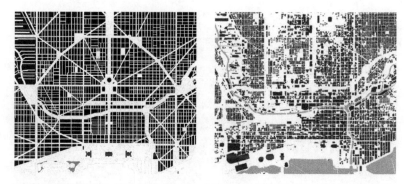

图 6-9　芝加哥规划（左，1909 年）和现状（右，2009 年）的"图－底"地图，规划中绝大多数的轴线式的林荫大道均未被实施。
来源：改自 Burnham & Bennett, 1909; https://schwarzplan.eu/en/figure-ground-plan-and-site-plan-chicago.

更改过的形式（图 6-9）。[7] 面对放射形轴线的"冲击"，矩形格网显示出更为强大的"韧性"。该韧性不仅源于结构本身，更是来自想要维护这种结构的林林总总的利益相关者。这在一定程度上可以证明，由空间占据和连接搭建的空间系统的经久和稳定的特征在类型研究中的凸显性。

　　另一方面，这恰恰也说明了我们对社会生活的理解是不够全面的，存在不少偏差或不够具体的内容。所谓的"当代城市生活"仅是一种概括的模式而并不存在某种具体的类型与之相对应。居住在纽约和威尼斯的人们在生活模式上也许有相似之处，但具体到其中的社会活动又不像我们所想的那么一致。譬如空间在威尼斯中的占据与连接方式并非以经济或交通效率为首要考虑，其如迷宫般的陆上交通为游客带来富有神秘感的体验，而不像曼哈顿的大道般一目了然。这当然只是众多社会活动的冰山一角，两者在诸如土地产权、交通方式、文化认知、商业模式等因素都有着十分显著且具体的差别。这些差别是城市在经济和全球化的今天依然能保持自身特有形态类型的社会基础。相反，在不少城市的新建设中，没有了原生的类型延续，就会常常呈现趋同的形态。所谓千城一面的现象指的不仅仅是外观上的雷同，更是城市空间形态类型的趋同。

　　第三个问题是关于分析对象的。鉴于第一章所述，空间在人们认知上的凸显往往要弱于实体一个层级，那么构成城市形态类型分析核心的为什么往往是空间而不是建筑实体？一方面，城市的空间系统涵盖了街区尺度上的建筑组织形态，因此它并没有将建筑实体排除在外。另一方面，本章开头提出，我们需要关注的是分析对象自身所在的层级以及相邻的上下两个层级。那么对建筑实体来说，其上一层级是地块或街区，而下一层级是自身的结构。这么看来，城市街道网络等重要的开放空间系统还不是它的主要研究范围，因而仅凭建筑类型的分析不能完成对城市形态的认识和理解。那么是否可以将建筑群的整体形态视为类型研究的核心呢？理论上是可行的，正如在"图 – 底"关系中，它们和开放空间属于一体两面的关系。然而，建筑群之间的连接方式以及高度和楼层等数据往往难以采集，相较于连续而开放的空间系统来说是略显劣势的。因此后者可优先作为分析对象，但也不排除有的研究会更专注于建筑群。需要注意的是，当涉及城市这一大规模的复杂系统时，空间的重要性主要于局部开始凸显，而也仅有城市的局部才能被视为某种形态类型来分析。[8]

　　另外值得一提的是，学者们关于城市形态类型的研究对象持有不同的见解。英国形态学派的奠基者康泽恩（Michael Robert Günter Conzen）将城镇形态分析的三大主要对象定义为平面单元（town plan，包括三个基本单元，即街道、地块和建筑区块），建筑肌理（building fabric）和土地及建筑利用（land and building utilization）。[9] 由穆拉托里（Severio Muratori）和他的学生卡尼吉亚（Gianfranco Caniggia）建立并发展起来的意大利类型学派则将类型过程 (typological process)、城市肌理 (urban tissue)、类型的共时性和历时性变体作为城市类型学中最重要的概念。[10] 与此同时，这些学派都各自发展了一套用于城市形态类型学的分析方法。有学者认为，"好"的分析单元仅应是康泽恩规划平面对象中的路线、地块和建筑这三个要素。因为它们有着十分清晰的边界和几何特征。[11] 有学者在面对中国传统城市的形态类型研究时提出了七大城市要素——城市总平面、天际线、街道网络和街道、街区、公共空间、公共建筑和住宅。[12]

总的来说，这些要素都具有相当重要的研究意义和分析价值，但它们与具体社会活动联系的密切程度并不一致，其来源和统计方式也不尽相同。例如陈飞认为，鉴于数据资料的可获得性、可靠性和一致性等问题，平面单元或地图分析在中国传统城市的研究中是难以作为主要分析对象的。[13] 又如她所认可的城市天际线在马歇尔看来却更多只是建筑对地球引力的一种回应。[14] 换言之，物理定律对天际线的影响是要远远大于人类社会活动的。然而，站在另一个角度，例如从建筑轮廓的复杂度来看，底部和垂直面常常具有相对顶部较小的变化幅度。人们所认可的最复杂也是最具辨识度的部分往往集中在建筑的顶部，尤其是屋顶线的转折，也就是构成天际线的那部分。[15] 不过，仅当我们将整个城市作为某种类型来考察时，天际线才能充分发挥它的影响，而这种情况只存在于少数特殊的社会活动中，且通常不是物质或信息交流性质的活动。所以说，即便城市是显而易见的三维物体，它们和日常社会活动相对应的物质形态主体仍是二维的，就算将建筑内部空间全都纳入考虑，它们也是由二维平面所构成的片层状的三维"实体"。[16]

可见，在对上述问题进行回答的同时，我们也提出了基于城市二维平面的空间占据与连接系统作为形态类型的研究核心的部分依据，而且事实上现有大量相关研究都是基于该核心对象进行的。[17]这是一种不可避免的简化，它在攫取城市最基本核心要素的同时，尽可能地摈除了分析过程中模糊的事物和容易重复出现的冗余内容。其中，当代城市边界的模糊性使得整个所谓的"建成区"都很难在分析中被很好地界定。因此很多分析会尽可能地避免接触到那些模棱两可的城市边缘区域。冗余性则在于某些要素会在分析中被重复统计，从而使分析失去对变量的精确控制。例如马歇尔主张的街道和地块这两个要素之间就有很大一部分的边界和几何形态存在交叠，地块和建筑亦是同理。再如康泽恩提到的建筑肌理和土地使用之间也有着一定的相互影响。当然，越是丰富的数据维度能为分析带来越可靠的解释，这里所主张的简化也未必是对事物本质的完美再现。但如果简化后的分析结果仍能对各种不同的形态类型进行区分，那么可以说这种简化是有效的。尽管克洛普夫（Karl Kropf）认为多元化的描述方法，以及这些方法的有效协作对充满多样性和复杂性的城市形态分析来说是必不可少的，但他同样也指出了我们仍需要通过比较的方式来理解不同描述方法所得到的信息。[18]那么，我们对城市空间系统相关的考察也未必不能是多元化的，且它相比规划平面、地块、肌理等信息在来源、精度和处理方式上更具有可比较的一致性。

三、空间系统的定量研究

有相当多的研究致力于城市空间形态的量化分析，有一部分旨在通过数据关系来揭示一系列普遍性的规律，也有试图通过定量的描述来对特定的城市形态做出客观的评价。从研究的侧重来说，有专门注重空间连接分析的，例如伦敦大学学院的巴特莱特规划学院（Bartlett School of Planning）就城市形态结构研究为我们提供了十分丰富的理论和方法。早期一项重要的分析方法便是由希列尔等人创立的"空间句法"（space syntax）。另一项分析成果所涉及的规模更为广泛，是由巴蒂（Michael Batty）主导的关于城市网络（network）和流（flow）系统的相关研究。关于两者并重的量化分析，有着例如刚才提到的巴蒂团队、萨林加罗斯（Nikos Salingaros）、萨拉特（Serge Salat）、陈彦光等来自不同专业背景的学者关于城市空间分形现象的研究，以及东南大学王建国、段进团队的综合性空间研究等。还有专门针对空间占据的方式、规模和几何形态的研究，例如巴蒂团队对城市、城市地块和建筑高度等要素的规模分布规律的研究，同济大学庄宇、叶宇团队对城市形态相关要素的整合性分析，以及从景观生态学发展而来的关于空间紧凑度和破碎度的描述等。这些分析都建立在应用统计的基础上，是对抽象后的空间系统的量化检测和评估，为当代设计实践提供了有力的支撑。

不过，很多针对地方的定量研究缺少可供重复检验的条件和可控的自变量，因此很难排除因人为或其他因素而导致的误差。[19] 尽管很多误差不可避免，但它确实会导致相关研究结果出现预料之外的偏见。在前面的一些章节中，我们已经讨论了这一系列源于自变量的相互影响而产生的复杂性。另外，我们也明白某些因素的缺漏也同样会造成偏差。因此，关于空间系统的定量研究一边倾向于收集长期的历史的空间数据以弥补上述缺陷，一边则更多地采用数据模型来将理论"翻译"成实验，以便令其接受实证的检验。在此讨论这些具体的细节似乎与我们此刻的主题关系不大，但它们却恰恰说明了近二十多年来人们对城市空间系统认知和理解的巨大革新。在 20 世纪自然科学迅猛发展的影响下，和城市相关的社会科学也在不断地将现实的复杂性和不确定性纳入到研究方法的考虑和修正中。因此，我们从中能很明显地察觉到一个分水岭存在于建筑和城市这两个规模截然不同的建成环境之间，以及传统与当代城市规划实践之间。如果说建筑营造的艺术看重建筑师个人建立在理性和经验上的审美直觉的话，那么城市建设的艺术更在于如何妥当和巧妙地利用好数字化的分析技术。

为了不影响行文的连贯性，笔者将一些基础和常见的定量分析方法及其原理的介绍和阐释安排在了本书的附录中。这些方法并非都是最前沿的，但它们代表了几种最为基本且截然不同的分析思路。在附录中笔者只是对它们进行了初步的讨论，而没有摘抄与之相关的公式和统计计算方法，但其中提到的相关论文和专著都详细地描述和解释了这些方法，可供有兴趣的读者查阅。

四、局部与整体

上述量化分析方法在描述这一"核心对象"时是不是有效呢？答案是肯定的。首先，即便是通过最初步的分析对比，空间系统就能有效地区分两类肉眼可辨却难以言表的城市形态——传统的未经规划的城市和经过某些特定原则规划的城市。例如，前者有着较高的交叉口密度和整合度，有显著的分形特征和连续的尺度变化等，而后者则倾向于不断重复少数几个空间构成的法则。其次，这一核心也能通过数据比较对不同的城市之间的差别做出敏感的反应，可由附录中提到的学者做过的众多调查、实验和分析来证明，在此不一一列举了。第三，城市空间系统具有相对较高的凸显性，因为它既描述了局部特征，又呈现了全局信息。那么，从类型学角度来看，如此可被检测的核心已足以能成为形态类型的重要判断依据了。那么，现在摆在我们面前的问题是，这个核心的"本质"是什么？以及人是如何参与到其中的？

回顾那些量化分析方法就不难发现，它们在检测中皆或多或少地指向了关于复杂空间系统的整体与局部关系的各种解读。空间系统在这些分析模型中多体现为离散系统（discrete system）的特征。在离散系统中，全局形式[20]呈现的是稳定的共时性关联结构，反映的是人们对全局的整体认知。也就是说，全局形式是由局部或个体行为引起的，但它不能被还原为局部或个体行为。[21] 如果用鱼群来类比大概更便于理解。某些鱼类的集群现象是它们觅食、迁徙和躲避敌害的一种行为本能。我们可以为个体设置两条十分简单的局部规则：一、每个个体平时作随机运动，当群体占个体的视域范围 50% 以下时立即朝向群体游动；二、当群体占据个体视域范围的 80% 以上时，个体就得立刻向空余处移动，以免过于拥挤，这样就能完成一个稳定的集群行为。我们还可以为之添加第三条规则，例如当个体的视域范围内出现敌害时，立即向反方向逃离。那么可以想象，当天敌游向鱼群的某一侧时，远在另一侧的个体也能因为感受到扑面而来的拥挤而立即向空余处移动。在此行为规则下，即便鱼群的绝大部分个体并未感知到敌害，整体也能迅速地做出逃离的反应。然后，在四散逃避过程中又因为前两个规则而重新集群。那么，在整体上看，整个鱼群就如同一个"超个体"，拥有一定的感知和反应能力，在形态上呈现为某种稳定的集群结构，但我们是无法从该形态结构反推出里面的个体是什么样子的。与之相似的行为引擎也可由元胞自动机（cellular automaton）来呈现。[22] 在那些量化描述中的城市空间系统也是如此，局部与全局之间有着隐含的关联，稳定的全局形式往往由简单的局部规则所引发。

　　在未经规划的传统城市或聚落中，这种局部规则和全局形式的关联是很普遍的。在一定自然或社会规则的约束下，人们会倾向于模仿邻近的建造行为。不过，模仿并非完全的复制，人们通常会根据自身的经济状况和技术水平略作修改，同时也会有意识地使用少量不影响结构的特殊装饰或材料来将自己的建筑与邻居的进行区分——这份动力源于前文提到的"类型－审美"的反馈。于是由这些单个的建造行为构成了邻里街区，以及它们的形式特征。街区依然按照其所在层级的局部规则进一步拓展，继而形成社区乃至城镇。城市或聚落整体也就由此类自相似结构和自组织行为逐步构建起来。不过，前面提到，离散系统的生成过程是无法还原的，每当一个层级的自组织规则完成了上一层级的形态构建之后，在更高的层级中就不见得继续有效了。因此，在研究城镇社区尺度的形态时，其局部规则往往就由地块和街区生成，而不非得是里面的建筑或院落，尽管后者引发了地块和街区的全局形态。这好比不同种鱼构成的集

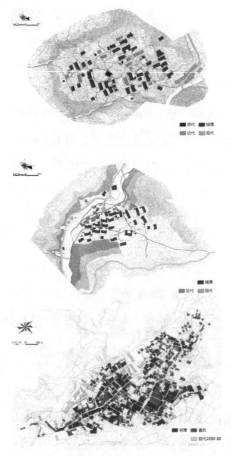

图 6-10 从上至下为温州 H 村、S 村和黄山西递村的村落不同时期建筑分布图
来源：温州市民用建筑规划设计院，2013；段进等，2006：图 13.1

群形态可能是相似的，只要它们遵循着相同的集群规则。反之，当两组同种鱼构成的集群处在不同环境中时，它们所采取的集群策略可能会有所不同，从而构成群体形态上的差异。不过，最耐人寻味的是，不同种类的生物往往更容易存活在与之性状特征和能力相匹配的生态位上。鉴于此，不难想象，相同的两个种群会有更高的概率游走在相似的环境中，因而其集群形态也往往是相似的。这体现了一种跨越了层级的关联，只不过它非常隐晦。

所以，在底层逻辑和最高层级的全局形式之间也许存在着某种微妙的联系。以相对简单的聚落为例，我们可以通过对比位于浙江温州的 H 村和 S 村，以及位于安徽黄山的西递村的建筑分布情况来说明这种联系（图 6-10）。H 和 S 村有着相同的生产生活方式，几乎每家每

户都有造纸用的腌塘和纸坊。因此，即便两村落的发展历史、地域
面积、自然地理条件、建筑数量各不相同，它们的建筑类型和村落
布局的组织形态仍是相似的。其建筑和院落都以"一"字形沿山体
等高线排开，随海拔升高而减少建筑密度，并尽可能地避免和邻居
的建筑相接，且与河流的联系很弱（内部交通不建立在水运上），而
与山间溪流有着复杂的形式关系。可见，在全局形式上，由生产方
式主导的局部规则在客观因素的作用下有着相似却程度不同的表达。
西递村自古以经商为主要营生方式，其建筑布局以防御性的围合式
三合院为主，多用封火墙作为建筑间的物理区隔。人们倾向于聚集
和团块结构的居住模式，建筑与溪流、街道的界面关系密切，呈现
与前两个村落截然不同的形态类型。而且上述特征还能体现在不同
时期的建筑分布情况上（除一些现代建筑外）。也就是说，村民因为
生产方式的不同，最终会或多或少地体现在整个村落的形态差异上，
而这种关联是难以预测的，更不可能被还原。进而表现出一种自下
而上的单向演变模式。

　　在现代规划的城镇中，我们不太容易找到这种单向联系。这一
方面是由于层级之间断裂的现象十分普遍，另一方面是因为自上而
下的计划往往都采取很少的几种逻辑来完成空间组织，或甚至仅将
单一逻辑体现在整体平面布局这唯一的层级上。例如广受争议和批
评的昌迪加尔和巴西利亚规划等，它们的城市和建筑之间几乎没有
包含任何中间层级。再如图 6-11 所展示的一类具有迷惑性的"层级"
体系——典型的美国城郊的住宅布局形式，同时它也是功能主义交
通规划的常用模式。它的空间系统从上自下贯彻了一种树状的逻辑
式结构。树状结构似乎本身自带"层级"（或称为"等级"更为恰

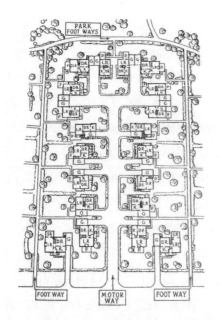

图 6-11　典型美国城郊社区道路规划类型单元，该单元见于费尔罗恩郊区的雷德朋规划 Radburn，Fairlawn，New Jersey，1929 年。尽管该设计用步道将各户的门廊连接到了步行网络上，但这些步道除了用于散步之外几乎没有交通上的功能）。
来源：Southworth & Ben-Joseph，2003: 73.

当），旨在应对不同速度的交通方式。这种层级秩序看似十分直白，但它从局部到整体只有一种物质流动的组织逻辑，即如植物导管、油气管道和排水系统般只支持一对多或多对一的流动方式——这当然是把人们实际的社会活动过度简单化了。它假设人们的活动必须从尽端路出发，经由支路逐级汇集到主干道上，再从主干道逐级向下流动到另一条作为目的地的尽端路上（在该系统的理想状况下，只有尽端路才能提供和建筑物、公园、停车场有关的服务功能）。事实上，图 6-11 所展示的单元本身即可视为一个超级尽端路，因为该单元包含的都是清一色的居住功能，就如同一栋朝水平方向展开的豪华公寓楼，其中的车道就是公寓的大厅，末端的小道即是走廊。如此看来，尽端路和主干道之间的这一"层级"也就不复存在了。

早在 1965 年，亚历山大在《城市并非树形》一文中已充分批判了将这种树状结构应用至城镇空间和功能布局的规划行为。[23] 事实上，上述的"层级"结构只是一种展示在整体布局上的设想。它和斯克鲁顿提到的餐叉一样（见 4.1 节），是人们强加给形式的一种关于效用的想象，且在聚焦于这假想之时忽视了其他不少具有价值的功能和几乎所有的"非正当性"活动，例如街区尺度的社交、购物活动，步行可达的医疗和教育服务，自发于街道和宅前院后的集会与交谈等。尤其是当某些重要的路径或节点被切断时，例如拥堵或施工，使用者几乎没有任何可替代的行动方案。树状结构中，属于"枝叶"的部分必须依赖于"主干"才能正常行使它们被指派的功能，这令整个空间系统极度缺乏韧性，难以应对哪怕是最简单的变化。显然，关于这类层级的断裂和空间组织多样性的缺乏，能很明确地体现在关于整体与局部关系的检测结果上。

　　可见，在城市形态的类型分析中，甚至在所有建成环境类型的分析中，其核心的"本质"都旨在描述整体和局部的关系。不同层级之间由不尽相同的局部规则相连接，因而层级间的联系不仅是存在的，且有规律可循。譬如我们可以理解一条鱼的各种性状具备支持它个体生理功能的逻辑，以及这些个体组成鱼群有着进一步完成更高层次的交流、迁徙和防御等任务的逻辑。这两种逻辑是截然不同的，它所能应对的问题自然也是不同的，但它们之间确实地隐含着某种难以捉摸的关联。另一方面，相同的局部规则也会因各种客观环境因素而影响到它们的发挥。这类似于生物体内的同一套基因也会因环境的差异而呈现出不同程度的性状表达。在过去，人们对于这一核心的把握往往是基于经验和直觉的。那时候的人们通常做的是在社会条件允许下的"有限选择"和"剔除劣种"，而不是"凭空创造"。而在现代规划中，也许是得益于生产力的进步加上某种意识的觉醒，人们更倾向于执行基于某种特定逻辑的建造。但这种看似理性的逻辑往往是过于单一的，且常常仅基于整体上的经济、效率甚至仅仅是平面的视觉效果层面的考虑。从中产生的秩序也多由既定的全局形式来落实，而不是从那些看似简单的局部规则在自组织的作用下涌现而来。当然，这不代表人类的理性就不能遵循后者的原理来进行创造，只是目前我们还未充分地认识到这一问题，而自觉不如那些仅靠经验和直觉营造的传统城市了。

五、层级的美学

本书多次提到了"层级"一词。我们也清楚地意识到，这里无法给层级一个先验的定义，因为它是从类型的内部构成和外部环境衍生而来的概念，只能从具体的类型出发去探查它们。不过，我们依然可以从克洛普夫总结的城市空间的各个类别及其关联来大致地将它划分为若干个层级（图 6-12）。[24] 这些层级由实体和"空白"（或按第一章所述的"洞穴"）构成，前者从高到低分为整个城市区域、城市肌理（社区尺度）、街区、地块、建筑、结构和材料；后者分为开放空间（包括路网）、由建筑围合

图 6-12 城市空间层级示意图
来源：改自 Kropf, 2011: 395.

的半开放空间（尤指建筑间的对天空开放的区域）和建筑内部的房间。[25] 可以发现，前面讨论的空间系统（在图 6-12 中表现为"空白"的部分）以连贯的方式渗透进了多个层级，这进一步说明了它能作为核心分析对象的优势所在。

不难发现，前文中提到的局部和全局之间的层级，和附录中的分形维数计算和城市街区统计中的尺度层级，以及树状结构中的形式层级在概念上存在较大的差别，但在实际应用中仍有一定的关联。例如分形中的层级往往是为了方便计算而"自定义"的尺度比例，比如二分之一、四分之一等，最理想的情况下是各个层级的尺度恰好和我们所说的肌理、街区、地块、建筑等尺度相契合，也就是说两者之间的逼近效果越好，其分形维数的估计值就越接近于真实值。[26] 再如，若树状结构中不同等级的道路也恰好是社区、街区和地块边界，那么该结构也能视为局部与全局关系的真实表达。换言之，尺度是各个层级的重要的具体表现形式，而层级更是各种社会活动逻辑的结构性表象。那么，和层级的本质最相关的概念也许就坐落在人类各种社会活动的规模差异中。而且，各种社会活动是可以交叠存在的，一条道路既可以是通勤要道，也可以是人们散步的场所，而两者所触及的空间规模与尺度大概率是不同的，这就要求一个"好"的空间系统需要具备一定的多样性，以承载不同的社会活动。也就是说，一个充满割裂的空间系统往往不能同时满足各种社会需求。

萨林加罗斯指出，人们能够瞬间完成对传统和乡土建筑的积极体验，而对很多新建筑的反应往往是消极的，这是因为后者在建筑师某种所谓风格的指导下不仅失去了关于自然尺度层级的体现，也

丢弃了该层级与一致性结构的相互融合（图 6-13）。[27] 其中，所谓
"自然尺度层级"是一种符合直觉认知和便于经验理解的结构特征，
它能给大脑带来"熟悉的"舒适感。实验心理学表明，缺乏该特征
的陌生物体更容易增加人们的心理压力，这显然走向了人类审美偏
好的反面；[28] 而所谓的"一致性结构的相互融合"则能更透彻地表
述为从最小局部到最大整体的过程中所隐含的层层关联。在同一著
作中，萨林加罗斯又极富激情地为建筑中的装饰"平反"。这些被现
代主义者极度"嫌弃"的装饰在人与环境的连接中证明了它们的重
要价值。[29] 摈弃了装饰的现代建筑将人们的视线从巨大平整的墙面
直接推落至材料肌理的微小尺度上，层级的断裂使得人们无法从各
种适宜的距离来认识他们所看到的庞然大物。这就像你抬头瞧见一
头巨兽高耸入云的身影，放眼皆是它骇人的鳞片，却怎么也看不到
它的头、眼、四肢那样令人不安和恐惧。

图 6-13　传统与现代的城市建筑肌理对比，现代城市和建筑中的尺度具有明显的"断层"，例如缺少 1—2 米的人体尺度。

那么，城市是否也遵循了同样的美学规律呢？早在 19 世纪末，西特就为我们揭示了一个好的城市中公共广场的分布规律：存在少量且联系较为松散的大尺度广场，以及相对数量较多的中小型广场。[30] 芒福汀（Cliff Moughtin）、萨林加罗斯和萨拉特等人进一步将这个规律完善为：城市中各要素的尺度分布形式应遵循幂律，即存在极少的大尺度要素、少量的中间尺度和大量的小尺度要素 [31]——这一规律还能反映在城市、街区、建筑高度等要素的数量 – 规模关系上，近乎一种极其"自然般"的存在。[32] 这些尺度多样而连续，并组织为易于辨认的整体。该规律在多地的传统城市中能得到充分的印证。但在现代规划的城市中，这样的规律往往是不存在的，甚至没有局部的规则，只有整体上的规则。

倘若你在飞机上俯瞰由科斯塔（Lúcio Costa）大笔挥就而成的形同飞机的巴西利亚，或者开着车穿行于尼迈耶（Oscar Niemeyer）设计的雕塑般的大楼之间，相信这座被联合国列为世界文化遗产的城市会带给你还不错的审美体验。若你胆敢漫步于它巨型的中轴线上，或徜徉在不见尽头的一排排庞大的混凝土公寓之间，那么这座城市只会让你产生消极的情绪。这是一座为汽车和飞机的观看视角而设计的城市，它没有考虑为行人提供相应活动尺度的空间层级（图6-14）。科斯塔在一次采访中表示，他有意识地在巴西利亚的规划中展现了三到四种尺度的博弈，位于"机翼"上的居住和日常生活尺度、作为"机身"的纪念性尺度、"机翼"和"机身"连接处的群居尺度以及剩余的作为开放空间的田园尺度（图 6-15）。[33] 而如此的辩解反倒是证实了这些尺度之间过渡的缺失，因它们处在这位奠定了今日巴西利亚物质形态的人所说的"对抗"而不是"协作"中。今

238 / 驯化空间——建成环境的类型与审美

图 6-14　巴西利亚市区鸟瞰
来源：©Vesna Petrovic，http://www.getty.edu/conservation/publications_resources/
newsletters/28_1/brasilia.html

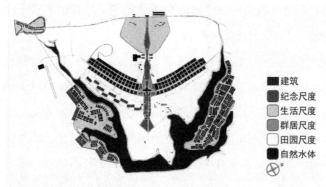

■ 建筑
■ 纪念尺度
□ 生活尺度
■ 群居尺度
□ 田园尺度
■ 自然水体

图 6-15　科斯塔眼中的巴西利亚的四个尺度区域
来源：改绘自 Costa，1991.

天，在这片规划的区域中只有 30 万居民，他们是仅占全市人口十分之一的高收入者。其余的人则居住在周边的二十多个形同贫民窟的卫星边镇中。整个巴西利亚因尺度衔接不当、区块功能单一而不能支持多样化的城市生活，从而面临着大量不平等、交通拥堵和蔓延等问题。更令人为难的是，这座城市也因其世界文化遗产的头衔而无法实施大幅度的改造。

　　人类对尺度多样性的偏好可以用一个最简单的例子来说明：假设我们需要将一个建筑平面分隔成两个房间，在其具体功能未知的前提下，人们往往会倾向于将其分成一大一小的两个房间而不是两个等大的房间。显然，这是为了便于应对不确定的需求而体现的尺度多样性法则。这种审美偏好还常常体现在艺术创作上，譬如当画面需要呈现多个物体或要素时，鲜有艺术家会将它们以均匀分布的方式构图。现代规划的城市，例如《光辉城市》中种种的构想、昌迪加尔和巴西利亚的规划，就如同初学绘画者用于盛放颜料的调色盒，每种颜色公平地躺在格子中等候发落。而传统城市更像是作画过程中的调色板，它上面色块的大小、位置、形状和混合的丰富程度远胜于调色盒，有着不逊于画作本身的趣味性。

　　有时候，人们并不排斥调色盒所表现出来的井井有条的秩序感，甚至有人会更赞同这样的布局。不过，这仅仅是赞成者居高临下的偏见。试想，若将观察者缩小成蚂蚁，他们在游览调色盒时的体验又会如何呢？人们也许一开始会欣喜地发现每隔一段固定的距离就会有一次颜色变化，但仅此而已，久而久之便觉得厌倦。而调色板上的旅程体验无疑是跌宕起伏且难以预料的，这不仅迎合了我们所青睐的故事结构，更重要的是，这些看似随机的色彩分布之间却又隐含着某种难以言表的关联——在你不知道的地方，它们构成了一幅完整的画作！这种关联能让人们从中体会到丰富多样的秩序感，这种关联源于作画过程中各色各样的逻辑交叠外加一点偶然性，并能通过一些量化分析得以揭示。[34] 这说明了，如果我们不能像鸟一样一直盘旋在最高的空间层级上俯瞰城市的话，这些现代主义的规划作品所带给人的美学体验必定无法在丰富性和经久性上与那些未经规划的传统范型媲美。

因此，传统城市能带给我们种种审美体验的要素和结构并不像人们口中的"磁场"或"风水"所说的那么玄妙。而一些令人不快的环境也并非违反了什么有关吉凶祸福的神秘律法。就如人们喜欢在自宅的大门口安装门廊，设置几步台阶或一道栅栏，摆放一些绿植、几座莫名其妙的小雕像或至少一小片不起眼的门垫，这些被称为"柔性边界"的做法当然不应是某种迷信的产物，而是为了填补空间和社会中的种种割裂。它是介于"确定"的室内与"充满各种可能性"的外部环境之间的一道自然的渐变，是从私密到公共的一次不那么突兀的切换。人们乐于在此逗留、观看、问候和交谈，以此建立起建筑内外即兴而积极的联系。[35] 西特采用了一个实例来说明这些看似不起眼的装饰和装置的功用。[36] 一座大型剧院因消防要求必须独立地布置于场地中。但这样的孤岛周围无法形成供人停留的"广场感"。于是西特的建议是结合剧院（a）形态，围绕其添加柱廊（b 和 c）、灯柱（d 和 e）、纪念碑（f）和喷泉（g），以此在不妨碍消防要求的前提下"中断"各方交通轴线对广场的"干扰"，强化了广场（I、III、IV）的封闭性[37]（图 6-16）。

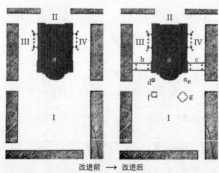

改进前 → 改进后

图 6-16　利用少量装置来影响剧院周边的空间
来源：改自 Sitte,［1889］1990：图 92.

这些做法并非如看上去般缺少实际功能，它们能有效地安抚我们不能言说的焦虑和不安。至此，我们不难理解为何电影《海上钢琴师》[38] 中的主人公最终仍止步于那艘自出生起就未曾离开过的邮轮和他本将步入的那个纷攘的城市之间，只因对他而言，从有限的 88 个琴键到近乎无限的真实世界之间存在着一道难以逾越的沟壑。对一般的设计师来说，层级之间的关联微妙、晦涩、不定，难以为理性所归纳或理解；对一般的使用者来说，他们不会直接遭受这些被设计忽略的关联所导致的痛苦，却是需要付出更多的努力来克服这些环境带来的不安。[39] 诚然，也正是因为这些容易被轻描淡写成"不安"的压力，弗鲁叶工厂的工人们才将佩萨克住宅改造成了足以让原设计者暴跳如雷的样子，贝尔梅尔的租客们才决然搬出了那个声称能"让今天的人们找到明天的居住环境"的现代社区，底特律的居民们才纷纷逃离那片曾经风光无限的"铁锈地带"……漫步于现代城市高度的环境压力下的不安常常会变成一种折磨。

　　建成环境中的层级美学几乎无处不在，只是不常显露。尤其是在城市般规模的环境中，这种美存在于局部规则中，存在于层级衔接的艺术中，但不一定会刻意地表现在全局形式上。也就是说，我们谈到某类建成环境的品质时并不是指该环境或事物本身，而是构成它们的局部规则。譬如当事物在某规则作用下以一种轻松的姿态妥善地完成了一项艰巨的任务时，它就触发了全局形式上的"优雅"。当类似的美好品质能或多或少地体现到各个层级中，那么，其中的各个尺度和功能便能遵循着某种统一的暗示而协作起来，而不会切断或干扰各种社会活动的连续性，这大概就是那些成功城市的令人神往之处。

　　例如，图 6-17 用照片和图 – 底地图展示了威尼斯一处步行范围内的开放空间系统，其中，作为一种局部规则，可供人群聚集停留的

空间的数量和大小忠实地按照前文所提到的幂律来分布。同时，另一
种规则也在发挥作用，即希列尔和汉森所归纳的"珠环状"空间构
造——可以把空间描述为运动的、连通型的、类似串链的轴线空间，
和静态的、社交型的、类似串珠的凸空间（convex spaces）[40]。这类
空间构造类型主要由自由的入口开启方向、开放空间与建筑单元的
对称相邻关系两个更简单的规则生成。[41]换言之，将一个建筑实体
及其入口所面向的一片空地视为一个单元，并令单元方向随机变化，
那么"珠环状"结构即可由这些大大小小的单元拼接而成。于是，
在幂律、"珠环"、对称单元等局部规则的共同作用下构成了威尼斯
的开放空间系统。不难发现，这三层规则衔接得十分得当，都能很
好地应对威尼斯各种频繁、多元、不同聚集规模的户外活动，这也
就筑就了这个城市活跃、热情而不失亲切的空间品质。

←极少量的大尺度场所

N 0 100M
威尼斯半径400M步
行范围的图底地图

←少量的中等尺度场所
↓极大量的小尺度场所

图6-17　威尼斯各个尺度的停留空间，彼此连贯地服务于各类大大小小的社会活动。

六、一致性与多样性

　　侯道仁和桑德尔（Emmanuel Sander）在《表象与本质》一书中提到过一个例子：假设 abc → abd，那么 iijjkk →？这里有四个符合逻辑的答案可选：1. abd；2. iijjkd；3. iijjkl；4. iijjll。不管是两位作者的观点，还是笔者在课堂上的多次提问，大家所认同的答案几乎都指向了 iijjll。理论上这四个答案都没有错，但我们的审美更倾向于第四个答案。[42] 第一个答案过于机械，这并不是人们乐于见到的结果。这说明比起构成事物的要素（字母），我们可能更注重构成事物的结构（字母的排列顺序）。第二个答案稍好一些，因为它尊重了原本字符串的连续性，但最右端的变化仍是僵化的，所以人们更愿意看到更高一级的抽象——iijjkl。然而相比 iijjkl，选择 iijjll 的人有着更有意思的理由：后者根据自身的结构特征，将最右端的两位字符都替换成了它们的"后继者"，这不仅遵照了原有结构的连续性和一致性，还将这统一的美感延伸到了该变化的规则上。更关键的是，这一选择几乎是瞬间完成的，同时它也并不是个别人的癖好，而是普遍存在于人们内心的审美倾向。根据同样的假设，我们还可以继续思考 mrrjjj 应当变成什么？相信 mrrkkk 是大多数人的选择。此外，mrrkkkk 也可能是个合理的答案，但我们也同样相信，它是个画蛇添足的答案，是过犹不及的变化。[43] 我们的确有理由增加一个 k，因为规则和该字符串的结构都有"往后加一"的暗示，但这个理由是不够充分的，字母的替换和数量的递增并不是一回事。将两种逻辑强加到一起，产生的结果往往是语无伦次的。

　　这也许能解释近几年互联网评选出来的"最丑陋建筑"究竟是

图 6-18　Chiat-Day-Mojo 大楼，1991 年建成，如今已成为谷歌在洛杉矶的办公场所。
来源：©Richard Langendorf

如何背离人们的普遍品味的。在此仅列举几个过去广受学者讨论的例子。首先是关于具象或象形建筑的批评，例如盖里（Frank Owen Gehry）设计的 Chiat-Day-Mojo 大楼的入口就是一副逼真的望远镜（图 6-18）。诸如此类的拟人拟物的建筑不胜枚举。人们乐此不疲地建造这些巨大"雕塑"背后的动机不得而知，但单从建筑外观来说，设计者无疑是"不小心"采纳了类似于上述的第一种答案，将人和物的形象经过机械地放大后作为建筑之用。除此相似性的逻辑之外，这些形象与建筑之间并无在空间、功能或意义等关键问题上的关联。因而此类象形建筑即便塑造得再真实细腻也很难引起人们的审美共情——就连仅剩的趣味性或讽刺感也因为其过于直白而不受待见。与过分机械的逻辑相比，缺乏逻辑的元素堆砌也会令人反感。例如彭一刚就直言不讳地批评了莫尔（Charles Moore）的意大利广场和隈研吾的 M2 大楼，认为它们"俗不可耐"（图 6-19）。[44] 这两件作品都截取并挪用了自认为与设计主题相关的多个要素和片段，将它们毫无逻辑地拼凑到一起，自嘲般地展示了某种"低级趣味"。我们大可以将它们看作是一次次的实验，以此反证一致性的逻辑美感有多么重要。

图 6-19　新奥尔良市的意大利广场，1978 年建（左），东京 M2 大楼，1991 年建（右）
来源：https://www.tclf.org/landscapes/piazza-ditalia；©wakiiii

　　芒福汀提出了用于界定优秀建筑的九个基本设计概念及它们的组合。[45] 他强调，这些概念往往互相交叠、关联和互补，但要说其中最为不可替代的，那便是"统一"（unity）了。表现为各个要素和层级在逻辑上的一致性。上述和结构逻辑有关的审美，可归为"抽象冲动"，即第二章提到的"节约法则"。沃林格指出，大多数民族都有着将外物从它们与自然的关联中和变化不定的存在中抽离出来的强烈冲动。[46] 对生存来说，耗费一定的资源（多指脑力劳动）从无常中总结出一些确定一致的规律确实不无裨益，因为这往往是一劳永逸的——一次投资能为将来的生存节省更多的资源。演化压力为了启动和维持这种行为而给予照此行动的人们一定的奖赏。这大概能解释为何上述的审美偏好具有普遍性。也许在建成环境中，人们会下意识地领会一些局部规则的暗示，当这些暗示在各个层级中都保持一致的话，大脑就能从某些压力中得以解放，并从中获得舒适的审美体验。这么看来，观看盖里的"望远镜"就好似一次"脑力投资"的失败，人们因为没能从将物机械地放大过程中获取有价值的信息而感到受骗和失望；而意大利广场和 M2 大楼则似乎有意地朝着另一个方向走了很长一段距离，然后回头看看自己究竟能引起人们多大的反感。

上面的例子都出自建筑的审美。事实经验告诉我们，人们也会在城市和聚落中体验到类似的逻辑美感。比厄斯利 (Monroe Beardsley) 在《美学史》中谈到美感的关键也许出自复杂中的一致性——"一件事导致另一件事；连续地展开，没有空白或死角，让人感觉整体上有种来自天意的引导"。[47] 就如一个"优雅"的城市从上到下都贯穿着"优雅"一致的品质，但这显然是一种很理想的状态，事实上我们能做到的也许只能保证一两个相邻的层级能遵循某一种相同的品质。一般而言，如果一个城市片区及其内部街区的形态结构能共享同一种价值观，例如从街区到路网，都遵循着某种适宜步行的逻辑式结构（比如较小的街区长度、显著的分形特征、高连接度和整合度等），那么这个片区给人的体验就不会太差。

然而，人们在很长一段时间内并没有重视此类抽象逻辑带来的美学体验。20 世纪以来，在金融业和住房市场的推动下，人们将由高密度人口而引发的一系列问题夸大为一种本质性的城市危机。这种危机常被描述为混乱、污染、窒息的景象，从而为开辟充满阳光、空气和绿地的新城和郊区做好了铺垫。而另一个铺垫是小汽车的大量使用及其相应配套设施的大规模发展。这些基于交通工程学的规范标准在很大程度上改变了城市过去的面貌，乃至重新定义了现代城市的形态。[48] 这两者在相互反馈之中惺惺相惜地拧成了一股牢固的闭环，也许 20 世纪 60 年代的巴西利亚规划，70 年代的贝尔梅尔住区，以及 21 世纪初的许多中国大都市就是由该闭环塑造的典型，在形态上表现出明显的"小汽车综合征"[49]，一切安排和布局都不得损害机动车的交通效率，而同时又将一些片区以施舍的姿态划给步行专用。那么，若将该逻辑映射到整个城市的各个层级，是否也能构成某种"一致性"的美感呢？

大概是不能的。某种统一的逻辑是否能带来令人愉悦的美学品质取决于该逻辑本身。美国的城郊住区为我们提供了一个现成的实例，它带给人们的美学观感往往有两类，旨在与城市的繁杂形成鲜明的对照。其一是独立住宅，带有宽敞漂亮的大花园；其二是社区的总平面或整体鸟瞰，充分展示着用美妙的弧度和曲线织就而成的秩序感。然而这是经过巧妙掩饰后的美好假象，因为开发商的宣传尽可能地避开了介于两者之间的层级景象——它可能不太会引起人们美好的联想（图 6-20）。可见，正因为建成环境有着多重的层级，它们不能像舞台布景一样总把最好的一面展示给人们。由低密度住房市场和小汽车交通构建的设计逻辑在各层级上的应用局限源于它自身的排他性，它要求居民收入和周围空间都能毫无压力地负担起小汽车的日常使用。在它成立之日起就已经把诸如幼儿、老人和一些残障人群排除在外了，甚至将步行也踢出了可选的出行方式范围。

图 6-20 休斯敦某郊区住宅区的后巷，开发商不太乐于向客户展示的景象。
来源：© texasfreeway

该逻辑要求建筑密度不能太高，否则难以腾出道路和停车用的空间；它要求建筑都大幅度退后或背向道路，这是为了减少路边停车的行为；它还要求建设集中式的购物广场和大型超市，因为沿街商铺和小型零售业无法在此存活。事实上，这些要求都已经背离了城市存在的意义和价值——人类的物质和信息交流中心。因此，该逻辑的排他性特征遏制了一个包容且多元城镇形成的可能，这些住区也没有任何一个能发展成为成功的城市。

针对上述郊区化现象的回应是兴起自 20 世纪 80 年代的新城市主义运动。该运动试图使用新的形式逻辑来替代小汽车主导的住区规划。这些新的住区类型包含了传统邻里开发模式（TND）和公交导向型开发模式（TOD）的一系列具体的设计实践。如图 6-21 的"步行地带"（pedestrian pocket）作为 TOD 模式的关键街区类型，一反雷德朋社区单元设计所示的尽端路模式（见图 6-11），将专用的步道从街区外围转移到了内部。同时街区周围的路网采取了多元化交通的包容性设计，涵盖了步行、

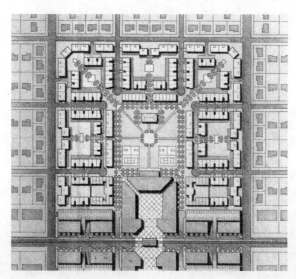

图 6-21 "步行地带"的设计局部
来源：Duany, 2013: 8.

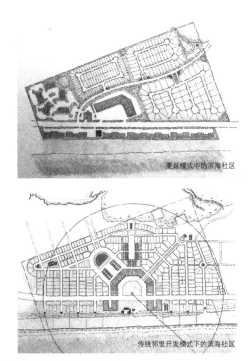

图 6-22　两种发展模式下的滨海社区形态类型对比
来源：Plater-Zyberk，2013：108.

自行车、公交、轻轨和小汽车等多样化交通需求。再如图 6-22 所示的根据 TND 理论开发的社区形态类型，相比之前的郊区蔓延模式，它更为紧凑，适宜步行，拥有复合的功能，能催生出更多种类型的建筑和开放空间。

此类模式能在各个层级和尺度上都保持较高的一致性。但遗憾的是，居住在那些新城市主义项目社区的人们仍然无法摆脱对小汽车交通的依赖，且过高的房价和居住隔离等现象仍阻碍着该理念的进一步推广。事实上，新城市主义依然是旧的城市规划思想在城郊住区的一种延伸。尽管它汲取并整合了众多前沿的理念，却始终未能达到像传统城市那样的包容、多元和坚韧。[50] 原因也许在于，它过分地注重了逻辑的自洽和忽略了逻辑本身的多元化，正如《新城市主义宪章》中的措辞，无不表露着一种积极、包容、"正能量"和"政治正确"的雄心壮志，却又暗地里排斥了混杂、贫困、高密度的生存方式。那么它如今的困境似乎揭示了后者在真实城市的构成逻辑中的重要性。

如果将居住贫困现象也视为城市美学的一部分似乎有些荒谬，但毫无疑问的是，它至少构成了城市的一部分。正如上一章所谈到的，城市在吸引贫困人口"推动"自身发展的同时，也必须以妥当的方式接纳他们。在 20 世纪的多数公共住宅和城市更新项目的实践中，人们总是把居住贫困问题归咎于城市未能给贫困人口提供良好的居住环境。这属于倒置了因果关系。[51] 新城市主义运动并非对此视而不见，它们也试图提供更高质量的环境来容纳这些社会底层人口。然而这仍在一定程度上继承了现代主义"环境决定论"的思想遗产，其结果就是把穷人逼出了新城。作为对"环境决定论"的回应，早在 20 世纪 70 年代，罗（Colin Rowe）和科特（Fred Koetter）就已十分精辟地指出，人们应当适时告别现代城市所强调的所谓科学理性的"整体幻想"，因这"整体"反倒是令现代城市破碎的根源。[52] 在他们的笔下，传统城市是以"拼贴"的方式建构起来的。人们并没有一份事先计划好的蓝图，而是利用"现成在手之物"（whatever is at hand）[53] 来进行操作的。

事实上，拼贴的方式体现的就是一系列局部规则，诸如"现成在手之物"便是一种基于经济、文化、即兴、直觉或经验的方法集。因而拼贴看似只是对空间进行简单的修修补补，而事实上却在有意无意地凭借数种逻辑和规则来完成着任务。正如上文所提到的一样，拼贴的结果既可看作一种由多元逻辑构建的全局形式，也同时是构建更高层级空间形态的局部规则。构成逻辑的多样性是不能由局部要素数量的增加来替代的，因为只有多样性才能为更多的社会活动提供耦合的机会，而数量只能有限地提升活动频次。例如在城市开放空间中，比起单纯地增加户外座椅的数量，为座椅提供多样化的形式、摆放方式和位置才是增加座椅使用率、人们户外活动频率和种类的有效手段（图 6-23）。再如从较大的尺度上看，社区范围内空间多种不同功能和形式的混合，是支持步行范围内各种需求和活动的重要法则——这一点已然是当代城市规划和设计领域的共识了。值得注意的是，这里并不强调使用逻辑上的配对（譬如住区和商业、文娱和餐饮、林荫道和店铺等），而更鼓励各种自发形成的耦合活动。

图 6-23 座椅及其带来的休憩空间类型的多样性比数量更重要，因为多样性意味着更多的耦合性活动。
来源：Gehl, 2010: 167; 181.

在这点上，城市的真实面貌在不同人眼中自然会千差万别；在不同的尺度、层级和分析手段面前，它也将呈现出无穷无尽的形象来。因此，严格地说，我们无法用一两个词汇或短语来精准地概括城市复杂的品质。我们常用"浪漫"来形容巴黎的美感，但这往往归功于艺术家向我们展示的关于她最美的那几幅面孔。拥挤、贫困、犯罪和死亡同样也是巴黎的一部分，人们只是不太乐意提及罢了。我们对城市欣赏亦是基于类似的原则。有人能欣赏贫民窟的美，例如雅各布斯 [54]；有人以包容的态度接纳它们，例如格莱泽 [55]；有人则视之为灾难，例如里斯（Jacob August Riis）[56]。司汤达（Stendhal）曾言道："美是对幸福的允诺"，后面还有更为关键的——"有多少种关于幸福的期许就有多少种美"。[57] 正因为城市支持了各种不同的幸福观，人们才为它所吸引而前来，并以他们的自身构成了城市本身。仅当美不止局限于一两个标准时，才是真实可靠的。所以城市之美，不单单只有浪漫或优雅。城市真正的美来自它的无尽之形，是数种美好品质协同作用的结果。

可见，如果审美是社会选择中的人工参与部分，它很难从整体上为城市形态类型指明一个具体的形式，因为这样做反而会破坏城市应有的美感。虽说人们可以强制为城市添加一种审美偏好，但最终结果都不尽如人意——它要么退化成了毫无生气的荒漠，要么在不远的未来就被改造得面目全非。这说明了我们的美学理想没有错，只是用错了地方。我们不应该也不必要苛求一个城市大小的建成环境拥有某种具体的整体美感。城市之美应当蕴含于构成它的大大小小的局部规则之中，流露在各个层级的衔接之上。这就解释了为何那些未经规划的城市能给予人们美的感受，因为这种美不仅仅局限于建筑和景观的风貌，更是一股回返于不同尺度的层级之间的自在体验。与具象的建筑实体不同，这种体验往往是基于人们对城市自下而上的认识和理解，是计划之外、如"诗般未曾预料的真实"。[58]

七、小结

本章的前半段讨论了城市形态可被分析的核心——作为人类社会活动最根本的物质环境反映，空间系统在类型研究中不可替代的重要地位，以及那些"现成的知识和唾手可得的工具"——基于数理统计方法和各种可获得数据的定量研究。后半段则聚焦于空间系统从局部到整体的构建逻辑，它和前面章节提到的那些建成环境的类型一样，具有显著的层级特征。本章同时还揭示了人类基于抽象的审美能力，以及它在城市规模般的建成环境中所应扮演的"正确"角色。此外，我们应当积极地认可当前人们对城市空间分析的各种尝试和成果，尽管这些各有侧重的研究仍存在不少片面性和局限性。我们不必对这些缺陷感到奇怪，因为那些分析和归纳的目的并不为了编制一个详尽的列表。[59] 不过，值得注意的是，我们对城市的"一知半解"时常会经由设计实践放大并导致失败。但从长期来看，我们的城市又如巴蒂所指出的那样，其中有不少规律性的现象是无法用设计来改变的。[60] 那么，规划和设计相关的理论和方法是否也应当做出相应的调整来面对当前的危机和困境呢？

注释

1　Binford，1975.

2　McMaster & Sheppard，2004.

3　Wu，1999：6.

4　Otto，2009：6.

5　Otto，2009.

6　Otto，2009.

7　Smith，2006.

8　这取决于城市自身的规模和边界。若一个城市人口不足5万，且有城墙或运河作为边界，那么它的整体可以被当作类型来分析。不过，对我们认知和实践构成挑战的，也是最值得关注和分析的，是当代的人口众多、边界模糊的大都市。探究此类城市具体在整体上呈现为何种形式不具有意义，因为这不是任何日常社会活动所能涉及的规模。譬如在一个人口稀少的小镇，能动员全镇全民的庆典活动是常有的，而在大城市中，这类大型活动往往只能发生在城市的局部。在众多研究中，这些局部常常被限制在各个半径400米的步行圈、半径800米的骑行圈或边长1.6公里见方的范围内。

9　Whitehand，2001：104.

10　Caniggia & Maffei，2001.

11　Marshall，2008.

12　陈飞，2010.

13　陈飞，2010.

14　Marshall，2008.

15　Stamps，2000.

16　Shelton，1999：47，98.

17　此类研究非常多，例如关于理论和规律的探索可参见Batty，2008、Marshall，2005；关于方法论的综述和见解可见Kropf，2009、Gehl，2010；基于城市案例的经验性总结可见Guan & Rowe，2021、杨俊宴等，2017。

18　Kropf，2009.

19　Haining，2015.

20 亦可称"全局形态",建成环境的各个不同的层级中都能呈现出自身的全局形态,但为了避免和整个城市形态的概念混淆,故写作"形式"加以区别。

21 Hillier & Hanson,1984.

22 Wolfram,2002.

23 见 Alexander, 1965.

24 Kropf,2011.

25 和克洛普夫所归纳的不同之处在于,这里将"空白"的空间按开放程度进行了区分,而不是按公共和私密的使用或所属,因为这类和社会相关的属性可以体现在所有的层级中。在他后来新的图示里,没有了"公共"和"私密"的说法,而将它们从右到左改为:街道空间(street spaces),开放区域(open areas)和房间(rooms),见 Kropf,2021:Fig.5;此外,这里关于实体方面的层级也略有调整。

26 陈彦光,2017.

27 Salingaros,[2006]2010.

28 Gibson,1979;Küller,1980.

29 Bloomer,2000.

30 Sitte,[1889]1990.

31 Moughtin,2003;Salingaros,[2006]2010;Salat,2012.

32 Batty,2015;Guan & Rowe,2021.

33 源自巴西日报(Jornal do Brasil)1961 年 11 月 8 日对科斯塔的采访。

34 这不仅能在上述的空间分析中得到显著的统计结果,学者在对绘画的分析中也有类似的结果,例如泰勒(Richard Taylor)等人分析了抽象表现主义(亦称行动绘画)画家波洛克(Jackson Pollock)"滴色"绘画作品中隐含的分形维数约为 1.45-1.72,处在人们偏好的既不过于规则也不过于杂乱的范围内,见 Taylor, et al.,1999。

35 Gehl,[1980]1987.

36 见 Sitte,[1889]1990:99.

37 封闭性是指被建筑围合的感觉,被认为是传统广场的重要特征(见 4.4 节),见 Sitte,[1889]1990:20-24。

38 意大利电影 La leggenda del pianista sull'oceano,1998 年。

39 Alain de Botton,2007.

40 凸空间可视为凸形的具体表现形式，凸形在平面几何上可被定义为连接任意两个顶点的线段都在该图形内部或边上的多边形。

41 Hillier & Hanson，1984.

42 Hofstadter & Sander，2013.

43 Hofstadter & Sander，2013.

44 彭一刚，2008：400-401.

45 分别为秩序（Order），统一（unity），平衡（balance），对称（symmetry），尺度（scale），比例（proportion），节奏（rhythm），对比（contrast）和协调（harmony），见 Moughtin，2003。

46 Worringer，[1908]1997.

47 见 Beardsley，1958：528，原文为 one thing leads to another; continuity of development, without gaps or dead spaces, a sense of overall providential pattern of guidance…

48 Ben-Joseph，2005.

49 王军，2012：246.

50 吴小凡，2014.

51 与之类似的错误还有将交通拥堵归咎于道路设施跟不上机动车的增长速度。

52 Rowe & Koetter，1978.

53 同上：102.

54 见 Jacobs，1961

55 见 Glaeser，2011.

56 见 Riis，[1890]2015.

57 出自司汤达 1822 年的论文《论爱情》（De l'amour），引自 Alain de Botton，2007：98.

58 Zumthor，2006.

59 Kropf，2009.

60 Batty，2015.

第七章 驯化的方向

在前面的章节中，我们在对建成环境的类型进行定义和分析时穿插了很多关于审美的讨论。审美这一话题相当庞杂，直至今日，它的起源、形成和发展规律在很大程度上仍然是个谜，因为它涉及人类生理、心理、经验和社会文化等错综复杂的方方面面，但或许这就是审美的本质。在建成环境类型的语境中，审美具有十分重要的现实作用，一方面它以人工干预的方式参与到了社会对建成环境类型的选择之中，另一方面它还主导了某些类型及其变体的形成。在和建成环境有关的演化思想里，人工参与本身也被看作社会选择的一部分。这放在 21 世纪前相当长的那段人类历史中或许是没有问题的。在那期间，诸如建筑、花园、街道和广场这些林林总总的人造物还总是遵循着达尔文的法则，处于不断的竞争、淘汰和更新过程中。那时候的社会选择作用是强大的，它总能顺利地摈弃掉一些"不合时宜"的事物，并留下那些放到今天也不失精彩的部分。

但是，演化的历史告诉我们，演化本身也具有一定的方向，也并非线性发展的，而是有着明显的阶段。例如当人类演化出智慧时，一些基因上的缺陷便很少再在环境的压力下被淘汰了。换言之，智慧的出现为我们在生物意义上的演化进程按下了暂停键。建成环境类型的演化是否也会面临这样的阶段性变化？现实就是，随着人类社会财富的积累，凭借着工业革命之后突飞猛进的环境改造技术，资本和专家的意志逐渐取代了多元的建造动力，也取代了社会在各个领域中做出了最有利于资本再生产的选择，并利用由此产生的大量结果俘获了大众的审美认同。正如一盏鸟笼的精致或优雅并不是为鸟的需求定制的，如果我们坚守着演化这一中立的观点，最终会否变成学会了欣赏笼子的鸟呢？

一、纪念罗西的纪念物

在进入最后的讨论前，我们有必要重申一下类型研究的意义。尽管这已在本书开头提及，但只有当经过大量论述后，才能更清晰地展示出来。第一，类型的分析是理解建成环境的一条重要途径。因为建成环境有着无穷多的面貌，显然我们需要一种适当抽象和简化的方式来解读它们。就好比只有当所举的案例具有一定的代表性，从中能得出的论证过程和结果才能令人信服。那么建成环境的类型就应当是一个个具有典型性的案例。正如德·昆西（Antoine Chrysostôme Quatremère de Quincy）在《建筑历史学词典》中提到的，探究成千上万事物的起源和成因，这大概就是研究类型的目的之一。[1]第二，研究类型能帮助人们保存建筑文明的信息。任何实体的建成环境都会消损，但经人归纳的类型信息是可以永存的。于是相关的信息就能像基因档案或种子库一样被留存下来，以备不时之需。更关键的是，它们和那些"未完成"的或存在于想象中的花园、建筑、城市不同，它们是历经实践考验的成熟产物，比那一场场思想实验有更显著的实际价值。第三，在实践中，类型能作为"设计生成法则"来使用。德·昆西指出，类型不像模型（model）那样鼓励人们去完美地复制或精确地模仿它们，类型本身具有一定的模糊性，人们可以基于不同的情感和精神，根据某个类型构建出甚至完全不同的作品来。[2] 类型具有启发性的知识结构，它不同于"原型"（archetype）或"最佳实践"的指导意义。类型剔除了一些不太能经受推敲的细节，从而让内在的经久结构凸显，供人学习创新而不是描摹照搬，并避免误用或讹传。与此同时，类型又能令设计变得"有法可依"。建成环境的建设和很多艺术创作不同，前者往往需要耗费更多的社会资源和时间，错误的实践会对物质环境造成难以磨灭的影响。以上三点就足以支撑起类型研究的重要性了。

　　本书所分析和讨论的类型略有异于一般概念上的类型学。其差异在于本书一方面拓展了类型所涉及的对象，从建筑类型和城市形态类型延伸至了所有的建成环境的类型；另一方面，本书更强调了类型的核心和层级在研究和设计实践中的意义。这两者都是时代变化和发展后出现的要求。这些巨大的变革尤其发生在我们的城市中——更大的人口和用地规模，更多的社会分工与合作，更复杂且普遍的环境和社会矛盾。在这些越来越复杂的城市中，媒介、消费和娱乐又蚕食着人们对物质空间的关注。处在这些变化中的人们逐渐习惯了"谈而不论"、"听而不闻"。今天距罗西的著作《城市建筑学》问世已近 60 年，他的"纪念物"在今天的城市中已渐渐地失去了本该应有的主要地位。罗西认为，具有历史价值的建筑物作为"城市形式发生器"的质量可以保持不变，作为纪念物永远是城市中的"主要元素"。[3]简单地说，纪念物是城市中的其他建筑所围绕着展开的一种范型。他曾用了大量篇幅讨论了纪念物作为一种主要元素在城市中发挥的作用，指出它们"不仅囊括了城市的所有问题，其形式和价值超越了经济和功能"。[4]因此，纪念物的形成原则能够揭示它自身和所在城市的起源。

　　罗西理性却模糊的论述为后人留下了过多的解读空间。[5]但至少有几条线索还是清晰明确的，首先，罗西的观点建立在城市是人类制品这一前提下，由此得出，一种特定的类型往往和一种特定的生活方式联系在一起，它根据实际需要和对美的追求而发展，是先于形式并构成形式的"逻辑涌现"。[6]第二，存在永恒的建筑组织原则，即不可再缩减的典型元素，也即简称为类型。该前提是须将建筑物看作一种结构，建筑本身即可表现和揭示这种结构，所以类型学是分析建筑和城市建筑的要素，建筑理论同时也是类型学理论。[7]对照前文所述的类型研究的意义来看，罗西这两个清晰的观点也充分体现了类型学的价值。值得肯定的是，纪念物和传统城市的关系是相当密切的，正如我们经常提到的两者处在具有一致性的两个类型层级中。并且他进一步揭示了，传统城市是如何依据纪念物而发展演变的，因此两者具有鲜明的统一性。另一个值得肯定的观点是，纪念物作为类型分析中无可替代的"核心"作用亦是显而易见的。罗西十分敏锐地抓住了这一"主要元素"，并成功地用它来阐释了它自身及所在的城市。可见，类型中的层级和核心因传统城市相对简单而得以很好地呈现。

　　但罗西的两个前提因为预设错误而无法解释为何纪念物在今天的城市中失去了类型上的主导作用。惯常的解释往往归咎于现代主义的大规模实践，国际化的建筑孑然立于地方文脉之外，作为更通用的一种类型而脱离了地方文脉。但这样的解释反而强调了它们的正当性——难道不应该让我们的城市去参考这些新的"纪念物"来发展吗？因为该解释同样默认了城市作为人造物的前提。事实上我们没有足够的能力成功且彻底地改造一个城市。第五章的论述明确了城市的复杂性令人难以将它视为纯粹的人类制品。另一个前提错在将建筑的恒久类型挪用到了城市中，导致了人们错误地将城市推断为一系列类型的集合，从而将城市的创新动力等同于一系列建筑的创新动力。显然，城市的复杂性远远大于其内部建筑的复杂性之和，我们没有办法通过单纯地研究建筑来充分理解城市。换言之，随着当代城市规模的增长，纪念物的集合已经不能作为一系列范型来阐释和城市相关的各种形态、结构和问题了——很多城市正因某种规模的量变而质变出自身特有的"涌现逻辑"。简单地说，如果我们忽视这一点，就不能解释为何城市中会出现形态迥异的大型主题公园这一普遍的现象了。

　　城市的"主题公园化"是众多利益集团博弈的结果。上述的某种规模的量变在多数情况下皆指向了资本的积累。主题乐园化不单单指迪士尼乐园这种独立的工业产品，它们更多是现已司空见惯的大型商住综合体、一站式的购物中心、度假式酒店群、高档滨水社区等商品化的空间，以及产业园区、大学城、硅谷等专门化的"城中城"或卫星城。在过度自由的市场竞争中，这些主题乐园往往需要呈现出与众不同的"吸睛"效果，就好似"日神"衰微之后而迎

来"酒神"的疯狂报复一般。这场旷日持久的"反叛"从 20 世纪 70
年代的美国开始至今已席卷了全球大部分的国家，且丝毫没有衰退
的迹象。但若把此类现象同样也视为演化思想里的社会选择的一部
分，那么这些规划得到的城市形态类型就是当前社会所青睐的，也
是百分之百合理的。[8]站在达尔文主义者的立场，这些"充满希望的
怪物"[9]并没有"善"、"恶"之分，它们通通都是接受了中立的社
会选择后留下的产物，城市也就必须接受这一无可辩驳的事实。

二、城市的进化论

在评价演化思想之前，我们先来回顾一下它的产生。19 世纪末
到 20 世纪初，在工业化和城市化的双重冲击下，人们对传统城市
的日积月累的各种不满不断地跃然于纸上。这一系列的举措，除了
跃跃欲试的现代主义运动，值得注意的还有另外一个方向。在 1915
年，格迪斯（Patrick Geddes）便提出了关于城市演化这一概念。格
迪斯本是一名生物学家，他对城市所抱有的与众不同的看法也因此
在当时看来并不令人惊讶。在他的著作《进化中的城市：城市规划
与城市研究导论》开篇中就表达出对城市完全不同于他那个年代的
空想家们的理解：

> 每一座城市都被无数的朦胧景象所环绕，每种景象都可能纵横
> 交错、复杂多变。这种模式看似简单，实则复杂，常常像难以阐明
> 的迷宫般，且当我们对其观察的时候，一切均在不断变化之中，每
> 时每刻。不仅如此，这种特别的网络已经重新自我编织起来，形成

新型且巨大的联合体。而在这迷宫似的城市联合体中，没有纯粹的
观众。盲目的或有远见的，善于创造的或不假思索的，欣喜的或厌
恶的——每个人都在纺织着生命的脉络，不管是病态的或健康的，
越来越好或是越来越差。[10]

这段对城市动态复杂性的生动描述显然有别于之前的静态城市
观。这段话足以让人感受到城市是一个多么令人捉摸不透、难以把
握的事物。但事实上，格迪斯并没有将这个观念进一步深化，或将
之系统化地用于去理解城市这个整体的概念，而只是为人们提供了
一种"有机的城市观"——城市内含自我生长、自我更新的有机秩
序；以及论证了关于"城市学"的重要性——不同于旧技术时代的
城市规划"技艺"，他主张追根溯源，研究城市的起源、历史、进
程和未来的发展，强调基于"调查－分析"的城市规划的标准程
序。这不仅包括了城市布局形式上的考量，还有融入了地方环境和
经济的周密分析。当然这在今天已是非常普遍地用在规划之前所要
完成的一系列前期调查分析工作。而在 20 世纪初期，大多数的城市
规划工作更接近于今天的城市设计，或应用建筑设计。当代规划所
注重的人口、经济、业态、交通甚至生态及其互相关系的调研分析，
在当时的规划界看来，是非常具有革命性的。[11]格迪斯的这套方法
建立在对城市有机的复杂性的认知上，因而他的规划程序注重人地
关系的理解，主张循序渐进、谨小慎微的改造和实践。雅各布斯认
为，这种有组织的复杂性不仅呈现在生物学中，也存在于城市科学
中，承认并理解它，是解决城市问题的前提。[12]亚历山大也批判了
规划中的"简单化"思维，强调城市的结构和功能与生俱来的复杂
的有机性质。[13]

不难注意到，由于格迪斯的规划思想依旧是乌托邦式的，因此关于城市有机复杂性的认识，在时隔多年后才被广泛地察觉。这个认识的原点，以及他所建议的规划程序虽然对之后的城市规划有着较为深远的影响，然而随后而至的现代主义运动不论其思想还是结果，都似乎与格迪斯的主张背道而驰。是什么力量使他们对城市有机的复杂性不屑一顾？这或许正如格迪斯在 1919 年的一次演讲中所说的，"只有在机械崇拜时代，才会把城市规划和工程师的破坏性活动（最好也只能说是机械性活动）混为一谈"。[14]

经过几十年的现代主义实践，现实的经验和教训使得物质形式的规划和设计开始陷入十分被动的局面。二战后，欧美的城市规划的重心开始逐渐倾向于对人类学、社会学和生态学领域的思考和研究。虽然各个国家对各自规划体系的建设有着较大的差异，且战后至今的各个规划理念也一直处在变化之中，但总体而言，这些新的规划体系的侧重点都从物质形态规划转移至控制和协调社会、经济、环境的发展上。相比之前的现代主义运动，规划明显变得更为中立而慎重了。这不仅仅是因为那段时间（尤其是 20 世纪 60 年代）对现代主义规划与实践的大量批判，更是因为人们开始意识到城市本身不同于建筑、机器、生命体的存在和意义。半个世纪前格迪斯的观点又重回人们的视野。在 20 世纪后半叶的争论中，人们不得不回过头去看传统城市的那些原本不为人知的优点。早在芒福德所研究的一系列欧洲中世纪城镇的规划就能发现，它们的城市形态和功能之间有着几近完美的协调统一感。[15]这显然不是某个设计者的杰作，我们已在上一章中阐释过了。在马歇尔等人的演化观点中，他们承认人们对生活环境会有或多或少的干涉，而环境也同时对人的活动产生或多或少的影响，两者在足够多时间的成全下总会逐渐趋向于形式与内容的统一。

不过，所谓"足够多时间"需要满足一个条件，即持续稳定的社会、文化、经济和政治环境。而现代主义前后所经历的社会背景剧变是在人类文明史上十分罕见的。由此在建成环境领域中造就的思想、技术和手段，使得处在这快速变化中的人们甚至不知何谓"时宜"。现代主义运动的出现和繁盛如同物种演化过程中的一次革命性的基因突变，并恰好处在一个剧变的环境中。它以大胆和创新的特质在当时的社会政治生态中脱颖而出。可以想象，类似现代主义的思想或实践不止一次地出现在历史中，但在社会的严苛选择下皆转瞬即逝，甚至未曾被世人所记录，而唯有 20 世纪初的这次令它大放异彩。

这种类似于生物学演化的城市物质形态史观颇具说服力。必须指出，所谓环境的选择并不是"环境决定论"的翻版，这里的"环境"指的是人类社会中的政治、经济和文化生态的集合，当然也包括了自然地理环境，且它本身也常常会受到与建成环境改造为目的相关的思想和实践的影响。这一系列的相互作用可看作是一种演化的终极秩序。比起以往人们所执着于探求城市在物质形态上表现出来的几何秩序——对称、重复、等级、分形等，殊不知真正的秩序来得更为简洁，由此产生的复杂性，包括它涌现而来的活力与变化是整体性设计所不可企及的。正如亚历山大所说的：

> ……创造复杂性的基本规则之一可以简单地表述为，我们所知的世上一切有秩序而成功的系统，其结构都是"生成"的（generated），而不是"制造"的（fabricated）。[16]

三、实践中的话语权

演化思想将人工参与视为社会选择的一部分，但在短期来看，这可能会纵容了某些参与者对环境改造的过度支配。赫斯特（Paul Hirst）指出，空间可被权力所架构，并变为权力的源泉。[17]演化主义者认为，传统物质形态规划缺陷在于，它们因惧怕"不合时宜"的情况发生而从一开始就限制了将会导致"混乱"的改变，同时也限制了城市自下而上发展的动力。然而，倘若某个新的规划策略要放空一切，不对任何可能性加以约束同样也是令人难以接受的。我们知道，自然演化这个规则对个体来说是严酷的，自由主义的消极规划也是，它的放任会导致各种原本可以避免的牺牲。当代的社会伦理也并不支持建立在牺牲个体之上的"进步"。[18]

第六章中提到过的几个实例能坦然地告诉我们利益相关者们是如何影响城市等建成环境的建设的。首先是20世纪初的那些在"空白"[19]上设计新城的案例。田园城市的开创者霍华德需要对他的理论进行实践，但速记员出身的他并不认为自己有能力去规划设计一个城市，于是便求助于年轻的建筑师昂温和帕克完成的首个田园城市莱奇沃斯的建设。然而最终的设计没有按霍华德有关田园城市的示意图进行复制。在空间组织上，两位年轻人对中世纪德国山区小镇不规则布局的偏爱使得莱奇沃斯与霍华德的构想渐行渐远。[20]这样的结果使昂温他们最后不得不离开了这个项目，并于1905年参与了位于伦敦郊外的汉普斯特德田园社区（Hampstead Garden Suburb，简称HGS）的规划工作。在主要投资人巴内特夫人（Henrietta Barnett）的支持下，昂温和帕克以他们自己的理念掌控

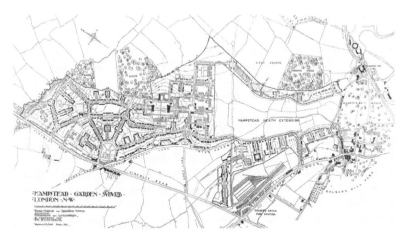

图 7-1　汉普斯特德田园社区规划平面，昂温和帕克，1911 年方案
来源：©Hampstead Garden Suburb Trust 2022, https://www.hgstrust.org/images/uploaded/2014/10/1911Unwinmap.jpg

了整个项目的建设。他们自然而然地抛弃了"先进"的田园城市的规划意图，迫不及待地启用了西特的"中世纪自发的不规则城市空间肌理"理念作为 HGS 形式美学上的指导（图 7-1）。昂温为了实现这样的（也是他自己的）美学理念，协助维维安（Henry Vivian）等人以 HGS 信托公司的名义向国会提议通过了《HGS 条例》（Hampstead Garden Suburb Act）。该法案修改了那些阻挡着昂温他们设计理念的法规。例如将车行道宽度 10.6 米的标准降至 3.6 至 4.9 米之间。缩小的宽度更加贴合昂温向往的中世纪城市那种人性尺度及审美需求，也更有利于居住环境中社会交往的健康发展。[21]

　　可见，昂温和帕克敏锐地察觉到了设计规范或导则在营造城镇社区中不可替代的影响力。为了使他们风景如画主义的设计手法得以顺利实施，昂温分析了多个欧洲城市，并确立了设计实践过程中所要遵循的一系列详细的规则。譬如建立易于识别而密集的中心，清晰而完整的总体结构，形态多样化的居住社区的需要，以及边界、阻隔、轴线、地标等诸多概念在实践中的完善等。事实上这些规则霍华德也或多或少地在田园城市的理想中提到过，只是未曾被真正地实践过。昂温和帕克则通过他们在 HGS 的一系列实践中率先展示出了规范的力量。[22] 在该项目中，有两处规范值得一提。一是关于城市边界的规定。昂温认为许多传统城镇的美感应归功于城墙对城市内部空间肌理的限定，使人们不得不十分谨慎地对待每一个细微的空间。因此在 HGS 中也需要使用一些边界的设计来阻挡城市的扩展。[23] 例如在公园与城市之间建起一条石墙和沿墙的小径，以此象征城市的边界。又例如人们从公园出发，需经一道门才能真正进入城市，这种仪式感同样暗示了城市由此开始也在此处终结的意味。[24] 二是关于从公共到私人的空间层次划分，或称空间的差异化。在昂温所著的《城镇规划实践》（ *Town Planning in Practice* ）中展示了许多不同类型的围合（例如图 7-1、图 6-5）。这些围合成为了突破传统空间社会功能的一种半私人化的空间层次。在这里也首次出现了对后来美国郊区形态影响重大的贯彻了尽端路的道路系统。[25] 在这些规则的指导下，参与至其中各个具体设计的建筑师们大多很出色地使他们的作品融合在西特所倡导的中世纪城镇风景如画的环境里。

昂温和帕克在 HGS 项目里，使用设计导则和标准的方法令他们的理念得以充分地付诸实践，这属于他们对城市设计的理解。正如第五章所提到的，对边界的注重是作为一个乌托邦城市设计"整体性"的前提之一。的确，昂温和帕克同属一个活跃于 19 世纪末德比郡的社会主义者 – 乌托邦空想主义者团体。因而当 HGS 的规划设计最终呈现出一种复古的理想城镇模式也不足为奇。而边界本身的作用即是将城市限制在可控的范围内，通过空间层次的划分，清晰地表明了各个空间不同程度的社会权限。显然，设计者试图使用一种秩序去规范空间的布局，并以此来实现对社会行为的控制。故不论这样的秩序是取自西特还是霍华德，它们在城市设计的实践中即表现为家长式的统治意图。[26] 在此，城市被视作是一个整体，利用一系列规范来引导和控制具体的结果，含蓄地将设计者的理念逐渐从图纸转移到真实的土地上。

另一个更为人熟知的例子是奥斯曼主持下的巴黎重建工程。这个工程有众多实施上的细节，但在下文中，我们主要关注的是当时的利益相关者在重建巴黎过程中对"城市"和"设计"这两个概念的理解。这项拿破仑三世期待已久的巨大工程始于 1853 年，也就是奥斯曼就任塞纳省省长那一年，尽管奥斯曼对巴黎的改造拥有极高的权力——如同改造他家后院一样的特权和效率，但仍因经济等问题，工程断断续续地进行，直至 1880 年代才大致建设完毕，构成了我们今日所见的巴黎的概貌。改造当然并不是仅仅为了"美化"巴黎，巴内翰（Philippe Panerai）等人十分精辟地归纳了这场运动：

> 经济的机制隐藏在技术的理由之下，它以美学为掩护，以古典文化为参考，至少表面看来如此，人们无需再操心折中主义的拼凑。在城市中，人们从此看到轴线、纪念广场和纪念物系统的修辞学回来了，企图重塑古典体系的系统化形象……（随着人口剧增）在大量工人面前，统治阶级与被统治阶级之间的关系摆上了台面……资产阶级拥有话语权，处于权力顶峰，不择手段地实施其控制。新的空间类型出现了，并没有完全脱离旧空间，而是一种重新阐释、重塑或偏离其形成机制，将其发展为一个越来越波澜壮阔、越来越一

致的工程。[27]

可见，作为法学出身的公务员奥斯曼对设计城市并无多少兴趣。巴黎的美丽和壮观或许只是资产阶级一边洗劫旧贵族和教会所剩不多的财富，一边试图压制无产阶级反抗的衍生品。真正的总体设计平面图出自拿破仑三世之手。[28] 而执行者奥斯曼并没有如人们想象中那样全盘掌控着整个城市的布局设计，而是十分务实地基于投资模式和经费来源对巴黎逐步地进行空间结构上的调整。他一边延续着古典文化的审美，一边添加着新的元素——林荫大道，以此把密集的城市切开，把蜿蜒的道路裁直，拆除了原来的城墙和小径，连接了各处的大型公共空间和建筑，并塑造起笔直而整齐的沿街立面。通过在关键的地方重复这一元素，并使其延伸至他处继续"生长"，在宏观上确立了一块块放射状的轴线网络肌理，在观念上逐渐构建起了奥斯曼式的城市语汇（图 7-2）。

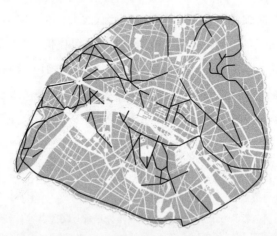

图 7-2　奥斯曼"切口"下巴黎的转变，黑色轴线为新开辟的林荫大道，1871 年
来源：©Leopold Lambert，https://thefunambulist.net/editorials/history-chronological-cartography-of-the-1871-paris-commune

图 7-3　巴黎"瓦赞规划"设想的前后对比，1925 年方案，勒柯布西耶一边致敬奥斯曼，一边又将巴黎
"内外翻转"。
来源: Le Corbusier, [1933]2010: 201-205.

　　不难发现，这种空间改造方法不同于建筑主导的城市设计——
人们用结构化的空间作为实体嵌入到城市中，然后清理掉妨碍结构
的建筑物。这类同于早期文艺复兴时期在改造城市时所惯用的方法，
即使用新的规整而宽敞的空间，如大街和广场，来修正日趋破败而
不规则的老城。[29] 这隐晦地折射出当时及早期的欧洲人对城市的认
知——作为城市主体的似乎应该是公共的开放空间，而不是建筑物
或它们的内部空间。在设计上，他们对开放空间的结构和形式的把
控甚于建筑物。如果拿一个截然相反的例子来对比，那么勒·柯布西
耶针对巴黎的"瓦赞规划"（Plan Voisin，得名于赞助该规划的汽车
公司）或许再适合不过了（图 7-3）。

　　然而这并不意味着奥斯曼时期的人们不看重建筑在城市中的作
用。在钢筋混凝土得以大规模普及之前，建筑的内部空间、外部形
式、高度和跨度等受到的限制较多，而建筑之外的开放空间则具有
更高的可塑性，对城市整体结构起到的作用也远大于当时的建筑。
人们便因此把城市改造的焦点投向街道和广场。相反，20 世纪之
后，建筑物，尤其是那些量产化了的住宅建筑，已成为独立于场地
文脉之外的"空降"事物。这些建筑更加注重内部空间的编排、采

光和通风，由此它们可以毫不在乎与周围环境的联系。于是，话语权又重新回到了建筑师手里。与此同时，一部分开放空间被圈作绿地或广场，另一部分则以一种新的道路形式分配给了已开始普及的汽车，其余的则彻底沦为了建筑之外的剩余。当这些空间被打散之后就再也夺不回它们当年的主导权了。也就在这时候，交通工程师开始掌控起了整个城市的开放空间系统。[30]

这种趋势已在昂温对奥斯曼的批判中初现端倪，他指出在奥斯曼的规划中缺少封闭的空间，其总体结构也没能产生真正的场所。[31]昂温所理解的"封闭"和"场所"似乎更多是指那些半私密的围合空间。在他的时代，机动车的普遍使用和与日俱增的外来人口已打破了传统城市的居住环境，因而这些围合空间就成了远离过往交通和犯罪干扰的安宁祥和之所，代表了英国田园牧歌式的传统居住文化和自然情结。这种思想明显排斥了紧密联系着法国城市文化，强调开放、视野、交流和纪念性的奥斯曼街区。[32]自 HGS 起，尽端路的围合结构便是公共空间私有化的开始——这部分空间看似对外开放，实则被小部分人所占据，进而在资本的浸润下，这些私有化的空间（同时也包括建筑内部空间）在不知不觉中主宰了今天许多城市的面貌。

第三个例子是伯纳姆的芝加哥规划。这场效仿奥斯曼的轰轰烈烈的城市美化运动最终并没有取得实践意义上的成功。1909 年，伯纳姆作为商人俱乐部的代言人，和众人一起出版了这本近 3 公斤重的规划书。但这规划却表露出一种与它的分量不相称的谦卑态度。它坚持不强求建筑的形式；在交通规划上承认只是选取了一个合乎逻辑的自然线路；在区位布局上更是欢迎专业人士为之作出更合理的修改……[33] 规划者们明白，要推动规划就必须说服社会认可该规划的价值，才能经过公民的投票同意来筹集实现规划所需要的资金。为此，推动者们成立了芝加哥规划委员会。绝大多数商业俱乐部的成员都参与进了这个原本应由官员和市民组成的委员会。委员会通过演讲、报纸和宣传手册等手段向市民"推销"这一能为他们带来"文明、便利、健康、美观"（civilization，convenience，health，beauty）的伟大计划。[34]

尽管顶着诸如"世界上可能没有任何一个大城市像芝加哥这样被伪装成公共慈善家的极端自私的利益所困扰"[35] 这样的批评，规划委员会凭借坚持不懈的宣传和历任市长的工作关系，筹集到了道路拓宽和芝加哥河"裁弯取直"等工程的项目资金。然而 1939 年随着原委员会的重组，这项宏伟的计划便不了了之了。芒福德批评芝加哥规划的根本目的在于抬升地价，而丝毫不关心家庭住房和小型工商业的组织和发展逻辑。[36] 的确，这个庞大的规划在很大程度上代表了商业俱乐部一众成员的利益，规划所勾勒出的宏伟壮景没能真正地吸引市民，反而让人在宽广的林荫大道中感受到了自己的渺小和无助（图7-4）。而到了今天，芝加哥的各大商贸展览中心以及沿湖的私人游艇俱乐部是否又以另一种姿态折射出了谁

图 7-4 芝加哥规划中的密歇根大道的鸟瞰图，见于芝加哥规划图版 112，由盖兰（Jules Guerin）绘制
来源：©Chicago History Museum

图 7-5 芝加哥伯纳姆码头的私人游艇俱乐部
来源：https://www.chicagoharbors.info/harbors/burnham

的利益呢（图 7-5）？

也许是为了避免建成环境设计话语权被精英过度垄断，英国和美国采用了设计审查制度（design review）来管理一片地理区域的物质形态的发展，以反映公众对该区域未来面貌的决定。审查工作通常由相关委员会（design review boards）来执行。然而，根据 20 世纪 90 年代的统计报告，在拥有 10 万人口以上的美国城市中，仅有不到一半的城市设有审查委员会，其委员会成员出席比例从高到低分别为建筑师、社区代表、政府官员、城市规划师、商人、建筑专家、开发商，历史学家或保护主义者，以及律师。其中，唯独社区代表是可以被看作是公众利益的间接代言人，其余成员皆来自社会精英阶层。即便如此，有社区代表参与的委员会也只占了总数的 47%。[37] 这篇报告继续指出，公众参与确实相对罕见，大约只发生在 18% 的调查地区，且只有两个受访者声称公民团体对审查结果施加了重要影响。根据黄雯对波特兰、西雅图和旧金山的设计审查制度的比较，发现公众参与的方式和强度在不同城市中差异很大。例如在旧金山，公众几乎不参与到任何常规的审查阶段中。[38]

雅各布斯抨击了从霍华德到伯纳姆再到勒·柯布西耶的"缺乏研究基础"的设计空想，这些纪念碑般的规划，不管落实与否，普通市民都很难从中获益。[39]时隔半个世纪，在地球的另一边，同为记者出身的王军也从交通、经济和地方财政角度对国内的一些"超常发展目标"的规划做出了批评。他的采访透露出地方政府对土地财政的重度依赖，并由此引发的一轮轮"圈地运动"。[40]荷兰建筑师范德沃特（John van de Water）将多年在中国的工作整理成了一本手记，其中就提到设计师、客户和使用者为代表的利益三方的博弈过程，并发出"客户决定一切"这一感慨，指出使用者在这个过程中的缺席问题。"我不知道"是大多使用者对和他们切身相关的开发项目的认知。[41]德国学者哈森普鲁格（Dieter Hassenpflug）在《中国城市密码》一书中谈到了中国城市中的摩天大楼和宽至 12 车道的巨型马路，指出了城市建筑与街道从功能空间向媒体空间转变的事实，反映了掌握着话语权的人们对空间公共性的漠视。[42]可见，在不同身份的观察者眼中，公众在规划和设计过程中的"失声"不仅仅是出现在一些资本主义国家的个别现象，它普遍存在于由资本掌控的各个建设项目中。

四、资本支配下的空间

在资本主义的触手伸向全球各个角落的今天，资本在城市等各类建成环境中正以非同寻常的速度冲击着传统的公共社会生活。在全球化的大都市中，屏幕取代了城市广场，超级购物中心取代了传统街道，公共领域已退化为一种象征性的幻象。[43] 这种冲击已不是新鲜事，资本对空间的影响从来没有被低估过，它自 20 世纪 80 年代起就引起了人们的注意。它在物质环境的变换上主要体现为空间的消费化现象，公共性存在的颠覆，以及有利于资本再生产的空间格局变化。据摄影艺术家梁思聪（Sze Tsung Leong）的观察，购物已经成为公共生活的限定性活动。市场通过购物行为巩固了它对人们的空间、活动，以及生活的掌控，塑造了与之相匹配的环境，以及关于人类自身的一系列物质后果。[44] 城市的广场和街道在市场经济的推动下以其有利可图的商业价值盖过了公共价值，而沦为充斥着广告和商品的"购物广场"和"商业步行街"。[45] 与此同时，世界博览会、体育盛事、主题化公园等大型消费活动占用了极大的城市空间，用私人社会活动的合集偷换了原本的公共社会活动的需求，将私有化和商品化的空间伪装成了公共领域。[46] 在更大的尺度上，在规模效应的作用下，资本积极推动着城市向外扩张，毫无节制地将居住和商业资源向着郊区推进。[47] 在城市如野火般蔓延的同时，资本又进一步地强化了住区的隔离和社会的分裂。[48] 这一切都随着世界各地的经济发展和城市化进程不断重演着。

诚然，消费并不是件坏事，它是推动城镇发展的有效工具。[49] 但当消费行为在资本的威逼利诱下从一个社会活动的可选项变成必选项时，它就已经不知不觉地替资本主义完成了一轮正反馈循环了。人们开始说服自己消费本不必要的商品，为使用原本就应属于自己的空间买单。从心理学层面来看，这个劝说过程很可能是通过外周途径（peripheral route）来说服人们接受某种观点，这个过程可能是在"阈下"（subliminal）状态中完成的，即通过让人们无意识地接收某些刺激（主要是视觉）来影响他们的喜好和行为。这个过程只需要受众很少的认知投入和低努力水平的加工，也往往是难以被觉察的，从而可以减弱使人从众和服从的社会压力，以防止逆反的产生。[50] 因此我们有理由认为，这个过程并不都是有人刻意为之，而是自由市场在这里起到了社会选择的作用。[51] 越是商品经济发达的地区，资本劝说人们消费的表达方式的多样性也就越高，为社会选择提供了充足的"原材料"。同时，这也取决于资本有多强的"意志"来推动商品经济的发展，这自然和资本投资回报率有关。今天，资本的"意志"已强大到足以把所有事物都变成可以买卖的商品，包括空间在内：

> 全球资本主义的文化－意识形态规划就在不断引诱着人们在满足生理和其他普通需求之后，继续勾起各种为了维持资本积累的私人利益而人为创造的欲望，以确保资本主义全球体系的永久运行。[52]

在很多时候，资本也会毫不掩饰地直接动用自身力量去影响城镇空间的组织和分配。这更不是件新鲜事，早在 19 世纪，恩格斯针对当时的英国工业城市曼彻斯特有这样生动的描述：

> 除了这个商业区域，整个曼彻斯特本城、索尔福和休尔姆……所有这些地方都形成了一个纯粹的工人区，像一条平均 1.6 公里半宽的带子把商业区围绕起来。在这个带形地区的外面，住着高等的和中等的资产阶级，中等的资产阶级住在离工人区不远的整齐街道上……而高等资产阶级就住得更远，他们住在……带花园的别墅里——在新鲜的对健康有益的乡村空气里…… [53]

图 7-6 曼彻斯特主城区和休尔姆地区从 19 世纪
中叶到今天的形态变迁
来源: ©The University of Edinburgh, Digimap®

如今，随着工业的退场，工厂的撤出，曼彻斯特的城市空间又得以另一种新的姿态出现（图 7-6）。只不过这次的影响力[54]换成了金融和商业资本，人们看到的是包装成消费需求的空间形态。1999 年以来，这个城市接受了全方位复兴的计划，其首要事件之一便是着手城市交通方面的改进。但遗憾的是，除了伦敦，英格兰的其他城市都缺乏对私人公交运营商的管控能力，只得另寻公共交通之外的出路。[55] 打破僵局的是交通创新基金，它承诺出资 30 亿英镑来加强对交通发展的掌控，不过前提是需要在今后收取交通拥堵费来平衡这项支出。这让这座城市看到了一点点希望，而那时已是 2008 年了。然而意想不到的是，该提议在公投中遭到了 80% 选民的拒绝。鉴于曼城并不算高的家庭机动车拥有率[56]，显然反对者中有不少人并未拥有私家汽车——他们本该在这次改革中获益。事实是，在公投之前，曾轰轰烈烈地开展过一场反对该提议的示威游行。它是由城郊特拉福德购物中心（Trafford Centre）的所有者，也就是皮尔控股集团（Peel Holdings）代表的商务和汽车利益团体所发起的。[57] 不难想象，在如此强大的利益集团的洗脑式宣传下，人们普遍产生了一种存在于假想中的不满——在有朝一日自己也拥有私家车之时[58]，拥堵费的征收将会损害他们的利益。

　　在另一个层面，利益至上的资本也对这座城市的景观采取了粗暴的干涉行动。曼彻斯特拥有丰富的历史建筑和工业文化遗产，这对当地民众来说是一笔宝贵的财富，这也让这座城市成了联合国教科文组织分部的选址之一。但遗憾的是，千禧年刚过，一栋高171 米的怪异、质量低劣的巨塔——比瑟姆·希尔顿大楼（Beetham Hilton，亦称 Beetham tower）的落成顷刻之间便断送了这一美好的前景（图 7-7）。[59] 这正像 1972 年出现在巴黎的蒙帕纳斯大厦（Montparnasse Tower）（210 米高）对城市天际线造成的不可低估的负面影响。[60] 这种使用高度来彰显自身以达到宣传效果的地标项目十分常见。尽管它们或许为城市带来了可观的收入，但对整体城市风貌的破坏是长久的，其损失的价值难

图 7-7　一片工业遗址和历史建筑背后的比瑟姆·希尔顿大楼，2012 年

以用经济指标来估量。

　　让我们再把目光投向国内的城市，在这二三十年发生着剧变的地方，不难发现资本在面对各种利益的博弈后留下的"累累战果"。各种公共空间遭受商业侵蚀的景象比比皆是。在很多城市的公共空间中，占据视线中心的往往是各式各样的广告和宣传。它们用鲜艳夺目的色彩和眼花缭乱的灯光等庸俗的手法争夺人们的注意，阻挡人们的观察，干扰人们的判断，污染人们的视觉。这些"公共空间刚刚摆脱政治语境的束缚，又再一次跌入商业消费社会的牢笼"。[61] 在作家王安忆的笔下，上海从一座生产生活的城市变成了商业资本的城市，她所发生的变化之快正挑战着人类原始的感官和记忆：

> 　　总之，上海变得不那么肉感了，新型建筑材料为它筑起了一个壳，隔离了感官。这层壳呢？又不那么贴，老觉得有些虚空。可能也是离得太近的缘故，又是处于激变中，映像就都模糊了，只在视野里留下一些恍惚的光影。[62]

　　迈尔斯（Steven Miles）指出，当城市空间和物质环境越来越屈居于消费主义的支配之下时，个体及其与社会的关联在该环境中也会逐渐地产生变化，即环境对消费者的主观能动性有着显著的影响——它为消费者提供消费欲望释放的场所，而这种释放同样也是需要收费的，作为消费活动的空间载体于此刻也变成了可被消费的对象。[63] 这种消费经验的塑造限制了个体的能动作用，让人渐渐觉得这一切都是理所当然且值得拥护的。这一论调可看作是西美尔（Georg Simmel）的时尚消费理论关于商人和消费者的"合伙"[64]行为在物质空间上的一种表现，这显然更是超越了前文提到的心理学层面的"说服"水平。尽管人们审慎地认识到此现象对公共领域的严重影响，但其危险性可能还是被低估了——至少不乏学者和专家对此持中立态度。由资本意志驯化而来的空间对普通人的驯化是不可忽视的。正如人类驯化了小麦、水稻和牛羊，它们反过来也将人类从猎人驯化为了农民。这个历史过程没有以人类的意志为转移，人们当然可以继续从事更为"舒适"且"富有意义"[65]的狩猎采集生活，但他们不能保证自己不被更团结更强大的农耕部落征服而永久掩埋于历史中。抵制消费主义支配的人和空间最终也将面临同样的命运，要么被资本奴役，要么和资本"合伙"。

　　这种"反向驯化"的现象相当明显地体现在审美和它的驱动力上。以我国城市和建筑为例，十多年前无处不在的"崇洋"和"仿古"现象即是商业物质美学的充分体现。哈森普鲁格注意到不少中国住区对外国（主要是欧美）城市整体和一些标志性建筑的模仿现象。此类赝品以商业噱头为出发点，却常常基于实际使用问题而做出自相矛盾的修改，进而引发恶性循环。[66]2000年，上海市政府雄心勃勃地开启了"一城九镇"计划（后改为"三城六镇"），意图在主城区周边建设九个新镇示范区，并试图"用世界的语言说中国故事"。于是，其中至少八个新镇围绕或融合了英国、德国、荷兰、意大利、美国等一众欧美国家的城镇风貌来进行建设。这在很大程度上是利用了当时人们的"崇洋"心理偏好来销售此处的房产。在实际使用中，这些地处偏远的新镇并没有完整的城镇功能。缺少产业和就业的支持，住在新城的人们只得早出晚归，极度依赖私家车出行。尽管这些新镇有着不错的销售业绩，但真正居住在里面的人并不多（图7-8）。

图 7-8　白日里空荡荡的罗店"北欧"小镇，2017 年
来源: https://www.meipian.cn/ydpufi1

　　不过在这之中，位于上海嘉定区的安亭新镇或许还算是个（至少在商业上）成功的例子。这是一个开发了近 20 年的小镇，不久前才真正地完工，并受到业界内外的追捧（图 7-9）。开发商原本设想的仅仅只是简单复制一个德国城市或其中的一个片区，但在来自德国的设计团队的劝说下改变了主意。因此该项目是对德国城市开放的设计理念的一次仿制，而不是对某个德国城市形象的纯粹模仿。单从这点上看，它已然超越了许多赝品。然而，在哈森普鲁格看来这次仿制仍不算成功，在有些方面完全背离了欧洲传统城市的设计原则，例如过宽的街面，街区的围合感对朝向要求的让步，随处可见的社区门禁，以及边界的强烈排他性等。[67] 这些问题令安亭新镇在事实上仍然是一座封闭式的中国新城，唯披有德国城市风貌的表皮而已。因为一旦改变了某些局部规则，仍妄图想成就原来的全局

图 7-9　安亭新镇的实景鸟瞰
来源: https://www.sohu.com/a/305264220_760869

形式以及与之相应的社会活动是很困难的。但显然"欧陆风格"至今仍是一个响亮的卖点（而且的确在商业上做到了这点），是无论如何都不能在对外宣传中被掩盖起来的所谓"优势"。

　　从阿兰·德波顿的长崎"荷兰村"之旅[68]到拉斯维加斯的"纽约纽约"（New York New York）大酒店中，我也都可以看到，此类拟像化、符号化的"时空压缩"（time-space compression）现象也并非我国独有。它常常会诞生于剧烈的城镇化进程中，不论何时何地，只要允许自由资本的介入，这似乎就会发展成一种必然。除了狂热的土地经济催生的种种怪象，还有摩天大楼和巨型广场等奇观式的攀比性建设，媒体在这一过程中的作用也功不可没，并且在数字互联的今天发挥着更加强大的影响：

　　　　由资本主义扩张所导致的阈限空间被焊接进新的社会和政治构造之中，技术性媒体在此构造中发挥了关键作用。一方面，它造就了基于种族的法西斯主义等的破坏性的、错误的联合……另一方面，它在福特制大众消费生活方式中得以表达，该生活方式首创于美国，在那里，一种激进的形象政治崛起于好莱坞明星文化与生活方式的市场化和扩大化的商品流通的交融。二战后，正是这种政治租界被证明是成功的，它传播到了世界上的大片土地上。按照私人权利和消费者选择的意义将个人偶像化，已证明与公共文化价值观不相容。结果，公共空间在激活早期的现代性中的作用开始极大地减弱……[69]

当夜幕降临时，这类五光十色的媒体广告进一步开始展现它们的巨大影响力。LED灯具和屏幕取代了建筑立面，音乐喷泉和灯光秀取代了城市景观，它们向观众讲述各个城市的故事，只不过这些故事仅仅和商业利益有关。空间和注意力都是稀缺资源，却轻易地被资本以微小的代价所操控。在资本的支配下，城市空间都被媒体包装成一个个目不暇接的展示舞台，用歌舞升平之势让人们假装身处在一个欣欣向荣的时代，让众人在不知不觉中接受、拥抱了这种"日常性"，并以此为"惯习"成全了资本对他们生活的支配。当人群都面朝着同一个方向时，也就自然地远离了公共生活。可惜且可悲的是，这委实不是资本的目的，而只是在维持其再生产过程中的一个顺带的副产品而已。

五、从演化到驯化

在政府和社会团体的号召下，建设的攀比之风也有所收敛。随着房地产的热度褪去，卫星城规模般的建设也渐已淡出了投机市场。

在地方财政的支持下，人们宣称清理了贫民窟和"城中村"。然而，资本对空间的支配仍然不动声色地进行着，以更美好的许诺劝说着试图觉醒的人群。城市中空间权利的不平等将是阻碍城市发展的隐患，但这不是资本要考虑的后果，它只会敏锐地奔向更适合它再生产的地方——每当一处变为"铁锈地带"之前，资本便会在榨干它最后一滴油水后毫无留恋地离开。今天的城市面临着愈加严重的空间士绅化，穷人被相对较为富有的人挤出原有的住所，搬移至距离城市中心更远的角落，从而进一步失去（至少在地理方面）竞争的公平性。这一系列的循环看似充分地体现了演化过程的一部分（同时它也是自由市场过程的一部分），但人们以及地方为此所付出的代价却不应被如此地轻描淡写。在达尔文主义者的笔下，一个城镇或片区的失败犹如宏伟的演化进程中跌落的一粒灰尘，此类轻飘飘的叙述也无疑助长了资本的恣意妄为。尽管人们可以通过不断地修订演化的各项"定义和条款"以试图用它来解释人类建成环境建设过程中发生的一切，但当把这些论调放到现实中时，仍然会让人不知所措——它只会像德布瑞恩的上司[70]一样不断劝说道，"一切都会好起来的，只要你耐心地等待"。

　　诚然，上述的种种现象都能用演化的观点来解释。但该观点的问题在于它不屑于将个体从整体抽离出来进行考察和分析，从而丢失了一个十分重要的视角。这个过程既是人类整体和建成环境的协同演化，同时也是资本通过空间对个体进行的驯化，是令一部分人服从于另一部分人的过程。这种驯化非常巧妙，它强调了空间私有化的理念，将其包装成经济发展的引擎；它用各种付费的空间将人群割裂，暗中破坏平等的公共生活；它操控土地价值，联合汽车工业和能源巨头，在通勤和住区上强化了阶级隔离；它成功地用媒体空间遮蔽了物质空间，向人们的日常生活灌输着享乐主义的正当性。

极端中立的演化论者可能会指出，这或许是演化进入了一个新的阶次，已然是一支不可回头的离弦之箭。就像从化学的分子演化到基因的形成，从生物的基因演化到智慧的诞生，再由智慧到技术的演化——每当演化迈进一个新的阶次时，原先的那种演化方式便在这一条支链上暂停了。在建成环境的语境中，资本正是这种演化"进阶"的催化剂，这种催化剂能推动空间的变化来进一步推动自身的再生产。因而它能以势不可挡的力量将建筑、城市和景观推向了一系列新的类型——商业综合体、主题化公园、度假酒店、特色小镇等。而这仅仅只是前奏罢了，因为在这之后还有最为关键的一步——这些类型影响着人们的审美，不论是建造商还是使用者，政府还是设计师，他们的审美偏好使得这少数几种类型得以更广泛地复制并取代各式各样的其他类型。我们终将会迎来围绕垄断资本意志运行的人造世界。关于前文所引的恩格斯的描述，更精彩的其实还在后面：

> 最妙的是这些富有的金钱贵族为了走近路到市中心的营业所去，竟可以通过整个工人区而看不到左右两旁的极其肮脏贫困的地方。因为大街……足以不使那肠胃健壮但神经脆弱的老爷太太们看到这种随他们的富贵豪华而产生的贫困和肮脏……[71]

可见，资产阶级连同自身也被他们资本营造的空间所驯化了。正因为空间被冠以"中立"的属性，上层阶级乃至部分中产阶级才可以心安理得地假装此类现象并未存在，依旧以既得利益者的身份我行我素。然而，作为人类，又有谁能真正地从中获益呢？萨特

（Jean-Paul Sartre）笔下的布维尔城就揭示了这么一种社会状态：

> 他们下班后走出办公室，满意地瞧瞧房屋和广场，想到这是他们的城市，"美丽的市民城市"。他们不害怕，感到这是他们的家。他们看到的只是从自来水管里流出的、被驯服的水，只是一按开关就从灯泡里射出的光，只是用木叉架住的杂交树。他们每天一百次地目睹一切都按规律进行，世界服从一种亘古不变的、确定的法则。空中的物体以同样的速度坠落，公园在冬天下午四时关门，夏天下午六时关门，铅的熔点是三百三十五度，最后一班有轨电车在晚上十一时五分从市政府发车。他们性格温和，稍稍忧郁。他们想到明天，也就是另一个今天。城市只拥有唯一的一天，它在每个清晨不断重复。只有星期日这一天被人们稍加打扮。这都是些傻瓜。一想到要再见到他们那肥肥的、心安理得的面孔，我就感到恶心。他们制定法律，他们写民众主义小说，他们结婚，并且愚蠢之至地生儿育女。然而，含混的大自然溜进了城里，无孔不入地渗入他们的房屋、办公室，钻到他们身上。大自然安安静静，一动不动，他们完完全全在大自然中，他们呼吸它，却看不见它，以为它在外面，在离城二十法里的地方。[72]

在没有了创造力的支撑下，城市便开始生锈，而资本却只需再换一个城市继续它的生产。这就是演化思想不得不承认的一种客观且必然的趋势。但若我们换一种角度来理解这个趋势呢？当我们的驯化技术从物种表面性状的筛选进步到了基因层面，我们几乎具备了改造物种的能力。这当然有其正当的一面，比如关于粮食安全问题的应对，但它同时也受伦理问题所困。如果技术的演化被认为是中立的，那么伦理的枷锁最终会被松动，这对现在的人类来说未必会是件好事。[73] 那不妨使用带有道德色彩的驯化思想来替代它，我们就会发现对空间的某些驯化是"非正义"的，我们的某些审美冲动和现象也不再会被认为是纯粹中立或非功利[74]的，就像我们会指责某些动物品种的培育是残忍、自私的一样。一旦伦理成为一项"考核指标"，普通民众便不再受制于由精英和专家们精心筑就的专业壁垒，并重新获得评判建成环境设计的权利和与资本相抗衡的话语权。

当然，对规划和设计来说，这更是一次能真正实现自身专业价值的机遇。在传统的认知上，人们往往过多地强调社会进程对空间形式的影响力，但越来越多的研究开始提醒我们，更真实的情况是社会进程和空间性之间更像是时间 - 空间关系一般，彼此多以冲突的方式互相推动，互为因果，辩证地融合在一起。[75] 我们驯化了空间，空间也驯化我们。建成环境的各种范型也可以像教科书一样告诉人们什么才是真正的正义和公平，进而影响整个社会的审美偏好，在建成环境的语境中形成一种追求美德和优秀品质的美学观。不少心理学的证据表明，关于对社会性道德（例如利他主义）的欣赏和渴慕，是随着年龄和经历的增长而逐渐浮现的能力。[76] 这大概是作为社会成员的我们最高级的一类审美活动了。

康曾提到过一个不能再简单的设计，它仅仅由一个楼梯的转角、转角上的一把椅子，椅子旁的一扇窗户构成：一个年幼的孩子飞快地跑上了楼梯，跟在他后面的祖母则因体力不济而需要在转角处歇息。着急的孩子回头问道："你为什么不跟上来？"老人不愿承认自己腿脚不便的事实，而转角、椅子和窗户则为保留她倔强的尊严提供了一个格外靠谱的理由："你瞧，外面的风景多好，我就突然想坐下来看看。"[77] 毋庸赘言，这个关于设计的故事给了我们

极致的美感，那么这也许就是驯化这一类比好过演化的意义和价值
所在——它有美德和善良把握未来的方向：

> 我们预测不了未来，但可以将未来变成我们希望的模样。[78]

六、小结

本章回顾了演化思想的诞生和发展，肯定了该思想在解释建成
环境类型的形成和演变中所起到的有力作用。与此同时，本章也对
演化观点的中立性感到忧虑。它的中立常常体现为实践中的无作为，
承认一切都是理所当然的过程，并不急于改变现状而将美好未来的
愿望交给时间来实现。这个演化的思想框架中，任何行为都是默认
被允许的，这将迫使我们承认由垄断资本或独裁专制等主体来控制
建成环境的一切物质形态同样也是一个"合理"的演化结果——即
便，乐观地说，也许此类糟糕的形式相对演化的长河而言只是昙花
一现，但也将会成为"可见于外太空的伤痕"，留下一系列"凝固
的错误"。[79] 这样的演化结果甚至能影响好几代人的生活，令我们
难以在道德伦理层面接受它。在经济、技术、文化和舆论都逐渐被
金钱掌控的当下，建成环境也朝着有利于资本再生产的方向演变着，
传统城市迷人和实用的空间之所以消失了，正是因为它们建立在了
资本的反面——面向大多数人的公平和正义上。因此，当它面对强
大资本和弱小民众之间的博弈时，中立的立场将会是非正义的。

鉴于此，用附带道德判断的"驯化"这一类比来理解建成环境
对之后的实践有着更为积极的作用。至此，空间的驯化正逐渐完善

着它从理论迈向实践的过程，从一项类比逐渐上升到了一种观点。相对演化而言，该观点更强调了社会和空间之间几乎对等的相互作用，也更注意到了因个体之间的阶级差异而不能将人类社会完全当作一个统一的整体来看待。尽管这一观点仍羽翼待丰，但它也因站在演化思想的肩膀上而已然能望得更远。

注释

1　引自 Rossi，[1982]2006：42；沈克宁，2010：19-20.

2　引自 Rossi，[1982]2006：42；沈克宁，2010：19-20.

3　Rossi，[1966]2010：86.

4　同上：88.

5　见《城市建筑学》的德文版评注

6　沈克宁，2010.

7　Rossi，[1966]2010：42.

8　可参见文丘里等人在《向拉斯维加斯学习》中对建筑的象征主义和商业语言的肯定，他借此丰富的符号化建筑和视觉形象完成了对现代主义的再一次批判，强调了城市多元、自由和包容的一面。见 Venturi, et al.，[1972]2006.

9　见 Dennett，1996.

10　Geddes，[1915]2012: 2.

11　Hall & Tewdwr-Jones，2011.

12　Jocobs，1961.

13　Alexander，1965.

14　引自金经元，1996: 28.

15　Momford，1961.

16　Alexander，2002: 80.

17　Hirst，2005.

18　Fainstein，2009.

19 正如前文所说，地表并不存在绝对的空白，这里的空白指的是相对已有旧城肌理而言尚未开发的地表环境。

20 Mumford，1946.

21 Southworth & Ben-Joseph，2003.

22 事实上，早在英国乔治王朝时期（1714-1830 年），政府对城市的把控就已几乎完全基于细致入微的建设法规。但在一个新城的总体设计上，如同 HGS 般使用规则进行试验性的实践仍属先例。

23 也许这是昂温他们和霍华德唯一"合拍"的地方。

24 Panerai, et al., [2004]2011.

25 Southworth & Ben-Joseph，2003.

26 Fishman，1977.

27 Panerai, et al., [2004]2011: 6-7.

28 Pinkney，1958.

29 Argan，1970.

30 Southworth & Ben-Joseph，2003.

31 Unwin，1909.

32 Panerai, et al., [2004]2011.

33 Smith，2006.

34 同上：122.

35 来自芝加哥期刊《大众》（*Public*）1913 年 3 月 7 日的一篇文章，是一系列批评芝加哥规划的文章之一。见 Simth，2006：128.

36 Momford，1961.

37 Lightner，1993.

38 黄雯，2006.

39 Jocobs，1961.

40 王军，2008.

41 Van de Water，2012.

42 Hassenpflug，[2008]2018.

43 Virilio，1991；Davis，1992；Miles，2010.

44 Leong，2001.

45 李昊，2016.

46 Graham & Aurigi，1994.

47 季松 & 段进，2012.

48 Soja，2010.

49 季松 & 段进，2012。同样，适度的资本运作也是令社会得以保持创新和活力的需要。

50 Myers，2005；例如，相比张贴公告，洁净的环境本身更是一个明显且有效的提示，因为它会让乱丢垃圾的人们感到自己从环境中凸显了出来从而中止相关行为。见 Zimbardo & Leippe，1991。

51 本书谈到的资本侧重的是一系列反映在整体上的客观现象，和作为个体的资本持有者的意图无关；建成环境中的技术专制现象亦是同理。

52 Sklair，2002：62.

53 见《马克思恩格斯全集》，第二卷，人民出版社 1957 年版，第 327 页。

54 称之为"影响"是因为不能说它完全受到了资本的掌控，曼彻斯特的历史建筑和公共空间领域仍能反映出一定程度的正义性和公平性。

55 Hebbert，2009.

56 根据 2011 年的统计数据，大曼彻斯特地区（Greater Manchester），44.5%的家庭没有小汽车。数据来源：Office for National Statistics, 2011 Census Table KS404EW。

57 Hetherington，2008.

58 根据 2015 年的统计数据，大曼彻斯特地区，以小汽车作为主要交通方式的出行比例与 2008 年持平。数据来源：DfT Regional Transport Statistics (National Travel Survey NTS9903Mets).

59 Hebbert，2009.

60 该事件直接导致了 1977 年巴黎城市建筑限高令的颁布。

61 李昊，2016：156.

62 王安忆，2001：169.

63 Miles，2010.

64 "合伙"体现在商人制造时尚和消费者渴求时尚之间越来越频繁的相互反馈与成就对方，因为时尚本身会因为普及而不再流行，故倾向于越来越快速的更替，见 Simmel，[1904]1957。空间作为消费载体的同时也成了消费对象，这也使得消费者个体和公共社会的联系也变得商品化了，从而继续加剧了这一现象。

65 Harari，2014：50.

66　Hassenpflug，[2008]2018.

67　Hassenpflug，[2008]2018.

68　该旅程描述了作者 1992 年在日本长崎的豪斯登堡荷兰村（Huis Ten Bosch Dutch Village）度假区所见的建筑和景观。见 Alain de Botton，2007.

69　McQuire，[2008]2013：197.

70　见第四章三 .

71　见《马克思恩格斯全集》，第二卷，人民出版社 1957 年版，第 327 页 .

72　节选自萨特的小说《恶心》（La nausée），见 Sartre，[1981]2005.

73　见 Fukuyama，2003.

74　布尔迪厄早已在社会、艺术和经济领域提出了审美中的功利性和不平等性。见 Bourdieu，[1979]1984.

75　Soja，2010.

76　Bloom，[2013]2015.

77　该故事来自笔者的同事何华帆老师，他在一次不经意中提到路易斯·康的这段话，笔者对此感触颇深。

78　改自图灵（Alan Mathison Turing）《计算机与智能》（Computing machinery and intelligence）一文的结语："We can only see a short distance ahead, but we can see plenty there that needs to be done."， 见 Turing，1950：460.

79　Alain de Botton，2007：254.

八　结语

　　建筑类学科知识的危机迫切要求我们在"博采众长"之时更应重视自身知识体系的建构。它不仅需要从容面对现实的复杂和不确定，还需在众多可能性中最终落实唯一的结果。因此，相关理论指导既不能依赖于完全的理性，也不应受严格的限制，而应基于一定的认知框架来作出相对最合宜的决定。据此，我们约定了讨论范围，将其置于日常生产生活的建成环境中，围绕着"空间"、"类型"和"审美"三者关系来讨论建成环境，揭示并论证了建成环境的研究核心和分析对象，并试着以此构建起长期以来被忽视的知识体系。最后，我们针对"最合宜"一说进行了探讨，采用"驯化"的过程、结构和特征来揭示当前主流观念中的一些缺陷，提出设计伦理在决策中的重要角色，以此明确建成环境设计的未来进步方向。以上便是前面七章所完成的工作。在本书的最后，我们将继续讨论如何利用这些新的知识来指导实践工作。

一、直面实践

在多数情况下，建成环境的设计实践分归于几个不同的专门行业来进行，以保证其高效和可靠的专业性。然而也正是这种分门别类的建设思想，将地面上原本连续的地理环境切割成了一个个各自为政的独立系统。人们当然知道连贯性的重要，但以今天需要综合考虑的各种建筑环境的复杂性来看，个人乃至团队都无法应对如此庞杂的系统。因此，对实践对象的切分似乎是不可避免的。

然而，前面的章节已经证明，对连续的地理环境进行整体性的操作并非不可行。本书所提出的分析核心，即空间系统，可成为将来设计的关键切入点。在学术研究领域，关于空间系统的抽象和分析的确能在很大程度上客观地发掘建成环境的形成和发展规律，此类依据有助于其形式与形态的具体落实。进一步说，本书关于类型的论述，揭示了建成环境（尤其是空间系统）的社会逻辑特征、层级结构和"类型－审美"的正负反馈机制，并通过这些新的视角为建成环境带来部分新的见解和阐释。它们能在一定程度上有效地作用于从室内布局到城市形态的不同尺度和范围的各个领域。对实践来说，这些新的内容可以提供以下几方面的启示：

第一，作为建成环境核心的空间系统是经由审美参与的社会选择的结果，因此，在具体实践中，人的主观能动性既不像演化思想所认为的那么孱弱，也不像技术理性吹嘘的那么强大。认为人们对环境改造持有绝对把握的想法是相当危险的，放弃对环境物质形态的把控而把实践全权交给社会和时间来决断也同样是一种危机。但关键是，我们不能对这两种实践方式进行"折中"，而是要将现有知识应用至最为关键的"节点"上。尤其当讨论到城镇尺度的建成环境时，这些"节点"通常表现为组成空间系统中的各个不同尺度层级的局部规则。历史上的各种范型都不乏在此方面的优秀表现。譬如小型开放空间在步行尺度范围内的占据和连接是生成整个社区全局形式的重要局部规则之一，而对这些开放空间来说，它们的全局形式则是由公私尺度相互作用的局部规则来构筑的。这其中对那些尺度和大小的把握就得取决于我们从普适性规律和在实际场地中通过调查、分析和归纳得来的关于局部规则的知识。由此我们还能得知，对一个社区范围的设计实践项目来说，要使它的全局形式产生意义，设计还应当将它的空间系统放在更大的文脉中考虑。但是，同理，若要对一个现代的大城市进行所谓的整体设计，就其全局形式的讨论是没有意义的，因为它自身的尺度及其更高层级的形式已不属于日常空间的范畴了。

　　第二，审美在建成环境类型形成、特化和演变中的作用是不能忽视的，而且它不完全是正向积极的。审美的意志既可以是集体的，也可以是个人的，既有客观的基础，也有主观的成分。我们在回答那些优秀范型是如何在没有规划、现代技术或知识体系的前工业时代中形成的问题时，调用了"驯化"这一类比。在这之前的演化观念认为，美并非由创造产生，是经由社会的选择留存而来。城镇和建筑一直处在不断更迭的状态，它们的品质从来都是参差不齐的，人们往往更愿意保留那些能给我们带来美好感受的建筑和空间环境，以至于被今天的我们观察到。这种观点很有说服力，只是太过消极了。人类的技术性知识会冲击这一社会选择的进程，从而更容易产生有利于掌握话语权者的环境。于是，技术的统治和资本的逻辑就分别在 20 世纪上下半叶的建成环境实践中接替了原本的社会选择。在信息化的当代，集体审美具有相当大的可塑性，即在资本掌控着信息传播的今天，在消费主义的强势而广泛的劝诱下，大多数人的审美意志并不能反映出他们真实的期望——至少对建成环境的实践而言是不值得依赖的。那么，作为设计者本身的审美偏好也不一定能脱离资本乃至自身技术的影响。一个美好环境的形成，或者一个潜在范型的产生，除了上述的知识，还应当借助构成人类审美的那些最为天然和共通的部分，将一系列美好的道德品质映射到想要实现的建成环境的类型上。[1]

第三，基于上述两点，实践主体的角色须在设计伦理的要求下转变，即从传统的技术专家转变为方案的沟通者和协调者，设计所聚焦的重点也将从技术判断转变为价值判断——"一种渴望去创造或维护的环境类型的价值取向"。[2] 不过这观点并不新颖，早在半个多世纪前的人们就已在城镇规划中具备了这样的认识。所以问题在于如何在物质层面上落实相关的实践。我们现在很清楚，局部规则的多样性应当随着所涉及规模的扩大而剧增。当我们设计建筑或园林时，规则的多样性并不比逻辑上的统一更重要，而当面对一个城市大小的设计范围时，多样性就必须被放到一个关键的位置。它的空间系统必将是多种局部规则综合作用的结果。设计者一方面需要保障这些规则的多样性，一方面也要在这些规则发生冲突之时，作出具有一致性的价值判断，以"优先级"的排序和取舍来调和矛盾。譬如从路网，到街区、街景，再到路面空间的一系列层级中，步行优先原则这一局部规则应当始终贯穿于其中，同时也要兼顾自行车、公共交通和无障碍需求等众多通行逻辑，以确保出行方式的多元和

建成环境的空间系统

图 8-1　设计实践工作的干预重点——空间系统的层级与界面（改自图 6-12）

互补。而交通出行也仅是众多社会逻辑类别之一，当它与其他空间的构成逻辑发生冲突时，仍需要实践主体采用不受技术或资本左右的价值判断来进行协调。

　　第四，在现行的实践体系下，更应当注重不同建成环境和层级之间的衔接，以及实体与空间交接处的界面处理（图 8-1）。例如城市设计就不应当被认为是一种"扩大了的建筑"或"更为微观的城市规划"。[3] 城市设计不仅仅是场所营造的艺术，从它的定义 [4] 出发，它更大的价值在于强化诸如路网和城市肌理、街道和地块、广场和建筑等两两之间的跨类别交接，以及诸如从建筑立面到城市整体风貌的跨层级衔接。因此，与其将城市设计为卡伦（Gordon Cullen）所倡导的"连贯的戏剧"[5]，不如只是在一些关键的节点处画龙点睛般地插入令人愉悦的片段。城市设计师的任务也不完全是创造潜在或肤浅的城市空间组构，而是从中寻求机会和加入特殊的干预。[6] 在城市景观领域，在近二十年来景观都市主义（landscape urbanism）倡导者们的推进下，城市开放空间和绿色基础设施作为物质环境"媒介"和"粘合剂"的作用也正日益凸显。[7]上述实践层面的进展是可持续的经济繁荣，自然资源的合理利用，社会公平和空间正义的积极成果之一。

第五，长期以来被忽视的艺术创造应当被鼓励渗透到上述的各个环节。这里所说的艺术并不单指如何将环境变得"美观"，而在于它对"真理"的揭示。因此，它在信息传达上应注重交流多于展示，注重取舍多于面面俱到。设计者应当充分地将上述干预重点转化为可以被理解的语言来传达他对场地的看法。我们也应当鼓励带有个人特质或附有神秘色彩的表达方式，并以一种开放的姿态面向公众并汲取反馈。就像山水画作鼓励观众进入其中去欣赏、探索、然后有所获得一样，将建成环境的空间体验真实、平等地开放给社会，并将这种审美的"超文化"[8]作为使用者"实现自我"[9]的资源，赋予日常生活以更高的价值。这事实上是一种将类型在"自澄自明"[10]中加以特化的过程。唯有这样的过程，才能将意义从繁杂的背景中凸显出来，才能将冷漠中立的空间驯化为可以被识别和触摸的、能与记忆交流的、具有某种品质的场所。

二、直面未来

在本书的最后，我们还需简要谈谈建成环境（尤其是城镇范围的物质空间）在数字信息时代下的价值和意义。我们在第一章中提到，"消灭"空间成了当今社会技术的发展方向之一。在万物互联的时代，尤其是在高速城市化的中国，人与人，人与物之间的联系似乎已不再依托于空间。很多购物、交谈、会议、工作、休闲、娱乐等社会行为都可以转至线上进行，越来越多的服务和内容依赖着地下光缆和 5G 基站来完成。城市空间的主要功能——物质和信息交换的载体以及作为物质信息内容本身，好像正逐渐地被数字网络中的各种屏幕和声音所取代。尤其是近年来"元宇宙"概念的兴起，人们也许会将更多的时间和注意力投入多个虚拟的平行时空中。那么，人们不禁要问，这个时代的城市空间应当朝着什么方向发展？想象一趟普通的出行，从一个室内空间经由交通工具到达另一个室内空间的过程，似乎已不再需要和外部空间发生什么联系。若将工作完全依托于互联网，地理空间和人的关系，也就无关紧要了。那么，城市公共空间的衰退、碎片化乃至消亡殆尽似乎也并不会导致什么严重问题，甚至城市本身，会不会即将成为一个过时的概念？我们现在费尽心思地把它们衔接起来的努力还有什么意义呢？

笔者的观点是，正因为今天的物质信息交换变得前所未有的便捷而频繁，城市公共空间等场所的数量和质量才将比以往更加重要。信息传递技术的发展拉大了彼此的距离，但更要紧的是，信息的生产却需要更频繁地将人们凝聚起来，并在与环境的实际互动中展开。19 世纪的经济学家杰文斯（William Stanley Jevons）发现，技术进步在提升煤炭使用效率的同时，煤炭的总体消耗量反而增加了。今天的我们利用技术进步使得信息获取效率提升的同时，人们对信息的需求也在进一步地增加。这种需求不仅仅关乎信息的数量，还有信息获取的来源、途径和质量。正如人们对煤炭需求增加的同时，对石油和天然气的需求也被不断挖掘了出来。又如在欧洲版的印刷术发明和普及之时，人们甚至还曾担心学校和教育会因此消失。这被称为"杰文斯悖论"（Jevons Paradox）的古老箴言放到今天的城市话题中依然有效，聚集在各式各样"硅谷"中的互联网公司和人员恰到好处地履行着这条箴言——今天城市的磁吸效应强于过去的任何一天，是"原子"和"比特"的双赢。[11] 不过，放眼未来，还有这么一种担心，它以更高的算力，更快的网速，更多的资本为动力，将构建起一个无限逼近现实的虚拟环境，人们通过穿戴式虚拟仿真设备能于瞬间到达想去的任何地方，吃到想吃的美食，见到想见的人，从而彻底地让距离消失，让城市消失。据此，我们可以大胆地预测，这样的未来不会是一个更美好的未来。先不论如此逼真的仿真能否用技术来实现（这至少在量子计算普及之前无法达成，且信息的延迟还会永远地存在），而只要试想一个问题——谁将控制那个虚拟世界的硬件基础和构建规则，我们就已经有了对未来的预判了。

永远不会有任何虚拟世界比现实中的城市更加公平地对待所有人——问问今天的人们为何涌入城市就知道了，也正因为这样的公平，才有了人类文明的发展和进步。[12] 今天你在城市中的所见到的各种不平等，也将永远比虚拟世界中的不平等更公平，在现实中被资本剥削的人并不能保证自己不在那个世界中继续受到剥削。在完全由少数人架构起来的世界里不存在负反馈机制（"不合理"的行为会被迅速扑杀），因而在正反馈作用下权力必定会愈加地集中到私人的手中，控制了信息渠道就能控制人们的思想，通过思想控制就可以主宰别人对你的看法——不管是真实的还是捏造的——这便是你在那个社会生存的根基。而你最好的选择，是退回到真实的世界，进入真实的城市空间，见见和你一样真实的人、真实的食物、真实的美景。但最可怕的结果是，人们已在资本的劝诱下忘却了对物质空间的营造，放弃了对建成环境质量的关注，任由建筑被屏幕覆盖，公园被消费掌控，街道被车辆占据，这会令你再也找不到那个可以回去的家园了。

有几次，笔者路过某处天桥时，注意到一旁的巨大屏幕循环播放着一系列交通事故的现场监控录像，且不论该宣传方式是否合乎伦理，至少它带给人更多的不是教育而是压力。更何况，画面中多数的受害者是骑电动车的人，日复一日地"出演"着被汽车撞倒甚至碾压的惨剧。当我再次回想起这段触目惊心的影像时，是在马西（Doreen Massey）的书中读到了威廉斯（Raymond Williams）透过列车窗户看到的"相似"一幕：一位妇女正弯着腰用一根木棍清理着阴沟。在这匆匆而过的列车上，相信不少乘客也看到了这一幕，对他们以及威廉斯来说，这位妇女如同定格了一般，永远保持着这个动作。也许这是她这辈子第一次清理阴沟，也许这只是恰逢她外出之际的顺手而为，但却因这列车，她其余的一切都变得不重要，于是她进入了无名之地，被凝固在了永恒的时间中。[13] 那块巨大屏幕中的人们，也似乎陷入了无限的循环中，他们也许于此前有过美满的家庭，也许名下有好几份专利、好几套房产，也许正准备去吃个午饭，也许在九死一生后仍健康地活着，但对路过的人来说，他们看到的只有不断重演的悲剧。他们当然知道这里面都是活生生的人，却又如同虚构作品中无关紧要的角色般离自己十分遥远。

新的技术消灭了空间，将千里之外的事件和人物搬至人们跟前；新的技术也消灭了时间，让那些事件和人物永远囚禁在了那几帧的画面中——这就是当今人们认识世界的主要方式。在数不清的时空碎片中，一出悲剧将永远是一出悲剧，一个恶人永远不会再变成好人，事情发生了，又好像没有发生。这来自时空割裂的感觉应该还未在人类历史上如此广泛、频繁地出现过，它究竟会不会给人类带来什么长期的问题我们也不得而知。但至少，我们已对此感到焦虑，我们应当留给自己一条连贯而真实的退路。

技术的进步往往是喜忧参半的，在大多数情况下人们还是能妥善地将新的技术应用在积极的那一面。在今天的很多场景下，城市的数字化内容便是一种和城市空间平行并存的，乃至相互促进的关系。数字化的应用就像是为城市空间安装了神经系统，它能够更高效地配置公共服务资源——例如移动端的打车平台优步（Uber）最初的目的是让人们能顺道拼车出行，这极大地提升了城市运输资源的使用效率（尽管此类平台在后面的道路上越来越向着资本利润进发）。另一方面，它也能在非常时期（例如始于 2019 年末，席卷全球的"新冠"疫情）对个人采取精确的定位和追踪，以支付更低的人力成本来实现更高效的追查或救助（但也有人担心这可能会导致过度的监管）。数字孪生的概念则能实现赛博空间和实体空间的同步一一对应。一栋现实的建筑就能有多达四个维度的大数据与之对应。[14]

若人们能妥善利用好这些数据，那么原本那些隐晦、异化的社会活动也许就能被较为客观和完整地描述出来，这无疑能为城市规划和设计带来极大的帮助。据此将形成一种反向思维，即，我们会比以往更加关注所在的物质环境，而让数据和计算本身融入幕后。[15] 该思维的关键之处在于，它能自下而上地位原本僵硬、单一、滞后的决策行为添加丰富、善变、能实时反馈和更新的类生态途径。它的优势不仅

限于优化资源的调配，还能鼓励民众以平等、多元、动态的方式参与
到建成环境的决策和营造中来，以此充分调动这个世界更多样化的价
值观和与之相应的美来塑造我们原本不可预见的未来。

注释

1　梁鹤年，2016.
2　Taylor，[1998]2006：152.
3　Cuthbert，2003.
4　见 DETR & CABE，2000：8.
5　见 Cullen，1961.
6　Isaacs，2000.
7　Waldheim，2016.
8　指不预设偏好的、消除了圈子和边界的、作为资源的一种文化。见
　　Reckwitz，[2017]2019：223。这种文化最重要的特征是真实，而建成环境
　　的空间同时作为审美主体的"容器"、背景和审美对象本身，是比博物馆
　　和美术馆更倾向于向所有人群表露"真实"的地方。
9　见 Maslow，1943，但这里更侧重关于"自我实现"的权利。
10　指类型在与使用者的交互中揭示自我，见 Heidegger，[1977]2018。简单
　　地说，开放空间中的座椅——作为一种休憩空间的类型，应当让人一目
　　了然地明确它可被使用的方式和范围，而不是向人遮蔽它的所有权和使
　　用权。如果它是公共的，那么从审美角度上说，它应当体现出厚重、坚
　　忍的品格，而不应当混入轻盈、优柔等不一致的品质使其意义含混，且
　　要考虑空间尺度与社交距离的关系，座椅造型、材料和使用方式的关系等。
　　也许有人会问，不是说应当鼓励艺术的独特性吗？放一把伊姆斯的"云
　　朵椅"（Eames La Chaise）在此有何不妥呢？这把椅子或许能起到某种讽
　　刺的艺术效果（试想在公共场合侧卧在上面的使用者），但它同时也将
　　周围的空间带离了原来的类型范畴，因为它故作轻松的姿态没有完成给
　　予它的任务。同理，本书第六章五（图6-16）所示的剧场空间的改进即

是广场澄明"自我"的例子，广场在使用者和其中的柱廊、灯柱、纪念碑等装置物的互动中进一步将自身应有的封闭性特征凸显出来。

11　Ratti & Claudel，2016.

12　Glaeser，2011.

13　Massey，2005.

14　参见新华日报记者对东南大学教授杨俊宴的采访，见谢诗涵，2021.

15　Weiser，1991.

附录：城市空间形态量化分析常用方法综述

本附录收录了目前较为常见的城市空间量化分析方法。这些方法的集合基本兼顾了以二维平面为主的城市物质空间形态的方方面面。尽管很多新的方法发展出了对三维城市形态的检测手段，但究其基本思想仍然是对二维平面的延续与拓展，故在此不再赘述。另外，现阶段还发展出不少基于机器学习的针对城市街景照片的视觉数据采集方法，但这些方法仍需通过将数据转化映射到二维平面的空间系统上来进行进一步的统计、分析和归纳，故在此也不再对此类数据采集方面的前沿进展作出阐释和评价。

构成要素的数量与比例

构成要素的数量和比例的计算是空间量化研究中最为基本的方法，它主要包含了某要素在一定地理范围内出现的频次和概率。例如，道路交叉口密度（intersection density）就是一种非常基础、常

表 1 1/4 平方英里区域范围的路网形态示例的对比

	格网 (1900年)	断裂平行 (1950年)	弯曲平行 (1960年)	环道与"棒棒糖" (1970年)	"棒棒糖" (1980年)
路网形态					
交叉口					
道路总长(英尺)	20,800	19,000	16,500	15,300	15,600
街区数量	28	19	14	12	8
交叉口数量	26	22	14	12	8
内外连接点数量	19	10	7	6	4
环道与尽端路数量	0	1	2	8	24

来源: Southworth & Ben-Joseph, 2003: 115.

见且有效的统计指标。[1] 它的计算十分简单, 只要统计一块连续的面
积区域(通常不应小于 800 米见方的范围)内的交叉口数量即可。
从中衍生而来的还有街区的密度(block density), "路径 – 节点"
比率(link-node ratio), 丁字形和十字形交叉口数量比例, 路径直
率(directness)以及"单元 – 尽端路"比率(cell-cul ratio)等指
标。如表 1 显示了美国 20 世纪郊区路网模式的对比, 由于尽端路的
存在, 交叉口密度等指标比道路密度(street density)能更显著地反
映路网形态类型的差异。一般来说, 传统城市的交叉口密度(包括
街区密度、单元率)是要明显高于现代城市的。例如在威尼斯和曼
哈顿的路网比较中, 前者的交叉口密度是后者的近七倍之多, 充分
地体现了两者在路网肌理的细密程度和复杂程度上的差别。这种差
别可以是非常显著的, 在相同面积的范围内, 一些现代规划的城市
或区域内的交叉口密度仅为威尼斯的百分之一。[2] 当然, 交叉口密度

等指标的便捷性是建立在缺少全面性的代价上的。例如它无法明显地区分如表 1 所示的断裂平行和弯曲平行的这两种形态，可见，它对路径的众多几何性质以及节点的分布情况是不敏感的。即便是通过与之相关的衍生指标的补充，仍不能客观而完整地揭示城市形态的类型，因为它们都不善于解读街道系统的"组构"（configuration）和"组成"（composition）的相关特征。[3]

简单地说，交叉口密度和比率指标较为侧重对路网"构成"（constitution）的识别。街道形态中的"构成"特征通常包含了构成路网的各种元素（例如交叉口、路径、街区、单元等）的类别、数量、比例、分布等，而少有涉及它们之间是如何组织起来的。"组成"则更倾向于在街道系统的语境中考察上述各种元素的几何性质，例如街道的宽度、转角、曲率等。"组构"更富含结构意义，它对系统的整体和局部，以及局部和局部之间的连贯性、可达性、可识别性等皆有考量。例如人们可以通过直率和步行轮廓等指标加以揭示路网的组构和组成的情况。[4] 再如下文中的空间句法即是对空间的组构特征最好的分析方法之一。不过，即便是组构也不能完全涵盖街道的形态类型特征，唯有将三者结合起来考察才是对城市街道这一复杂系统较为全面客观的分析。

空间句法

关于空间句法的创建过程，始于希列尔和汉森最先注意到的建成环境的空间与人类社会之间的关系。他们对传统的关于空间本身作为与实体相对应的物质属性或背景的阐释表示质疑。他们认为一旦建筑或城市空间被赋予不依赖人的客观属性后，它们与人类活动的相互作用便无法被理解。[5] 建成环境的设计与规划在很大程度上是为了满足人类的社会需求。要将社会目的"翻译"成空间形式，首先得回答物质空间形式是如何影响人们的生活和工作模式的。传统上关于"建成环境是人类社会进程在空间层面的产物"这一论断似乎能解释我们的生活和工作环境之所以如是，但这"后见之明"在指导设计实践中的作用十分值得怀疑。[6] 因此，希列尔团队选择"逆向"的方法，即试图通过描述社会进程在建成环境形式中的"印记"来构建一个在设计实践层面上能被检测的理论。

鉴于此，希列尔团队提出了应对当代空间问题的一个核心要素——空间的拓扑关系。一个空间系统内的各个空间（即以轴线和凸空间形式存在的子空间）的关系可以用拓扑学方法计算为一个空间到达其他所有空间所需要穿过空间数量之和，称之为深度（depth）。当这个值越大，这个空间就越"深"，就越显得隔离。从另一个角度来看，当一个空间被人们运动或视线穿过的次数越多，同时也表示它在整个系统中比其他空间更易到达或感知，其相对"整合度"（integration）就越高。每个轴线空间/凸空间的整合度值可通过它到所有其他空间的平均拓扑深度来反映，其值越小，它就越能被整合到该空间系统中。这部分核心思想主要在《空间的社会逻辑》（The Social Logic of Space）这一著作中奠定的。在此后的发展中，希列尔等人引入了组构（configuration）概念来进一步对空间句法的理论加以完善。[7]

抽象的图示法（例如 J- 图）成了论证组构思想的工具。希列尔等人将组构定义为一系列相互依赖的关系，其中的每一个关系都是

由它本身和其他
所有关系之间的
关系所决定的。[8]
结合上文两个核
心要素来说，只
要每两个轴线空
间或凸空间之间
的简单关系（例
如相邻或互通）

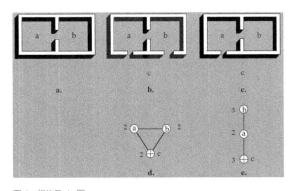

图1　组构及 J- 图.
来源: Hillier, 2007: Figure 1.3.

被处于同一个空间系统中的另一组关系所影响，那么它就可被视为
组构关系。如图 1a，a 和 b 两个空间本是对称而互通的简单关系，
当它们与 c 空间（即室外空间）以某种形式连接后（如图 1b，c），
原本 a 和 b 之间的简单关系被它们分别与 c 的关系所重新定义而成
了组构关系。通过 J- 图（如图 1d，e，分别对应各自上方的图 1b 和
c）可明显地反映 b 和 c 所表达的组构关系的差异。事实上，这在空
间拓扑深度、整合度、对称系数等的量化计算时与之前的方法并无
本质区别，但组构作为新的概念化的核心思想，为空间句法的一系
列方法提供了更加清晰独到的理论支持。只有统一在"组构"的框
架里，空间句法才能在不脱离重要的理论核心的前提下，不断从最
基本的轴线和凸空间图示法衍生出一系列新的技术工具来应对多样
化的现实环境，例如视域网格分析等（图2、图3）。

随着越来越多凝聚在组构理论周围的探索和研究，空间句法不
仅扩充了自身，也成就了与空间认知理论的相辅相成。既然空间句
法或将是理性再现人类社会活动的工具，它就需要变得更实质化以

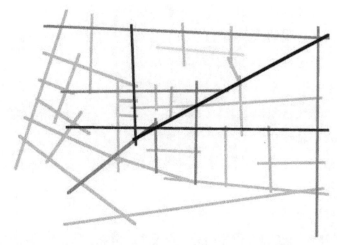

图 2 轴线整合度分析示例，颜色越深的轴线整合度越高，相对深度越低，相比其他轴线更易到达。
来源：Hillier，2007：Figure 3.15.

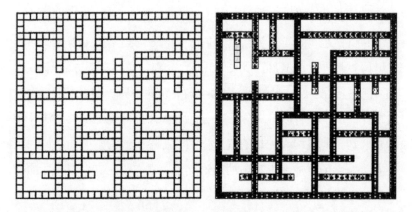

图 3 视域网格整合度分析示例，先用固定大小的方格将空间填充，然后计算这些方格到其他所有方格的
深度，用算法修正后将其呈现为整合度，其方格的颜色越深表示整合度越高。
来源：Hillier，2007：Figure 3.16.

客观地结合人在空间中的认知和体验。基于这样的推论，有学者强化了可理解度（intelligibility）在衔接组构和认知的过程中起有重要作用。[9] 可理解度通常有两种评估方法，一种是计算各个空间连接度

附录：城市空间形态量化分析常用方法综述 / 313

（与之相连的其他空间的数量）和全局整合度的相关性，另一种是
计算各空间局部整合度（即限定每个空间的深度值上限，通常可选
3 到 5 的整数值）和全局整合度的相关性。两者都以线性回归的方
式表现其显著性，显著性越高的表明整个空间系统的可理解度越高。
一个可理解度高的空间系统，任一局部空间的视觉信息能为人们对
整个结构的认知提供较多的提示，从而增加人们对空间连接情况的
把握能力；反之，较少的提示则会带来迷宫般的空间体验。然而可
理解度不单纯是一个度量，更是一个具有多层次内涵的指标体系，
它需要建立在与真实空间体验一致的更加综合且具体的空间句法分
析上。因此，随着实证研究的开展和深入，不少学者主张需要将抽
象得到的轴线和凸空间的空间表示法进一步细化以获得与空间认知
体验的一致性。[10] 在空间句法的实际应用中，深度值、全局整合度、
局部整合度、连接度、可理解度等常用统计数值都可以用来表明和
比较不同空间系统内的连接特征。

网络与流

巴蒂团队的关于城市流与网络的分析方法更倾向于应用至识别
某种连接模式中，是比空间句法更为纯粹的关于空间拓扑关系的统
计学运算。此类研究的基础是空间网络，尤其当网络呈现为一定程
度的复杂性时，例如城市交通网络、社会网络乃至神经网络等，才
能发挥具体的作用。在建成环境语境中，复杂网络可呈现为若干种
典型的基本模型，例如规则网络（regular network）、小世界网络

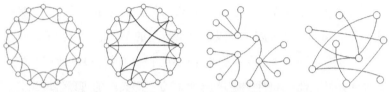

图 4　四类基本复杂网络模型，从左至右分别为规则网络，小世界网络，无标度网络和随机网络
来源: Huang, et al., 2005: Figure 1 & 3.

（small-world network）、无标度网络（scale-free network）和随机网络（random network）等（图 4）。前者所呈现网络模式十分类似于米尔格兰（Stanley Milgram）等人在 1967 年的社交网络实验中推断得出的六度分隔理论（Six Degrees of Separation），即一个人最多通过六个人就能联系到任何一个陌生人。[11] 当这种情形发生在城市交通中时，表现为节点之间的连接不需要经过太多的其他节点，即具有较高的连通性和地方性组团特征。[12] 而无标度网络则相反，它类似于万维网的超链接，网络中的大多数节点都仅与其中某几个少数节点相连，任一两个节点之间的连接有很大概率都必须通过这几个少数的节点。[13] 例如全球航班网络就是典型的无标度网络——多数长途航线都需要经过为数不多的几个城市机场进行转接。不过，现实中建成环境空间连接构成的网络常常不会只属于其中一种基本模型，例如城市的轨道和地铁网，它们可能兼具了小世界网络和无标度网络特征。[14] 此外，这些网络还能各自组成模块，构建为具有自相似性的层次网络。[15]

　　分析复杂网络通常会涉及特征路径长度（characteristic path length）、聚集系数（clustering coefficient）、中心性（centrality）、度（degree）分布、核度（coreness）等量化运算。复杂网络中的相关变量需要进行组合来针对不同的分析目标。例如当网络的特征路径长度较短且聚集系数较高时，该网络就具有小世界网络的典型特征。[16] 再以中心性为例，它刻画了网络中各个节点的重要性。通过中心性和不同变量的结合运算，它还可以分为度中心性（degree centrality），分析节点在与之相连的邻接节点和在整个网络中的枢纽性；介数中心性（betweenness centrality），反映节点作为最短距离路径桥梁的重要程度；接近度中心性（closeness centrality），显示节点在整个网络中所处中心的程度等。若某个网络的度中心性高的节点占总节点数量比例较少，那么该网络就偏向于呈现为无标度网络特征。[17]

　　复杂网络科学的分析应用至城市规划领域还是近些年的事。巴蒂在对其应用上，提出了流系统的概念进行补充。流，或者物质流（例如通勤的人流、商品流等）主要用于衡量两个空间之间的相互作用或依赖程度。流的概念并不是新的发明或见解[18]，只不过仅在当今的信息数字化时代，测量流才成为了可能。[19] 和物理中的流体动力学一样，巴蒂等人讨论的流也包含了方向、引力、势能、频率等属性。在城市等建成环境中，有关流的应用多出现在城市交通领域（图5）。将流的各种属性用可视化手段表现出来，就能很好地揭示建成环境的某些空间特征。关于流的属性特征也可以通过相应的综合"数据纹"来进行城市和地区间的对比，从而帮助我们更好地理解城市（图6）。与空间句法相比，复杂网络和流系统进一步抛弃了对空间几何形态的考量，更加地聚焦于空间的拓扑关系，呈现为更纯粹的与地理空间相关的人类社会连接特征。和整合度、连接度及可理解度等数值一样，此类分析结果可视为城市形态类型描述的一个核心组成部分。

图 5　流的可视化，伦敦中心城区街道网络中的高峰时段公共自行车流向地图。
来源：Batty，2013：Figure 2.7.

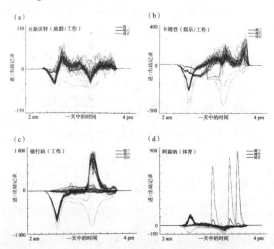

图 6　流的可比性，伦敦的四个典型地铁站基于时间断面的人流量数据，如同脉搏一样反映了城市的"健康状况"。
来源：Batty，2018：Figure 5.5.

分形几何

　　在第一章四中，我们讨论了空间的测量精度与结果的关系，其中提到的海岸线就是一种不同于欧式几何体的分形几何体。分形通常被定义为"由与整体相似或相同的部分而构成的一种形体"。[20] 分形几何体的描述往往由分形维数和层级数来完成，它与欧氏几何体存在"对偶"关系，即它的测度（大小、长短等）要么为 0，要么是无穷大，而维数需要测量才能明确；而欧氏几何体则"恰好"相反，其测度需要测量，维数（点、线、面分别对应的 0、1、2 维等）却是不测可知的。[21] 分形几何体的维数常常落在整数维度之间（图 7）。萨林加罗斯认为，"和所有生命系统一样，有活力的城市本质上都具有分形特征"。[22] 在城市形态类型学领域，人们通常讨论的是 1 至 2 维之间的分形结构，因为大量的数据都是由二维地图抽象而来。[23] 在实际的研究中，城市形态的分形并不像数学描述中的那么精确，它不是规则分形，而是一种随机前分形（prefractal）。它的层次是有限的，且其自相似性也往往更注重于质量和特征上的类同，称为自仿射（self-affinity）。[24] 因此，分形几何学来只能通过逐步逼近的方法对城市形态进行描述，常用的方法

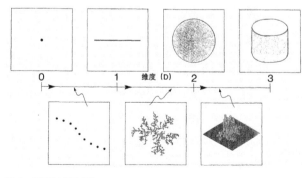

图 7　分形维度的连续集
来源: Batty & Longley, 1994: Figure 2.10.

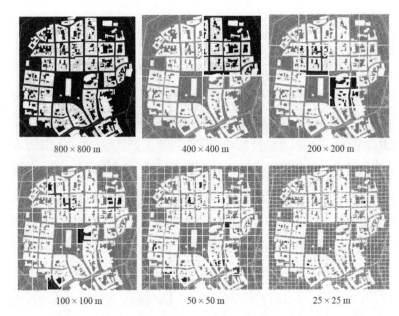

图 8　盒覆盖法计算图示，使用不同层级尺度的盒子对研究区域进行覆盖，分别统计各层级中非空盒子的数量。
来源：林青青 & 何依，2020：图 12.

有盒覆盖法（Box-counting）和半径法（radial method）。

　　巴蒂等人的模拟分析指出，较为理想的城市形态的分形维数应为 1.7 左右。[25] 林青青和何依采用盒覆盖法对波兰历史城市克拉科夫（Krakow）的古城区进行了分形维数的测定，结果为 1.79。[26] 他们从 800 米见方的"盒子"对古城区进行覆盖，计算格子的数量为 1；然后不断地将盒子的边长减半[27]，每减一次视为增加一个层级；再分别统计不同边长的盒子在"最佳"覆盖被测图形后的数量，从而检测层级和数量自然对数的相关性，用拟合曲线表示。将得到的拟合曲线的斜率除以盒子边长比的对数运算值（ln1/2），测得 1.79 这一近似值，显示该古城区为典型的分形城市形态（图 8）。该方法的本质即是标准的分形维数的计算，只是采用的盒子覆盖这一方法是一种逐步逼近城市形态的近似手段，所得到的结果也并非如数学概念中的分形维数那么精确。但这一精确度已足够为我们对城市形态的理解和对照提供可靠的数据支撑了。不过，不管是盒子覆盖法还是半径法，它们在测算现代城市的分形维数时会面临二维地图数据缺失的问题，即缺少竖直方向的建筑高度数据。我们知道，城市呈现分形几何特征的"目的"在于，在有限的面积中尽可能地增加建筑与外部空间可互动界面的周长，或者说，在总体积的限制下尽可能地增加上述界面的表面积。不过这增加不是无限的，它的下限通常受制于人的最小社会活动尺度。但在高层建筑表面，和底层界面相比，人的社会活动形式范围急剧收缩，却也不能完全忽略，因为其中可能仍包含一些观看、交流、采光、通风等活动，而这些问题也为分形维数计算的准确性和客观性带来了不少挑战。

也许是出于这一原因，在萨林加罗斯看来，城市的分形特征更具意义之处在于它的尺度和层级，"城市中并没有一个占据主要地位的尺度，因为城市中存在着复杂的层级制度"。[28] 萨拉特使用层级间连接的缺失揭示了现代主义的城市规划的不可持续性。[29] 许多现代建筑和城市是不分形的，因为它们拒绝在 1 至 2 米的人体尺度上呈现出可识别的变化，也常常缺少鼓励和支持 400 米步行半径范围的社会活动的空间组织。这种层级连接的缺失最明显也最经常地出现在城市的交通规划上，可能此类规划最容易反映被技术的进步所说服。诸如合乎人体尺度的小径并不会出现在围绕主干道构架起来的路网规划中，以至于此类尺度的连接不能获得充分的法规和经济支持，因为不管是资金还是民众的注意力分配都会倾向于各种大规模的项目，而这些项目往往被寄予实现城市和区域复兴的厚望，尽管它们经常以失败而告终。[30]

尺度与形状

　　和空间占据相关的分析会更多地涉及诸如长度、面积、比例等几何属性，但人们很难像考察结构一样从如此多样化的空间几何性质中提取所谓"稳定"的东西。这些和测度有关的属性在不同的背景下会呈现出不确定的结果，譬如彭坤焘和张雪在一文中所举的三个公园方案的例子（图9）。从图上看，三个不同布局方案中的公园总占地面积是相同的。从均好性方面说，方案 A 要好于方案 C。但若站在更大尺度的层级上看，方案 C 的均好性就未必不足了。[31] 所以，和几何性质有关的空间分析缺乏可被总结为某种规律的法则。另一方面，我们还缺少具有普适性的分析对象来量化空间的占据情况。萨林加罗斯试图用分形的原理来探明城市中所有不同尺度的元素是如何协作的，但苦于缺少一个统一的概念来框定它们而不得不

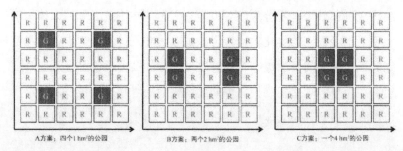

A方案：四个1 hm²的公园　　　B方案：两个2 hm²的公园　　　C方案：一个4 hm²的公园

图9　三个公园布局方案比较
来源：彭坤焘 & 张雪，2021: 11.

承认目前仍暂无办法来研究如此多样化的几何性质。[32] 况且，就目前城市形态类型的相关数据来看，除了二维平面地图（尤其是"图 – 底"关系地图），更多泛用性数据类型还有待进一步开发。

因而在不少研究中，和空间几何尺度有关的分析通常以其总体分布规律为主要的兴趣点。例如关成贺和罗（Peter Rowe）检查了北京、上海和深圳分别位于其市中心、城郊和郊区的街区尺度分布情况。他们采用了常用的"尺度 – 排名"的数据分布进行分析。如图 10 所示，该分布趋势显示了街区面积和按面积从大到小的排名之间呈现为大致上的逆幂律关系（图中的横纵坐标度表示为 10 的幂），该关系体现了一种常见的尺度分布规律，即极少的大尺度、少量的中间尺度和大量的小尺度要素。对比三者的数据可以发现，上海城市中心街区的尺度变化是三者之中最为连续的（显著性 R^2 大于北京和深圳），这说明该区域的街区空间尺度有着更高的多样性和连贯性，展现出一种更有韧性的尺度结构。[33]

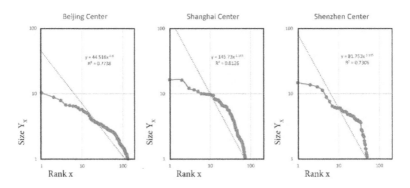

图 10　北京、上海、深圳城市中心区域街区的"尺度 – 排名"分布图
来源：Guan & Rowe，2021: Fig. 6.

空间的紧凑度和破碎度等指标通常用来检测城市蔓延的不规则形状特征。例如在景观生态学中广泛应用的形状指数（shape index），即形状偏离度，可用于检测某个图形形状相较于与之相似的紧凑形状（如圆、椭圆、正方形、矩形等）的偏离程度。如图 11 所示的形状，即采用该形状的周长和与之同等面积的椭圆的周长之比来进行测定它的形状偏离度，其数值越大则说明偏差幅度也越大，不规则程度也越高。此外，还有针对形态边界的边缘密度、边缘内部比、紧凑指数等诸多针对周长和面积等几何性质的方法来对空间的紧凑度进行考察。[34] 这些方法的基本思路大同小异，人们通常会根据具体实例的情况来选择适合的方法。

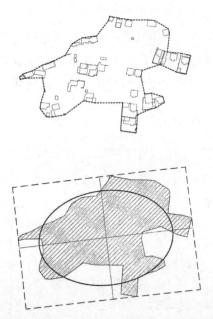

图 11　以椭圆为参照的形状指数分析某村落形态
来源：浦欣成，2013：图 2.37.

注释

1　Ellis, et al., 2015.

2　Salat，2012.

3　Marshall，2005.

4　Hess，1997.

5　Hillier & Hanson，1984.

6　Hillier，2008.

7　Marshall，2005.

8　Hillier，2007.

9　Dalton，2005；早在 1985 年，希列尔在《空间句法：城市新见》一文中就提到将可理解度作为评价城市空间的重要指标，但未涉及空间认知学，详见 Hillier，1985.

10　Peponis, et al., 1997; Dalton, 2001.

11　Travers & Milgram，1969.

12　Newman，2000.

13　Albert, et al., 1999.

14　Latora & Marchiori, 2002；曹哲静，2020.

15　郭世泽 & 陆哲明，2012.

16　曹哲静，2020.

17　Albert, et al., 1999.

18　见 Gruen，1965.

19　Batty，2018.

20　Feder，1988：11.

21　陈彦光，2017.

22　Salingaros，2008：82.

23　Batty，1994.

24　陈彦光，2017；2019.

25　Batty：1994.

26　林青青 & 何依，2020.

27　根据陈彦光的论证，采用尺度减半的方式具有诸多优点，例如能保证一

定的数据点数量、一致的分形递阶结构和最为便捷的操作，见陈彦光，
2017.

28 Salingaros，[2005]2011: 69.

29 Salat，2012.

30 Alexander, et al., 1975；Salingaros，[2005]2011；Glaeser, 2011.

31 彭坤焘 & 张雪，2021.

32 Salingaros，[2006]2010.

33 Guan & Rowe，2021.

34 Reis, et al., 2015.

参考文献

Addis, B., 2009. *Building: 3,000 Years of Design, Engineering, and Construction.* London: Phaidon Press Ltd.

Alain de Botton, 2007. *The Architecture of Happiness.* London: Penguin Books.

Albert R., Jeong, H., Barabási, A., 1999. Diameter of the World Wide Web, *Nature*, 401: 130-131.

Alberti, L. B., [1485]1986. *The Ten Books of Architecture: The 1755 Leoni Edition.* New York: Dover Publications.

Alexander, C., 1965. A city is not a tree, *Architectural Forum*, 122(1 & 2): 58-62.

Alexander, C., Silverstein, M., Angel, S., Ishikawa, S., and Abrams D., 1975. *The Oregon Experiment.* New York: Oxford University Press, Illustrated edition.

Alexander, C., 1979. *The Timeless Way of Building.* New York: Oxford University Press.

Alexander, C. Ishikawa, S., Silverstein M., 1977. *A Pattern Language: Towns, Buildings, Construction.* Oxford: Oxford University Press.

Alexander, C., 2002. *The Nature of Order, Book 2: The Process of Creating Life.* Berkeley, CA: Center for Environmental Structure.

Allison, R., 2006. *Space, Time and the Ethical Foundation.* London: Ashgate Publishing Ltd.

Argan, G., 1970. *The Renaissance City.* New York: George Braziller.

Arnheim, R., 1974. *Art and visual perception: A Psychology of the Creative Eye.* Berkeley, LA: University of California Press.

Arthur, W. B., 2009. *The Nature of Technology: What It Is and How It Evolves*. Free Press.

芦原义信, 1985. 外部空间设计.（尹培桐译）. 北京 : 建筑工业出版社.

芦原义信, [1979]2006. 街道的美学.（尹培桐译）. 天津 : 百花文艺出版社.

Bachelard, G., [1957]2013. 空间的诗学.（张逸婧译）. 上海 : 上海译文出版社.

Balling, J., Falk, J., 1982. Development of visual preference for natural environments, *Environment and Behavior*, 14(1): 5-28.

Banerjee, A. V., Duflo, E., 2011. *Poor Economics: A Radical Rethinking of the Way to Fight Global Poverty*. New York: PublicAffairs.

Barrow, J., 1804. *Travels in China*. London: T. Cadell and W. Davies.

Barrow, J. D., 2005. *The Artful Universe Expanded*. Oxford: Oxford University Press.

Batty, M., 2008. The size, scale, and shape of cities, *Science*, 319(5864): 769-771.

Batty, M., 2013. *The New Science of Cities*. Cambridge, MA: The MIT Press.

Batty, M., 2015. Competition in the built environment: Scaling laws for cities, neighbourhoods and buildings, *Nexus Network Journal*, 17: 831–850.

Batty, M., 2018. *Inventing Future Cities*. Cambridge, MA: The MIT Press.

Batty, M., Longley, P., 1994. *Fractal Cities: A Geometry of Form and Function*. London: Academic Press.

Beardsley, M.C., 1958. *Aesthetics*. New York, Harcourt, Brace.

Bellin, J. N., 1764. Plan de la ville de Venise: reduit sur un plan en 20. feuilles publié à Venise. [Paris: publisher unknown] [Map] Retrieved from the Library of Congress: https://www.loc.gov/item/2012586601.

Ben-Joseph, E., 2005. *The Code of the City: Standards and the Hidden Language of Place Making*. London: MIT Press.

Berman, M., 1983. *All That Is Solid Melts into Air*. London: Verso.

Berral, J. S., 1966. *The Garden*. London: Thames & Hudson.

Beuchert, M.（鲍榭蒂）, [1983]1996. 中国园林.（闻晓萌, 廉悦东译）. 北京 : 中国建筑工业出版社.

Binford, L. R., 1975. Sampling, judgement, and the archaeological record, in J. W. Mueller (ed.), *Sampling in archaeology*: 251-7. Tucson: University of Arizona Press.

Blaut J. M., Stea, D., 1971. Studies of geographic learning, *Annals, Association of*

American Geographers, 61(2): 387-393.

Bloom, P., [2013]2015. 善恶之源.（青涂译）. 杭州 : 浙江人民出版社 .

Bloomer, K., 2000. *The Nature of Ornament*. New York: W. W. Norton.

Bosanquet, B., [1982]1985. 美学史.（张今译）. 北京 : 商务印书馆 .

Boudon, P., [1969]1972. *Lived-in Architecture: Le Corbusier's Pessac Revisited*. (transl. by Gerald O.), London: Humphries.

Bourdieu, P., [1979]1984. *Distinction: A Social Critique of the Judgement of Taste*. (transl. by Nice, R.), Oxford: Polity Press.

Bourdieu, P., 1985. The Market of Symbolic Goods, Poetics: Journal of Empirical Research on Literature, *The Media and the Arts*, 14.1-22, 13-44.

Bower, T. G., 1966. The visual world of infants, *Scientific American*, 215(6): 90.

Burnham D., Bennett, E., 1909. *Plan of Chicago*. Chicago: The Commercial Club.

Caniggia, G., Maffei, G.L., 2001. *Architectural Composition and Building Typology: Interpreting Basic Building*. Firenze: Alinea Editrice.

Canniffe, E., 2006. *Urban Ethic: Design in the Contemporary City*. London: Routledge.

曹哲静 . 2020. 城市商业中心与交通中心的叠合与分异 : 基于复杂网络分析的东京轨道交通网络与城市形态耦合研究 , 国际城市规划 , 35(3): 42-53.

Carlson, A., 1979. Appreciation and the Natural Environment, *Journal of Aesthetics and Art Criticism*, 37: 267-276.

Carlson, A., 1986. Is Environmental Art an Aesthetic Affront to Nature? *Canadian Journal of Philosophy*, 16(4): 635-650.

Cataldi, G., 1998. Designing in stages: theory and design in the Typological concept of the Italian School of Saverio Muratori, in Petruccioli, A. (ed.), *Typological Process and Design Theory*: 35-57. Cambridge, MA: Aga Khan Program for Islamic Architecture.

Chatterjee, A., 2013. *The Aesthetic Brain: How We Evolved to Desire Beauty and Enjoy Art*. Oxford: Oxford University Press.

陈飞 , 2010. 一个新的研究框架 : 城市形态类型学在中国的应用 , 建筑学报 , 2010(4): 85-90.

陈彦光 , 2017. 城市形态的分维估算与分形判定 , 地理科学进展 , 36(5): 529-539.

陈彦光 , 2019. 城市地理研究中的单分形、多分形和自仿射分形 , 地理科学进展 ,

38(1): 38-49.

Clem, T., 2020. *Gardens of the World: A Beginning Along a River*. http://blogs.ifas.
ufl.edu/alachuaco/2020/08/03/gardens-of-the-world-a-beginning-along-a-river

Clunas, C.（柯律格）, 1996. *Fruitful Sites: Garden Culture in Ming Dynasty China*.
Oxford: Reaktion Books Ltd.

Clunas, C.（柯律格）, 2009. 西方对中国园林描述中的自然与意识形态 .（傅凡，
薛晓飞译）. 风景园林 , 2009(02):87-97.

Cole, E. (ed.), 2002. *The Gramma of Architecture*. Brighton: Ivy Press.

Coleman, A. M., 1985. *Utopia on Trial: Vision and Reality in Planned Housing*.
London: H. Shipman.

Costa, L. 1991. *Report of the Pilot Plan for Brasília*. Brasilia: GDF.

Crawford, D., 1983. Nature and Art: Some Dialectical Relationships, *Journal of
Aesthetics and Art Criticism*, 42: 49-58.

Cullen, G., 1961. *Townscape*. New York: Reinhold.

Cupers, K., 2016. Human Territoriality and the Downfall of Public Housing, *Public
Culture*, 29(1): 165-190.

Cuthbert, A. R., 2003. *Designing Cities: Critical Readings in Urban Design*.
Oxford: John Wiley and Sons Ltd.

Dalton N., 2001. Fractional configuration analysis and a solution to the Manhattan
problem (conference paper), *Proceedings of the Third International Symposium
on Space Syntax*, Atlanta.

Dalton, R., 2005. Space syntax and spatial cognition, *World Architecture*, 185: 41-45.

Davidson, M., 1927. Six cylinder cities, *The Toronto Star Weekly*, 18 June: 21.

Davis, M., 1992. Fortress Los Angeles: the Militarization of Urban Space, in Sorkin,
M. (ed.), *Variations on a Theme Park*: 154-180. New York: Hill and Wang.

邓晓芒 , 2019. 实践唯物论新解 : 开出现象学之维 . 北京 : 文津出版社 .

Dennett, D., 1996. *Darwin's Dangerous Idea: Evolution and the Meaning of Life*.
Harmondsworth: Penguin.

DETR, CABE (Department of the Environment, Transport and the Regions &
Commission for Architecture and the Built Environment), 2000. *By Design:
Urban Design in the Planning System - Towards Better Practice*. London: Crown.

段进 , 龚恺 , 陈晓东 , 张晓冬 , 彭松 , 2006. 世界文化遗产西递古村落空间解析 .

南京：东南大学出版社.

段义孚, [1977]2017. 空间与地方：经验的视角.（王志标译）. 北京：中国人民大学出版社.

段义孚, 2021. 浪漫地理学.（陆小璇译）. 上海：译林出版社.

Duany, A., 2013. 20 years of New Urbanism, in Congress for the New Urbanism, Talen, E. (eds.), *Charter of the New Urbanism* (2nd ed.). New York: McGraw-Hill Education.

Erickson, C., 1991. *To the Scaffold: The Life of Marie Antoinette*. New York: St. Martin's Press.

Fainstein, S. S., 2009. Planning and the Just City, in Marcuse, P., et al. (eds.) *Searching for the Just City: Debates in Urban Theory and Practice*: 19-39. Oxon: Routledge.

Feder, J., 1988. *Fractals*. New York: Plenum Press.

Ferrand, M., Feugas, J. P., Le Roy, B., Veyretp J. L., 1996. *Cité Frugès: Documents Graphiques*. (1996.2.15) [1998.10.27]. Bordeaux: Commune De Pessac.

Ferrand, M., Feugas, J., Le Roy, B. (eds.), 1998. *Le Corbusier: Les Quartiers Modernes Frugès*. Basel: Birkhauser, 1998.

Fishman, R., 1977. *Urban Utopias in the Twentieth Century: Ebenezer Howard, Frank Lloyd Wright and Le Corbusier*. New York: Basic Books.

Foucault, M., [1969]1985. *The Archaeology of Knowledge*. (transl. by Sheridan Smith, A. M.), London: Routledge.

Foucault, M. [1984]1986. Of Other Spaces: Utopias and heterotopias' (transl. by Lotus), *Lotus*, 48/9: 9-17.

Fukuyama, F., 2003. *Our Posthuman Future: Consequences of the Biotechnology Revolution*. Basingstoke: Picador.

Geddes, P., [1915]2012. *Cities in Evolution: An Introduction to the Town Planning Movement and to the Study of Civics*. London: Williams and Norgate.

Gehl, J., [1980]1987. *Life between Buildings: Using Public Space*. (transl. by Koch, J.), New York: Van Nostrand Reinhold Company Inc.

Gehl, J., 2010. *Cities for People*. Washington, DC: Island Press.

Gerrig, R. J., Zimbardo, P. G., 2002. *Psychology and Life* (16th ed.). Boston: Allyn & Bacon.

Gibson, J. J., 1979. *An Ecological Approach to Visual Perception*. Boston: Houghton Mifflin.

Girardin, R. L., 1783. *An Essay on Landscape; or, on the means of improving and embellishing the country round our habitations*. London: printed for J. Dodsley, Pall-Mall, M.DCC.LXXXIII.

Glaeser, E., 2011. *Triumph of the City*：*How Our Greatest Invention Makes Us Richer, Smarter, Greener, Healthier, and Happier*. London: Pan Macmillan.

Glancey, J., Brandolini, S., 1999. Aldo van Eyck: the urban space man, *Guardian*, 28 Jan. 1999: 16.

Goldsmith, O., 1762. *The Citizen of the World: Or, Letters from a Chinese Philosopher*. Dublin: printed for George and Alex. Ewing.

Graham, A., Aurigi, S., 1994. Virtual cities, social polarization, and the crisis in urban public space, *Journal of Urban Technology*, 4(1): 19-52.

Granger, F., 1931. *Vitruvius on Architecture*, trans. Cambridge: Harvard University Press, Book I, Chapter 6.

Gruen, V., 1965. *The Heart of Our Cities: The Urban Crisis, Diagnosis and Cure*. London: Thames and Hudson.

Guan, C., Rowe, P. G., 2021. Beyond big versus small: assessing spatial variation of urban neighborhood block structures in high-density cities, *Socio-Ecological Practice Research*, 3: 37–53.

郭世泽，陆哲明，2012. 复杂网络基础理论. 北京：科学出版社.

Haining, R., 2015. Thinking spatially, thinking statistically, in Silva, E. A., et al. (eds.), *The Routledge Handbook of Planning Research Methods*: Chapter 4.2. London: Routledge.

Hall, P., Tewdwr-Jones, M., 2011. *Urban and Regional Planning* (5th ed.). London: Taylor & Francis Group.

Hall, D. L., Ames, R. T., 2012. The cosmological setting of Chinese gardens, *Studies in the History of Gardens & Designed Landscapes*, 18(3): 175-186.

Han, C., 2012. The aesthetics of wandering in the Chinese literati garden, *Studies in the History of Gardens & Designed Landscapes*, 32:4, 297-301.

Hanson, J., 1989. *Order and Structure in Urban Space: A Morphological History of the City of London* (PhD Thesis). London: University College London.

Harari, Y. N, 2014. 人类简史 : 从动物到上帝 . （林俊宏译）. 北京 : 中信出版社 .

Hardie, A., 2010. The transition in garden style in late-Ming China, *Landscape Architecture*, 5: 135-141.

Harvey, D., [1996]2015. 正义、自然和差异地理学 . （胡大平译）. 上海 : 上海人民出版社 .

Hasse, C., Weber, R., 2012. Eye Movements on Facades: The Subjective Perception of Balance in Architecture and Its Link to Aesthetic Judgment, *Empirical Studies of the Arts*, 30(1): 7-22.

Hassenpflug, D., [2008]2018. 中国城市密码 . （童明等译）. 北京 : 清华大学出版社 .

贺宇凡 , 2016. 激发城市活力 , 塑造城市魅力——上海浦东世纪广场消极空间改造策略探析 . 中外建筑 , (5): 86-88.

Hebbert, M., 1993. The city of London walkway experiment, *Journal of the American Planning Association*, 59(4): 433-450.

Hebbert, M., 2009. Manchester: Making it happen, in Punter, J. (ed.), *Urban Design and the British Urban Renaissance*: 51-67. Oxon: Routledge.

Heidegger, M., [1927]2012. 存在与时间 . （陈嘉映 , 王庆节译）. 上海 : 生活读书新知三联书店 .

Heidegger, M., [1969]1973. Art and space, (transl. by Seibert, C. H.), *Man & World*, 6(1):3-8.

Heidegger, M., [1977]2018. 艺术作品的本源 . （林中路 , 孙周兴译）. 北京 : 商务印书馆 .

Heidegger, M., 1996. 物 , 载于海德格尔选集 . （孙周兴译）. 上海 : 三联出版社 .

Helleman, G., Wassenberg, F., 2004. The renewal of what was tomorrow's idealistic city: Amsterdam's Bijlmermeer highrise. *Cities*, 21(1): 3–17.

Hess, P. 1997. Measures of Connectivity. *Places*, 11 (2): 59-65.

Hetherington, P., 2008. Disaster Zone? *The Guardian* (Society Guardian supplement 3), 17 September.

Hillier, B., 1985. 空间句法——城市新见 . （赵冰译）. 新建筑 , 1985(1): 62-72.

Hillier, B., 1987. The morphology of urban space: the evolution of a syntactic approach [La morphologie de l'espace urbain: l'évolution de l'approche syntactique], *Architecture and Behaviour*, 3(3): 205–216.

Hillier, B., 2007. *Space is the Machine: A Configurational Theory of Architecture* (e-edition). London: Space Syntax.

Hillier, B., 2008. Space and spatiality: what the built environment needs from social theory, *Building Research and Information*, 36(3): 216-230.

Hillier, B., Hanson, J., 1984. *The Social Logic of Space*. Cambridge: Cambridge University Press.

Hirst, P., 2005. *Space and Power: Politics, War and Architecture*. Oxford: Polity Press.

原广司, 2018. 聚落之旅. (陈靖远, 金海波译). 北京 : 中国建筑工业出版社.

Hofstadter, D., Sander, E., 2013. *Surfaces and Essences: Analogy as the Fuel and Fire of Thinking*. New York: Basic Books.

Honour, H., [1961]2017. 中国风 : 遗失在西方 800 年的中国元素. (刘爱英, 秦红译). 北京 : 北京大学出版社.

Hopkins, O., 2012. *Reading Architecture*. London: Laurence King Publishing Ltd.

Howard, E., [1898; 1985]2000. 明日的田园城市.(金经元译). 北京 : 商务印书馆.

胡毅, 张京祥, 2015. 中国城市住区更新的解读与重构——走向空间正义的空间生产. 北京 : 中国建筑工业出版社.

Huang, C., Sun, C., Lin, H., 2005. Influence of local information on social simulations in small-world network models. *Journal of Artificial Societies and Social Simulation*, 8(4): https://www.jasss.org/8/4/8.html.

黄雯, 2006. 美国三座城市设计审查制度比较研究——波特兰、西雅图、旧金山, 国外城市规划, 21(3): 83-87.

Huxtable, A. L., 1981. Le Corbusier's Housing Project - Flexible Enough to Endure, *New York Times*, March 15, 1981.

Isaacs, R., 2000. The Urban Picturesque: An Aesthetic Experience of Urban Pedestrian Places, *Journal of Urban Design*, 5:2, 145-180.

Jacobs, J., 1961. *The Death and Life of Great American Cities*. New York: Random House.

Jacobsen, T., 2006. Bridging the arts and sciences: a framework for the psychology of aesthetics, *Leonardo*, 39: 155-162.

Jellicoe, G., Jellicoe, S., 1995. *The Landscape of Man: Shaping the Environment from Prehistory to the Present Day*. London: Thames & Hudson Ltd.

季松, 段进, 2012. 空间的消费——消费文化视野下城市发展新图景. 南京 : 东南大学出版社.

金经元, 1996. 帕特里克·格迪斯的一生——把生物学、社会学、教育学融汇在城市规划之中, 城市发展研究, 1996(3): 24-28.

Kant, I., [1781]2004. 纯粹理性批判. (李秋零译注). 北京: 中国人民大学出版社.

Kaplan, S., Kaplan, R., Wendt, J., 1972. Rated preference and complexity for natural and urban visual material, *Perception & Psychophysics,* 12(4): 354-356.

Kaplan, S., Kaplan, R., 1989. *The Experience of Nature: A Psychological Perspective*. New York: Cambridge University Press.

Kiefer, A., Dermutz, K., [2010]2014. 艺术在没落中升起. (梅宁, 孙周兴译). 北京: 商务印书馆

孔俊婷, 孔江伟, 2015. 英国贫民窟的空间改造模式研究, 设计前沿, 10: 86-89.

Koolhaas. R., 1978. *Delirious New York, a retroactive manifesto for Manhattan*. New York: Oxford University Press.

Koolhaas. R., Mau, B., Werlemann, H., 1995. *S, M, L, XL*. New York: Monacelli Press.

Kostof, S., 1991. *The City Shaped: Urban Patterns and Meanings Through History*. London: Thames & Hudson Ltd.

Krier, R., 2006. *Town Spaces: Contemporary Interpretations in Traditional Urbanism*. Basel: Birkhäuser Architecture.

Kropf, K., 2001. Conceptions of change in the built environment, *Urban Morphology*, 5(1): 29-42.

Kropf, K., 2009. Aspects of urban form, *Urban Morphology*, 13 (2): 105-20.

Kropf, K., 2011. Morphological investigations: Cutting into the substance of urban form, *Built Environment*, 37(4): 393-408.

Kropf, K., 2021. The minimum unit of built form: A sketch, in Gerber, A., et al. (eds.), *The Morphology of Urban Landscapes: History, Analysis, Design*. Berlin: Reimer.

Küller, R., 1980. Architecture and Emotions, in Mikellides B. (ed.), *Architecture for People*. New York: Holt, Rinehart and Winston, 87-100.

Lai, S-K., 2017. Framed rationality, *Journal of Urban Management*, 6(1): 1-2.

莱斯大学建筑学院 (编), 2003. 莱姆·库哈斯与学生的对话 (第二版). (裴钊译). 北京: 中国建筑工业出版社.

Lakoff, G., Johnson, M., 1980. *Metaphors We Live by*. Chicago: University of Chicago Press.

Latora, V., Marchiori M., 2002. Is the Boston subway a small-world network? *Physica A: Statistical Mechanics and Its Applications*, 314(1-4): 109-113.

Lawson, B., 2001. *The Language of Space*. Oxford: Architectural Press.

Le Corbusier, [1923]2014. 走向新建筑 .（杨至德译）. 南京：江苏凤凰科学技术出版社 .

Le Corbusier. [1924]2009. 明日之城市 .（李浩译）. 北京：中国建筑工业出版社 .

Le Corbusier, [1935]2011. 光辉城市 .（金秋野，王又佳译）. 北京：中国建筑工业出版社 .

Lefebvre, H., [2000]2015. 空间与政治（第二版）.（李春译）. 上海：上海人民出版社 .

Leong, S. T., 2001. The last remaining form of public life, in *Project on the City 2: Harvard Design School Guide to Shopping*: 128-155. London: Taschen.

Levi-Strauss, C., 1967. *Structural Anthropology*. Vol. 1, New York: Anchor Books.

李昊 , 2016. 公共空间的意义——当代中国城市公共空间的价值思辨与建构 . 北京：中国建筑工业出版社 .

李培林 , 2019. 村落的终结：羊城村的故事 . 上海：生活·读书·新知三联书店 .

李学勤（编）, 2012. 字源 . 天津：天津古籍出版社 .

李泽厚 , 1981. 美的历程 . 北京：文物出版社 .

梁鹤年 , 2016. 旧概念与新环境 . 上海：生活·读书·新知三联书店 .

Lightner, B. C., 1993. Survey of design review practices, *Planning Advisory Service Memo*. Chicago: American Planning Association.

林青青，何依 , 2020. 分形理论视角下的克拉科夫历史空间解析和修补研究 , 国际城市规划 , 35(1): 71-78.

刘春阳 , 2011. 浅析普罗提诺思想中的"审美与灵魂的回归"理论 , 哲学门 , 12(2): 167-180.

刘敦桢 , 1979. 苏州古典园林 . 北京：中国建筑工业出版社 .

Luijten, A., 2002. A modern fairy tale: the Bijlmer transforms, in Bruijne, D., et al. (eds.), *Amsterdam Southeast*: 9–25. Bussum: Thoth Publishers.

Lynch, K., 1960. *The Image of the City*. Cambridge, MA: MIT Press.

Marcus, L., 2021. The emergence of second form: The urgent need for the advancement of morphology in architecture, in Gerber, A., et al. (eds.), *The Morphology of Urban Landscapes: History, Analysis, Design*. Berlin: Reimer.

Marshall, S., 2005. *Streets and Patterns*. London: Spon Press.

Marshall, S., 2008. *Cities Design and Evolution*. London: Spon Press.

Martin, D. T., 1999. Conservation and restoration, in Read, P. (ed.), *Glasgow: The Forming of the City*. Edinburgh: Edinburgh University Press.

Maslow, A. H., 1943. A Theory of Human Motivation, *Psychological Review*, 50: 370-396.

Massey, D., 2005. *For Space*. London: SAGE Publications.

Mathews, G., [2011]2014. 世界中心的贫民窟：香港重庆大厦.（Yang Yang 译）. 香港 : 红出版（青森文化）.

Maxim Gorky, [1922]1976. On the Russian peasantry, *The Journal of Peasant Studies*, 4:1, 11-27.

Mayfield, J. E., 2013. *The Engine of Complexity*. New York: Columbia University Press.

McMaster, R. B., Sheppard, E., 2004. Introduction: Scale and geographic inquiry, in Sheppard, E., McMaster, R. B. (eds.), *Scale and Geographic Inquiry Nature, Society, and Method*: 1-22. Oxford: Blackwell Publishing Ltd.

McQuire, S., [2008]2013. 媒体城市 : 媒体、建筑与都市空间.（邵文实译）. 南京 : 江苏教育出版社 .

Merleau-Ponty, M., [1942]1983. *The Structure of Behavior*. (transl. by Fisher, A.), Pittsburgh, PA: Duquesne University Press.

Merleau-Ponty, M., [1945]2021. 知觉现象学.（杨大春等译）. 北京 : 商务印书馆 .

苗德岁 , 2021. 在病毒中生存———一种进化论的解释. 南京 : 译林出版社 .

Miles, S., 2010. *Spaces for Consumption*. London: SAGE Publications.

Mingle, K., 2018. Bijlmer (City of the Future, Part 1), *99% Invisible*: Episode 296. https://99percentinvisible.org/episode/bijlmer-city-future-part-1

Moore, C., Mitchell, W., Turnbull Jr., W., [1998]2017. 园林是一首诗 .（李斯译）. 成都 : 四川科学技术出版社 .

Moughtin, C., 2003. *Urban Design: Street and Square* (3rd ed.). Burlington, MA: Architectural Press.

Mumford, L., 1946. The Garden City idea and modern planning, in Howard, E.,

Osborn, F., *Garden Cities of To-morrow*: 29-40. London: Faber and Faber.

Mumford, L., 1961. *The City in History: Its Origins, Its Transformations, and Its Prospects*. New York: Harcourt, Brace & World, Inc.

Myers, D. G., 2005. *Social Psychology* (8th ed.). New York: McGraw-Hill.

Naess, A., 1989. *Ecology*, Community and Lifestyle. (transl. & ed. by Rothenberg, D.), Cambridge: Cambridge University Press.

Newman, M. E. J., 2000. Models of the Small World: A Review. *Journal of Statistical Physics*, 101: 819-841.

Orwell, G. [1937]2001. *The Road to Wigan Pier*. New York: Penguin.

Otto, F., 2009. *Occupying and Connecting: Thoughts on Territories and Spheres of Influence with Particular Reference to Human Settlement*. Fellbach: Edition Axel Menges.

潘谷西, 2015. 中国建筑史（第七版）. 北京：中国建筑工业出版社.

Panerai, p., Castex, J., Depaule, J., [2004]2011. 城市街区的解体：从奥斯曼到勒·柯布西耶.（魏羽力，许昊译）. 北京：中国建筑工业出版社.

Peponis, J., Wineman, J., Rashid, M., 1997. On the description of shape and spatial configuration inside buildings: Convex partitions and their local properties, *Environment and Planning B: Planning and Design*, 1997(111): 40.1-21.

彭坤焘, 张雪, 2021. 规划话语中空间尺度悬置现象的剖析与反思, 国际城市规划, 36(4): 10-16.

彭一刚, 1986. 中国古典园林分析. 北京：中国建筑工业出版社.

彭一刚, 2008. 建筑空间组合论（第三版）. 北京：中国建筑工业出版社.

Piaget, J., Inhelder, B., 1967. *The Child's Concept of Space*, New York: Norton Library.

Pinkney, D., 1958. *Napoleon III and Rebuilding of Paris*. Princeton: Princeton University Press.

Plater-Zyberk, E., 2013. Chapter 11, in Congress for the New Urbanism, Talen, E. (eds.), *Charter of the New Urbanism* (2nd ed.). New York: McGraw-Hill Education.

Pound, E., 1921. Review of Cocteau's "Poesies 1917-1920", *The Dial, January* 1921.

Powers, M.（包华石）, 2009. 中国园林中的政治几何学.（赵彩君译）. 风景园林, 2009(02): 96-108.

浦欣成, 2013. 传统乡村聚落平面形态的量化方法研究. 南京：东南大学出版社.

Rasmussen, S. E., 1964. *Experiencing Architecture*. Cambridge, MA: The MIT Press.

Ratti, C., Claudel, M., 2016. *The City of Tomorrow: Sensors, Networks, Hackers, and the Future of Urban Life*. New Haven: Yale University Press.

Ravetz, A., 1980. *Remaking Cities: Contradictions of the Recent Urban Environment*. London: Croom Helm.

Reckwitz, A., [2017]2019. 独异性社会：现代的结构转型.（巩婕译）. 北京：社会科学文献出版社.

Reis, J. P., Silva, E. A., Pinho, P., 2015. Measuring space, in Silva, E. A., et al. (eds.), *The Routledge Handbook of Planning Research Methods*: Chapter 4.4. London: Routledge.

任幽草, Woudstra, J., 2018. Biddulph grange 中国花园:19 世纪英中式园林, 中国园林, 34(4): 101-104.

Riis, J. A., [1890]2015. *How the Other Half Lives*. Oxford: Benediction Classics.

Roberts, A., 2017. *Tamed: Ten Species that Changed our World*. New York: Penguin Random House.

Rossi, A., [1966]2010. 城市建筑学.（黄士钧译）. 北京：建筑工业出版社.

Rowe, C., Koetter, F., 1978. *Collage City* (7th ed.). Cambridge, MA: MIT Press.

Salat, S., 2012. 关于可持续城市化的研究:城市与形态.（陆阳, 张艳译）. 北京：中国建筑工业出版社.

Salingaros, N. A., [2005]2011. 城市结构原理.（阳建强等译）. 北京：中国建筑工业出版社.

Salingaros, N. A., [2006]2010. 建筑论语.（吴秀洁译）. 北京：中国建筑工业出版社.

Salingaros, N. A., 2008. 连接分形的城市.（刘洋译）. 国际城市规划, 23(6): 81-92.

Sartre, J., [1981]2005. 萨特读本.（桂裕芳译）. 北京：人民文学出版社.

Scruton, R. A., 1979. *The Aesthetics of Architecture*. Princeton, NJ: Princeton University Press.

Shelton, B., 1999. *Learning from the Japanese City: West Meets East in Urban Design*. London: Spon Press.

Shelton, B., Karakiewicz, J., Kvan, T., 2011. *The Making of Hong Kong: From Vertical to Volumetric*. Abingdon: Routledge.

沈克宁, 2010. 建筑类型学与城市形态学. 北京: 中国建筑工业出版社.

Simmel, G., [1904]1957. Fashion, *American Journal of Sociology*, 62(6): 541-558.

Simonds, J. O., [2001]2009. 启迪. (方薇, 王欣译). 北京: 中国建筑工业出版社.

Sitte, C., [1889]1990. 城市建设艺术: 遵循艺术原则进行城市建设. (仲德崑译). 南京: 东南大学出版社.

Sklair, L., 2002. *Globalization: Capitalism and Its Alternatives*. Oxford: Blackwell.

Smith, C., 2006. *The Plan of Chicago: Daniel Burnham and the Remaking of the American City*. Chicago: The University of Chicago Press.

Solnit, R., 2001. *Wanderlust: A History of Walking*. New York: Penguin Books.

Southworth, M., Ben-Joseph, E., 2003. *Streets and the Shaping of Towns and Cities*. London: Island Press.

Soja, E. W., 2010. *Seeking Spatial Justice*. Minneapolis: The University of Minnesota Press.

Stamps, A. E. III., 2000. *Psychology and the Aesthetics of the Built Environment*. New York: Plenum.

孙周兴, 2020. 人类世的哲学. 北京: 商务印书馆.

Sullivan, L. H., 1896. The tall office building artistically considered, *Lippincott's Magazine*, March 1896.

唐燕, 2011. 城市设计运作的制度与制度环境. 北京: 中国建筑工业出版社.

谷崎润一郎, [1995]2016. 阴翳礼赞. (陈德文译). 上海: 上海译文出版社.

Taylor, N., 1998. *Urban planning theory since 1945*. London: Sage Publications.

Taylor, R. P., Micolich, A. P., Jonas, D., 1999. Fractal analysis of Pollock's drip paintings. *Nature*, 399(6735): 422.

滕守尧, 1998. 审美心理描述. 成都: 四川人民出版社.

Trancik, R., 1986. *Finding Lost Space: Theories of Urban Design*. New York: John Wiley & Sons, Inc.

Travers J., Milgram S., 1969. An experimental study of the small world problem. *Sociometry*, 32(4): 425-443.

Turing, A. M., 1950. Computing machinery and intelligence, *Mind*, 49: 433-460.

Turner, T., 1996. *City as Landscape: A Post-modernism View of Design and Planning*. London: E. & F.N. Spon.

Turner, T., 2005. *Garden History: Philosophy and Design 2000 BC- 2000AD*.

London: Routledge.

Unwin, R., 1909. *Town Planning in Practice*. London: Fisher Unwin.

Van de Water, J., 2012. *You Can't Change China, China Changes You*. Rotterdam: 010 Publishers.

Venturi, R., 1977. *Complexity and Contradiction in Architecture* (2nd ed.). New York: The Museum of Modern Art.

Venturi, R., Brown, D. S., Izenour, S., 1977. *Learning from Las Vegas*. Cambridge, MA: MIT Press.

Virilio, P., 1991. *The Lost Dimension* (transl. by Moshenberg, D.). New York: Semiotexte.

Vitruvius., 2001. 建筑十书 . (高履泰译). 北京 : 知识产权出版社 .

Waldheim, C., 2016. *Landscape as Urbanism: Origins and Evolution*. Princeton NJ: Princeton University Press.

Wall, A., 1999. Programming the urban surface, in Corner, J. (ed.), *Recovering Landscape: Essays in Contemporary Landscape Architecture*. New York: Princeton Architectural Press.

王安忆 , 2001. 寻找上海 . 上海 : 学林出版社 .

王军 , 2012. 拾年 . 上海 : 生活·读书·新知三联书店 .

王毅 , 2004. 中国园林文化史 . 上海 : 上海人民出版社 .

王英 , 2012. 印度城市居住贫困及其贫民窟治理——以孟买为例 , 国际城市规划 , 27(4): 50-57.

Weiser, M., 1991. The computer for the 21st century, Scientific American, 265(3):94-105.

温州市民用建筑规划设计院 , 2013. 温州市水碓坑、黄坑历史文化名村保护规划 : 文本、图集与附件 . [2008- 规 -307]. 温州 : 温州市民用建筑规划设计院 .

West, G., 2017. *Scale: The Universal Laws of Growth, Innovation, Sustainability, and the Pace of Life in Organisms, Cities, Economies, and Companies*. London: Penguin Press.

Whitehand, J. W. R., 2001. British urban morphology: the Conzenian tradition, *Urban Morphology*, 5(2):103-109.

Williamson J. F., [2004]2019. 路易斯康在宾夕法尼亚大学 . (张开宇、李冰心译). 南京 : 江苏凤凰科学技术出版社 .

Wölfflin, H., [1915]2011. 艺术史的基本原理.（杨蓬勃译）.北京：金城出版社.

Wolfram, S., 2002. *A New Kind of Science*. Wolfram Media, Inc.

Worringer, W., [1908]1997. Abstraction and Empathy: *A Contribution to the Psychology of Style*. (transl. by Bullock, M.), Chicago: Ivan R. Dee.

Wu, J. 1999. Hierarchy and scaling: Extrapolating information along a scaling ladder, *Canadian Journal of Remote Sensing*, 25(4): 367–80.

吴泗璋, 1956. 地图学概论.上海：新知识出版社.

谢诗涵, 2021. 算法时代，如何重构空间城市形态.新华日报, 2021 年 2 月 3 日.

徐一鸿, [1999]2005. 可畏的对称：探寻现代物理学的美丽.（张礼译）.北京：清华大学出版社.

杨俊宴, 吴浩, 金探花, 2017. 中国新区规划的空间形态与尺度肌理研究, 国际城市规划, 32(2): 34-42.

张家骥, 2004. 中国造园艺术史.太原：山西人民出版社.

郑时龄, 薛密, 1997. 黑川纪章.北京：中国建筑工业出版社.

中共中央马克思恩格斯列宁斯大林著作编译局（编）, 1979. 马克思恩格斯全集（42 卷）.北京：人民出版社.

周苏宁, 2018. 敢为人先，开中国园林出口之先河——记明轩主要设计者张慰人.园林, 2018(9)：60-63.

朱光潜, [1932]2016. 谈美.上海：东方出版中心.

朱宏宇, 2012. 寻找如画之景——英国 18 世纪如画园林的认知过程.新建筑, 2012(4): 99-103.

Zimbardo, P. G., Leippe, M. R., 1991. *The Psychology of Attitude Change and Social Influence*. New York: McGraw-Hill.

Zumthor, P., 2006. *Thinking Architecture*. Basel: Birkhäuser Verlag AG.

后记

读博期间，史蒂芬·马歇尔的《街道与形态》（*Streets & Patterns*）给了我相当多的启发，而后又在读他的《城市·设计与演变》（*Cities, Design & Evolution*）中不禁感慨，这也许是对城市形态的形成与变化最为完善的解释。在课堂上，我时常让学生阅读此书并撰写关于它的读书笔记。不过当我看了学生的不少报告后，竟渐渐觉得城市的"演化理论"似乎还少了点什么。尽管马歇尔在书中辩证地肯定了人在自然选择过程中的主观能动性，并指出，对被选择的事物来说，人工的和自然的选择的在结果上并无区别，但演化理论没有为这类实践提供一种动力让它走向一个合乎道德的方向。于是，我隐约感到，也许"驯化"是一种更好的表达，且也逐渐在研究中发现，驯化比我之前想象得更为复杂，它有着丰富的要素和有趣的结构，也更能贴切地形容建成环境在人工参与的社会选择中所展示出来的各种现象。最重要的是，它比演化有着更贴近"人性"的方向感。

阿兰·德波顿的《幸福的建筑》（*The Architecture of Happiness*）

则是另一本重要的著作，尽管它以散文或随笔的方式写成，然而的确比任何文献都更能带给我关于建成环境美学上的感受和启示。就算很多建筑师熟读那些关于尺度、比例和节奏的建筑美学书籍，但现实是，他们并不按照这些规律进行创作，而更多是依靠对美的"感觉"。今天，随着越来越多的心理学、神经科学研究揭示了关于人类审美的生理和物质基础，我们渐渐发现美既有一定的客观规律，也有相当多来源不明的成分，而唯有两者交融之时，那种"感觉"才能自然地涌现。虽然目前我们还是没有确切的方法来描述关于审美体验和活动的涌现现象，但它却在阿兰·德·波顿的字里行间中呼之欲出。在本书中，我也试图尽力地将审美这一难以描述之物结合到建成环境的实体乃至空间中，却也奈何文笔生疏，无法和这位作家精辟的表达相提并论，故只得让读者见笑于我对那些精彩句子频繁引用的行为。

关于类型一词的使用，我希望能与"类型学"的概念稍作区别，而又不至于同"类别"太过接近。我想表达的类型，是关于事物形态构成逻辑的提炼，且和该事物所涉及的各个层级密切相关。换言之，类型是一个和系统有关的概念，是事物在与之相关层级中的综合显现，因而它不能独立于外部环境和构成自身的局部规则之外。类型更像是一个惯用的句子结构，比如"普利兹克奖，建筑界的诺贝尔奖"，里面的词汇可以被恰当地替换，在不同的语境中还会呈现出不一样的意义来。也正如人们欣赏文学作品一样，类型的美感不仅体现在自身逻辑结构上，还体现在与之相关的各个组团、层级之间的一致性和衔接性上。

至于这几十万字的主要讨论对象——空间，它的概念实在过于宽泛，在本书中（也几乎在所有日常、学术和专业的表达中）经常需要根据语境来切换它所指代的确切含义。本书所提到的空间基本和建成环境有关，都具有无外乎海德格尔所提到的那三重性质（见第一章），而并不单单只是一个封闭的容器或一个无限开放的物理存在。它是建成环境实体的对立面，两者皆因对方而凝聚——就像一个力场，以动静虚实的对立之势和对方相互作用。在某种程度上，笔者认为建成环境中的空间甚至比实体本身更值得人们去关注，因为它是最能反映社会活动逻辑的那部分，也是我们讨论类型时所关注的核心。

在本书的结构上，我大致可将它分为两个部分，是分别基于"机器美学"和"演化理论"的辩证思考来进行阐述的。前半部分由第一至四章构成，主要围绕空间、类型和审美这几个关键词来讨论建筑、园林景观和居住社区等中小尺度的建成环境，并逐步梳理和展开这三个概念之间的关系，以此重新审视了以机器美学为代表的建立在技术和理性上的设计实践。后半部分由第五至七章构成，话题转至了城镇尺度，以区别于前面不同尺度所体现出来的不同级别的复杂性。在大尺度的建成环境中，类型等概念仍然活跃和凸显于局部的区域，并以一种局部规则的方式构建全局的形式。而且，这种规则是多元、交织的，其构建的形式结果也是多样、难以预测的。因此，空间系统这一和社会活动密切相关，并且纵跨了多个层级的事物就有了充分的依据成为我们分析研究的核心对象，并据此提出使用驯化来替代演化以更好地把握未来发展的方向。于是，综合这两个部分，"类型–审美"这相互作用的一组关系以及衍生的一系列概念、理论和方法或许能填补引言中提到的建筑类学科核心知识的缺失，同时也是对这一迫切问题的一种尝试性回应。

　　最后，我也要为本人在本书中所体现出来的浅薄表示歉意。随着撰写的深入，我曾恐惧地感受到海面之下还有无数的知识有待学习、探究、理解和领悟，而我所表述的内容，仅仅是这巨大冰山一角上的一角罢了。我尽力想做到的，就是将这一角牢固地扎进那庞大的知识体系中。

2022 年 4 月，杭州

致谢

诚挚地感谢我的家人给我的巨大支持和他们无私的付出。

图书在版编目（CIP）数据

驯化空间：建成环境的类型与审美 / 章屹著 . ——
杭州：浙江大学出版社，2022.9
ISBN 978-7-308-23012-4

Ⅰ. ① 驯 … Ⅱ. ① 章… Ⅲ. ① 环境设计—研究
Ⅳ. ①TU-856

中国版本图书馆 CIP 数据核字（2022）第 164589 号

驯化空间：建成环境的类型与审美

章屹 著

责任编辑	殷 尧
责任校对	李瑞雪
封面设计	项梦怡
出版发行	浙江大学出版社
	（杭州市天目山路 148 号邮政编码 310007）
	（网址：http://www.zjupress.com）
排　版	杭州青翊图文设计有限公司
印　刷	广东虎彩云印刷有限公司绍兴分公司
开　本	880mm×1230mm　1/32
印　张	11
字　数	255 千
版印次	2022 年 9 月第 1 版　2022 年 9 月第 1 次印刷
书　号	ISBN 978-7-308-23012-4
定　价	98.00 元